연구소의 승리

연구소의 승리

연구소의 승리

연구소는 어떻게
과학을 발전시키고,
산업을 키우며,
사회를 바꾸었는가

빠뜨리옹 지음

The Rise of the Lab

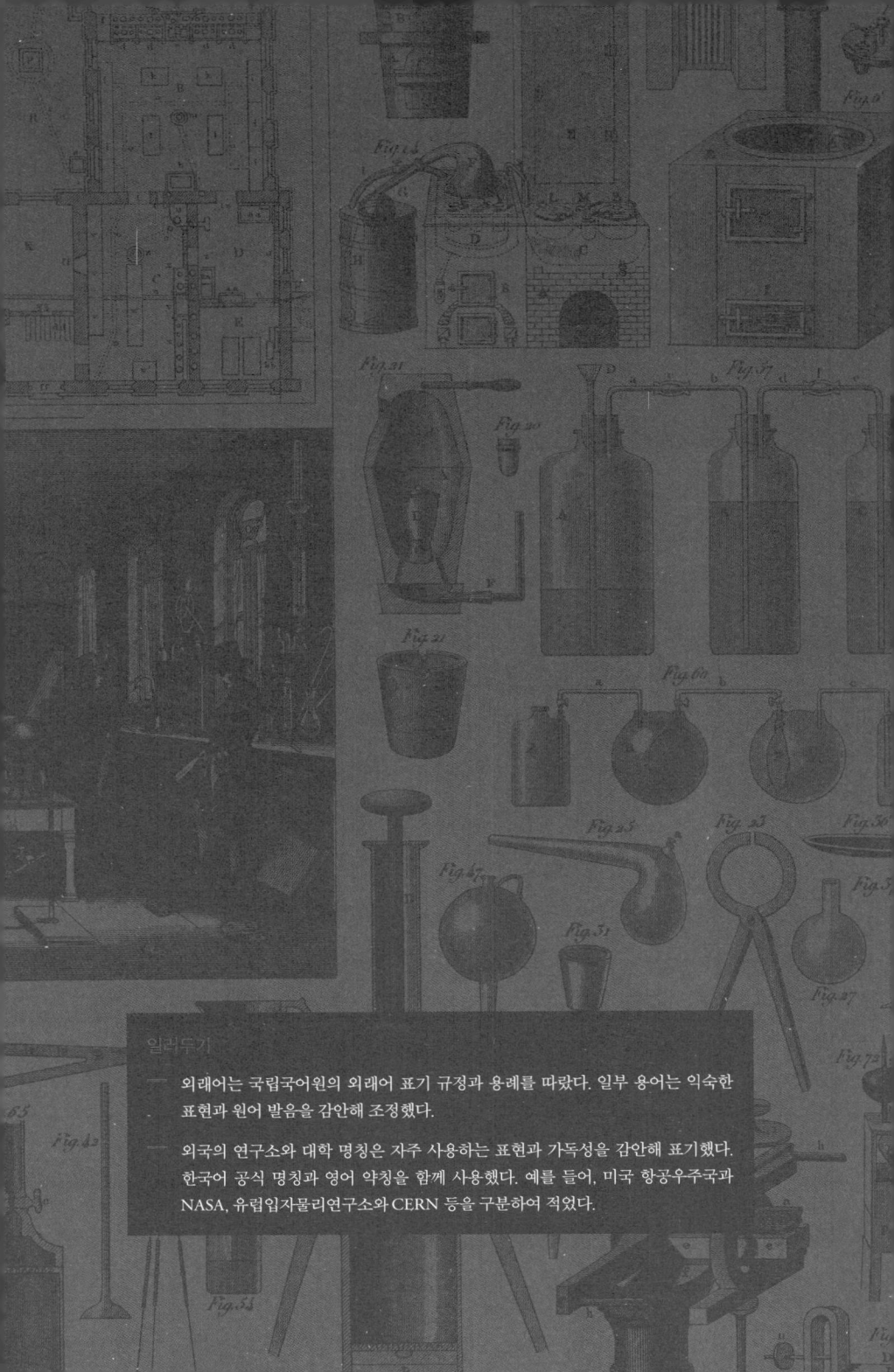

일러두기

— 외래어는 국립국어원의 외래어 표기 규정과 용례를 따랐다. 일부 용어는 익숙한 표현과 원어 발음을 감안해 조정했다.

— 외국의 연구소와 대학 명칭은 자주 사용하는 표현과 가독성을 감안해 표기했다. 한국어 공식 명칭과 영어 약칭을 함께 사용했다. 예를 들어, 미국 항공우주국과 NASA, 유럽입자물리연구소와 CERN 등을 구분하여 적었다.

추천의 글

리켄RIKEN, 理化学研究所에서 30년 가까이 연구한 제게 '리켄 정신'은 자유로운 탐구, 최고 수준의 연구 환경, 그리고 이를 가능하게 하는 제도적 자율성의 결합입니다. 이는 하루아침에 형성된 것이 아니라, 국가·학문·연구자의 관계가 진화해 온 긴 역사 속에서 태어난 산물입니다. 이 책은 19세기 말 독일 제국물리기술연구소와 카이저빌헬름협회에서 출발해 일본 이화학연구소(리켄)의 설립과 발전에 이르기까지, '과학자의 낙원'이 형성되는 과정을 설득력 있게 보여줍니다. 저자는 각국이 과학을 국가 전략 속에 어떻게 자리매김했는지, 리켄이 어떻게 독립성과 자율성을 확보하며 국가와 산업의 신뢰를 얻는 구조를 만들었는지를 풍부한 사례로 설명합니다. 특히 '지원하되 간섭하지 않는다.'라는 원칙이 장기적·도전적 연구를 가능케 하는 전제조건임을 잘 드러냅니다. 리켄이 다소 생소할 수 있는 한국 독자들에게도, 이 책은 과학 연구기관의 탄생과 발전, 그리고 이상적 연구 환경의 조건을 이해하는 훌륭한 안내서가 될 것입니다.

- 김유수
기초과학연구원 양자변환 연구단장, 전 리켄 주임연구원

과학은 혼자만의 힘으로 이루어지지 않습니다. 위대한 과학적 발견의 이면에는 연구소라는 제도적 틀, 그리고 그 안에서 협력하는 수많은 연구자가 있었습니다. 막스플랑크협회가 강조해 온 하르나크 원칙, 곧 "우수한 연구자에게 최대의 자율성을 보장하여 최고의 성과를 낸다."라는 전통은, 이러한 집단적 제도 속에서 과학이 얼마나 도약할 수 있는지 잘 보여줍니다. 저 또한 막스플랑크협회의 디렉터로서 이러한 전통의 힘을 실감하고 있습니다. 막스플랑크협회는 세계적으로 유명하지만, 한국의 독자들에게는 낯선 이름일지도 모릅니다. 이 책은 막스플랑크협회를 비롯한 세계 연구소의 역사를 한국의 독자들에게 생생하고 흥미롭게 전해줍니다. 한국인으로서 막스플랑크협회의 연구를 이끄는 저로서는 반가운 책입니다. 이 책이 전하는 막스플랑크협회의 경험이 한국 과학의 발전에 소중한 영감을 주기를 기대합니다.

- 차미영
막스플랑크 보안 및 정보보호 연구소 디렉터

연구소는 단순한 공간이 아닌 과학이 자라나는 생태계입니다. 저는 로런스버클리국립연구소에서 8년간 선임연구원으로 있으면서, 다양한 학제간 연구를 통해 탁월한 연구 성과가 어떻게 만들어지는지 경험할 수 있었습니다. 로런스버클리국립연구소는 미국 캘리포니아 버클리대학과 인접하여 학생, 연구원, 교수 등 다양한 층의 과학자들이 전공의 벽을 허물고 자유롭게 협력하는 문화를 지켜왔습니다. 이러한 개방성과 자율성이야말로 과학을 움직이는 힘임을 그곳에서 절실히 깨달았습니다. 이 책도 이러한 문제의식을 세계 연구소의 역사 속에서 풀어냅니다. 독일 막스플랑크협회, 일본 이화학연구소, 미국 프린스턴 고등연구소와 로런스버클리국립연구소까지, 연구소가 어떻게 과학의 제도적 토대가 되었는지 풍부한 사례로 보여줍니다. 보통 연구소라고 하면 과학자들만의 닫힌 공간이라는 인식을 갖기 쉽습니다. 하지만 이 책에서 연구소는 과학과 사회가 만나는 장으로서의 진면목을 생생히 드러냅니다. 과학에 관심 있는 독자들은 그 속에서 지적인 즐거움과 새로운 통찰을 만나게 될 것입니다.

- 박정영
카이스트 화학과 지정석좌교수, 전 로런스버클리국립연구소 선임연구원

들어가며

과학 연구는 시대와 떨어져 이루어지지 않는다. 인간의 모든 활동이 그렇듯, 과학도 사회적 필요에 따라 탄생했고 또 이어져 오고 있다. 오늘날 과학자들은 사회의 후원이 없다면 연구를 시작조차 하기 힘들다. 그러므로 그 시대 사람들이 삶에서 마주하는 문제는 곧 과학자들의 과제이기도 하다.

그런데 정말 과학이 현실의 어려움을 해결해 줄까? 생각해 보면 별로 그렇지 않을 것 같다. 과학은 고도로 훈련된 전문가의 전유물로 느껴진다. 또한 오늘날 과학의 연구 대상은 중력파, 초끈이론, 단백질 접힘, 메타물질, 지구시스템 등 일상을 훌쩍 벗어난 것들이다. 거기서 뭔가 발견한들, 당장 내가 먹고사는 데 뭐가 달라질까 싶다. 이렇듯 내가 지금 있는 위치에서 과학과 사회의 연결고리를 인식하기란 쉽지 않다. 물론 거대한 역사의 서사로 보면 둘은 분명 연결되어 있다. 현대 인류문명은 과학의 진보에서 비롯되었다는 사실이 그 증거다. 하지만 이렇게 엄연한 역사적 사실에도 불구하고, 가까이서 보면 과학과 사회는 서로 끊어져 있다.

15년 차 연구소 직원인 나도 이 문제를 늘 느낀다. 연구소의 운영에는 많은 물적, 인적, 제도적 자원이 필요하다. 즉 연구소는 사회의 탄탄한 지원이 있어야만 제 기능을 할 수 있다. 우리나라처럼 과학기술이 빠르게 발전한 국가에서는 더욱 그렇다. 하지만 연구소와 사회의 거리는 오히려 멀어지고 있다. 오늘날의 연구소는 시민들의 시야 바깥에 존재한다고 해도 과언이 아니다. 그저 '그들만의 리그'일 뿐이다.

몇 년 전 그 간극을 실감한 일이 있었다. 대전역에서 택시에 올라 내가 근무하는 기초과학연구원[IBS]까지 가자고 했다. 그러자 택시 기사님이 반문했다.

"어디라고요?"

"도룡동에 있는 기초과학연구원이요."

"도룡동에 그런 데가 있었나?"

"예전 엑스포과학공원 자리에 있어요."

"아~ 어딘지 알겠다."

기사님은 그제야 수긍하고 차를 몰았다. 그런데 얼마 지나지 않아 쓴소리를 쏟아내기 시작했다. "엑스포과학공원 그 좋은 땅을 말이야, 원래 롯데가 들어오려고 했던 거 알아요? 거기에 왜 엉뚱하게 연구소를 지었는지 모르겠어. 뭘 한다는 건지… 쓸모도 없는걸."

내가 그곳 직원이라는 걸 아는지 모르는지, 기사님의 비난은 계속되었다. 나는 적당히 고개만 끄덕였다. 사실 그분 생각은 나름대로 일리가 있었다. 지역 주민 입장에서, 오랫동안 방치되다시피 한 공공부지가 화려한 상업 시설로 활성화되기를 바라는 마음을 이해할 수 있었다. 하지만 그 연구소의 직원인 나로서는 씁쓸할 수밖에 없었다. 기사님의 말에는 중요한 전제가 있었기 때문이다. 바로 "연구소는 시민의 삶에 도움이 되지 않는다."라는 것. 비슷한 일들은 이전에도 있었다. 지인들은 문과 출신인 내가 연구소에서 일한다는 말을 들으면 대부분 의아해한다. "문과가 연구소에 있어?"라는 반응부터, "거기 사람들은 뭐 연구해?", "그 연구해서 어디다 써?"까지 질문이 이어진다. 심지어 "세금 많이 쓰는 데 아니냐?"고 냉소적으로 말하는 사람도 있다.

여기에는 연구소는 낯설고, 어렵고, 불투명한 공간이라는 인식이 깔려 있다. 대다수 국민이 과학기술의 중요성에 공감하는데도 이렇다. 우리나라는 GDP 대비 과학기술 투자 비율이 세계에서 가장 높은 국가 중에 하나다. 그런데 그 일에 세금을 내는 국민은 정작 연구소가 뭘 하는지 모르는 역설이 벌어지는 것이다. 이는 사람들의 무관심 때문만은 아니다. 문제는 오히려 연구소 내부에 있다. 연구소가 그만큼 자신을 설명하지 않았고, 설명할 언어도 만들지 못한 탓이다.

이러한 문제의식에서 이 책을 쓰게 되었다. 그 계기는 2012년

IBS에 입사한 직후로 거슬러 올라간다. 당시 IBS는 설립 초기의 백지상태에 가까웠다. 그래서 어떤 연구소로 만들어 나갈지 다양한 논의가 있었다. 그때 내가 맡은 업무는 해외 선진 연구소들을 벤치마킹하는 것이었다. 특히 독일 막스플랑크협회, 일본 이화학연구소, 미국 에너지부 국립연구소가 주요 대상이었다. 그런데 연구소들의 설립 배경과 성장 과정을 살펴볼수록, 이 작업이 단순한 사례 조사일 수 없음을 깨달았다. 이 연구소들은 과학의 연구 공간을 넘어, 국가에 혁신을 일으키는 거점에 가까웠기 때문이다. 그곳에서 과학은 추상적 지식이 아닌 전략적 자원으로 존재했다. 비유하자면 연구소란 지식을 국력으로 전환하는 거대한 엔진인 셈이다. 이 점은 역사를 통해 분명히 드러난다.

독일 막스플랑크협회는 제2차 세계대전에서 패한 국가의 재건을 이끌었다. 독일은 이미 20세기 초반 세계 과학을 선도했고, 그 중심에 카이저빌헬름협회가 있었다. 하지만 두 번의 세계대전을 통해 정치와 과학의 부정적 결탁이 얼마나 위험한지를 뒤늦게 깨달았다. 그래서 전후 막스플랑크협회로 새출발하면서는 철저히 자율적, 분산적인 구조를 택했다. 협회 산하 연구소들에 독립성을 부여하고, 연구에만 장기 집중하도록 했다. 그렇게 해서 나온 성과는 눈부셨다. 현재까지 노벨상 수상자만 31명이 배출되었다. 평균으로 보면 3.6년마다 한 명씩인데, 즉 막스플랑크협회는 월드컵이나 올림픽이 열리는 것보다 자주 노벨상을 받는 셈이다. 이러한 최고 수준의 역량은 1990년 독일 통일에서도 위력을 발휘했다. 동·서독의 격차를 좁히는 데 누구보다 앞장선 집단이 막스플랑크협회였다. 몇 년에 걸친 준비와 투자로 동독에도 서독과 같은 수준의 연구소들이 들어설 수 있었다. 이를 중심으로 동독 지역의 경쟁력이 되살아났고, 독일은 명실상부한 통일 국가가 될 수 있었다.

일본 이화학연구소도 국가 전략 연구소로서 역사가 100년이 넘는다. 1917년 설립 이후 서양을 따라잡자는 목표에 따라 일본의 과학을 진두지휘했다. 제2차 세계대전 패배 후에는 해체 위기와 재정난 속에서도 연구를 이어갔고, 1949년과 1965년 일본의 첫 번째와 두 번째 노벨상 수상자를 배출했다. 전쟁의 폐허 속에서 이룬 과학의 성취는 국민에게 큰 희망을 안겨주었다. 현재 이곳은 기초과학과 응용기술을 넘나드는 독특한 연구 생태계를 구축하고 있다. 특히 전국에 구축된 중이온가속기, 방사광가속기, 슈퍼컴퓨터 같은 대형 연구시설이 과학자들을 모으는 거점으로 기능한다. 일본의 과학기술 발전과 산업 혁신은 대학과 기업 연구자들이 이 인프라를 활용하면서 가능했다. 2016년에는 10여 년의 도전 끝에 113번 원소 니호늄을 발견했다. 이로써 일본의 국호를 과학 교과서에 새겨넣는 위업까지 이루었다.

미국은 연구소들이 발견한 지식을 바탕으로 패권국가가 되었다. 현재 에너지부에 소속된 국립연구소들의 초창기 임무는 원자력 개발이었다. 제2차 세계대전 중에 에너지는 무기와 동의어였던 탓이다. 미국은 이렇게 개발한 원자력 덕분에 전쟁에서 승리했다. 그런데 전후 평화의 시대에는 전혀 다른 활용 방향이 요구되었다. 이때부터 국립연구소들은 원자력을 산업, 에너지, 의학 등에 적용했다. 또한 대체에너지, 기후, 신소재, 생명공학 등 민간이 감당하기 힘든 주제로도 연구를 확장했다. 미국은 한편으로 항공우주국, 고등연구계획국 등을 설치해 우주개발과 정보기술 혁신을 주도했다. 고등연구계획국의 아파넷은 인터넷의 시초가 되었고, 항공우주국의 아폴로 계획은 달 착륙이라는 인류 과학의 위대한 승리를 이룩했다.

이렇듯 선진국에서 연구소는 필수 불가결한 제도였다. 국가의 발전 전략을 설계·지휘하는 브레인이라는 점에서 그렇다. 그러니 일반 국민에게도 존재가 익숙할 수밖에 없다. 맨해튼 계획을 성공시킨 로스앨러모스연구소장 오펜하이머는 국민적 주목과 존경을 받았다. 또 일본에 첫 노벨상을 안기고 국호를 화학 주기율표에 새긴 이화학연구소는 일본인의 자긍심으로 여겨진다. 하지만 우리나라에서는 이러한 전통이 충분히 뿌리내리지 못했다. 연구소 운영의 역사가 짧고, 과학 연구가 주로 정부 관료 주도로 이루어져 왔기 때문이다. 실제로 국민을 대상으로 연구소 이름이나 대표적 성과를 물어본다면, 정확히 답할 수 있는 사람은 많지 않을 것이다.

그 결과 우리나라에서는 국가 발전 전략의 수립에 사회적 공감대가 부족하게 되었다. 어쩌다 토론이 벌어져도 당사자 외에는 관심이 없는 채로 진행되곤 했다. 이 취약성이 고스란히 드러난 것이 2023년의 연구개발 예산 삭감 논란이었다. 당시 정부는 2024년 국가 연구개발 예산을 전년 대비 16.6퍼센트 삭감하는 조치를 단행했다. 무려 33년 만의 삭감이었고, 약 5조 3000억 원이 순식간에 사라졌다. 당연히 이 조치는 연구현장에 파괴적인 영향력을 미쳤다. 과학기술계는 반발했고, 일대 논쟁이 벌어졌다. 하지만 담론의 수준은 실망스러웠다. 정부는 '비효율', '카르텔'이라는 원색적 단어를 앞세워 과학기술계를 매도했다. 삭감의 합리적 근거를 대기보다는 일단 깎고 보자는 고압적 태도로 일관했다. 야당은 예산 삭감을 반대했지만, 역시 깊은 정책적 고민은 없어 보였다. 그보다는 이 실책을 구실로 정권에 타격을 입히는 데만 관심을 두는 듯했다. 결국 전문성 있는 정책토론보다는 정치적 공방만 남았다. 그러니 정작 중요한 의제들 — 한정된 예산의 전략적 배분, 선진국형 연구제도 도입, 대학과 연구소의 협력, 연구성과의 사회적 활용 등 — 은 사라질 수밖에 없었다. 만약 우리 사회가 연구소의 역사와 기능, 그리고 사회적 역할에 대한 이해를 더 깊이 갖췄다면 어땠을까. 원자력, 반도체, 인터넷, 백신처럼 국가적 비전을 제시한 연구소의 경험을 떠올렸다면, 논쟁의 초점은 단순한 예산 삭감 여부가 아니라 미래의 전략에 맞춰졌을 것이다. 연구소의 존재 가치는 바로 이러한 전략을 가능케 하는 집단지성에 있다. 연구소는 '돈을 쓰는 기관'이 아니라, '국가의 문제 해결 능력' 그 자체다.

연구소가 어떤 모습이어야 하는지는 곧 우리가 어떤 사회를 지향하느냐의 문제와 맞닿아 있다. 물리학자 리처드 파인먼은 "오늘의 문제는 어제의 해법으로는 풀리지 않는다."라고 했다. 지금 우리나라에는 인구절벽, 저성장, 국제적 기술경쟁, 기후변화, 신종 감염병 등과 같은 미증유의 문제가 산적해 있다. 연구소야말로 이를 해결할 '오늘의 해법'을 만들어낼 수 있다. 그것은 사회의 과제를 과학의 논리로 전환하고, 과학의 성과를 사회의 언어로 번역함으로써 가능하다. 그래서 연구소는 다시 사회 속으로 들어가야 한다. 과학을 설명하고, 미래를 상상하며, 시민과 신뢰를 쌓아야 한다.

이 책은 이러한 관점에서 세계 연구소들의 탄생과 성장 과정을 살펴본다. 1887년 독일 제국물리기술연구소부터 2022년 미국 항공우주국에 이르는, 약 135년에 걸친 연구소의 역사를 하나의 서사로 엮었다. 1887년을 출발점으로 삼은 이유는 근대적 국가 연구소가 탄생한 상징적인 해이기 때문이다. 반면 결말을 2022년으로 맺은 것은 국제협력이 활성화된 연구소의 현재 모습을 잘 보여주기 위해서다. 즉 국가가 산업화의 기반을 다진 19세기 말 연구소에서 출발해, 인류 공동의 문제를 해결하는 21세기 초 연구소까지 아울렀다. 이로써 연구소가 어떻게 시대와 과학의 발전 속에서 변화·성장했는지 한눈에 조망하고자 했다. 이 기간 연구소들은 제국주의와 세계대전, 냉전기의 이념 경쟁, 전후의 경제성장, 그리고 현대의 국제협력에 이르기까지 중요한 무대마다 등장했다. 요컨대 연구소의 역사는 곧 근대 이후 인류가 과학을 통해 전진한 궤적과 맞닿아 있다.

특히 세 가지에 서술의 중점을 두었다. 첫째, 연구소들의 역사를 단순한 기관사機關史를 넘어 세계사와 과학사의 맥락으로 배치했다. 이를 통해 일반인들에게는 다소 생소할 수 있는 연구소의 역할을 역사 속에서 입체적으로 드러나게 했다. 각 연구소가 등장하는 배경에는 당시 국가와 사회가 직면한 현실의 문제가 자리하고 있다. 그러므로 연구소의 발전사를 당대의 과제들과 함께 살펴보면, 사회와 과학이 어떻게 맞물리는지 흥미롭게 이해할 수 있다. 둘째, 과학자의 경영자적 면모에 주목했다. 이 책에는 막스 플랑크, 어니스트 로런스, 줄리우스 로버트 오펜하이머, 닐스 보어, 니시나 요시오 등 현대과학의 발전을 이끈 거장들이 등장한다. 이들의 학문적 업적은 물론, 연구소장으로서의 리더십도 비중 있게 서술했다. 이들에게는 과학자이면서도 과학 제도의 근본을 바꾼 혁신가라는 공통점이 있다. 예컨대 플랑크는 극한의 정치적 불안 상황에서도 과학의 자율성을 지켰고, 로런스와 오펜하이머는 거대과학 프로젝트를 이끌며 조직 운영의 새로운 모델을 제시했다. 보어는 연구자들의 협력과 소통을 활성화해 양자역학 혁명을 이끌었고, 니시나는 후발 국가에서도 과학의 성장이 가능함을 보였다. 이처럼 뛰어난 과학자 겸 경영자들이 과학 제도의 혁신에 기여한 점들을 상세히 다뤘다. 셋째, 역사에서 시사점을 찾는 해석적 관점을 분명히 했다. 나는 과학기술정책 업무를 하면서, 세계 연구소들의 경험에서 우리의 진로를 모색하는 작업이 중요하다고 늘 생각해 왔다. 그래서 역사 속 연구소들의 성공 요인을 분석하여 현재의 과학기술정책에 주는 함의를 찾고자 했다. 즉 이 책은 단순한 지식의 전달에 멈추지 않고, 그것을 우리 현실에 적용해 보려는 문제의식을 품고 있다. 이 책의 곳곳에서 이러한 시각이 드러나며, 과거와 현재를 잇는 물음이 제기될 것이다. 독자들도 함께 생각해 보았으면 한다. 그럼으로써 우리 과학기술이 나아갈 바를, 바로 지금의 현실과 연결하여 고민해 보기를 바란다.

노벨상을 수상한 미생물학자 존 마이클 비숍은 "현대의 연구소는 크고 복잡한 사회 유기체"라고 했다. 즉 연구소란 물리적 공간을 넘어, 과학이 제도 속에 뿌리내리고, 시대의 문제에 응답하기 위해 구성된 사회적 실체라는 의미다. 비숍의 통찰은 이 책이 그려내려는 연구소의 다층적 의미 — 사회와 과학이 어떻게 연결되고, 과학자는 어떻게 조직을 설계하며, 제도는 어떻게 시대정신을 구현하는가 — 를 함축한다. 요컨대 연구소는 과학과 사회가 만나는 무대라고 해도 좋을 것이다. 이제부터 그 역동적인 무대에서 펼쳐진 흥미진진한 이야기를 만나보자.

차례

추천의 글 … 5
들어가며 … 8

1부 과학의 국가화
: 연구소의 탄생과 근대 과학의 체계 구축

- 01 **국가 연구소의 출현:** 1887년 독일 제국물리기술연구소 … 24
- 02 **기초연구의 독립 선언:** 1911년 독일 카이저빌헬름협회 … 35
- 03 **전쟁에 동원되는 과학:** 1915년 독일 카이저빌헬름협회 … 47
- 04 **거대과학 시대의 개막:** 1931년 미국 버클리 방사선연구소 … 59
- 05 **흩어진 과학자들:** 1933년 독일 카이저빌헬름협회 … 71
- 06 **핵분열의 연쇄반응:** 1938년 독일 카이저빌헬름협회 … 82
- 07 **세상의 파괴자:** 1945년 미국 로스앨러모스연구소 … 94
- 08 **정치가 쏘아 올린 로켓:** 1958년 미국 항공우주국 … 110
- 09 **기술의 의도하지 않은 결과:** 1969년 미국 고등연구계획국 … 125

2부 기술이 만든 도약의 힘
: 추격의 기술과 과학 강국의 부활

- 10 **서양을 추격하는 동양:** 1917년 일본 이화학연구소 … 143
- 11 **과학의 자력갱생:** 1921년 일본 이화학연구소 … 151
- 12 **새로운 기회의 땅:** 1933년 미국 프린스턴 고등연구소 … 161

13	패전국에서 부활한 과학: 1948년 독일 막스플랑크협회	**178**
14	축적의 시간 78년: 1949년 일본 이화학연구소	**189**
15	머리에서 캐는 에너지: 1959년 한국원자력연구소	**203**
16	나라를 먹여 살릴 기술: 1966년 한국과학기술연구소	**215**
17	400조 번의 실험: 2016년 일본 이화학연구소	**229**

지구가 하나의 연구소가 되다
: 경계를 넘는 협력과 연결된 세계의 과학

18	퀀텀점프: 1922년 코펜하겐 이론물리연구소	**247**
19	거대연구시설의 가치: 1974년 미국 페르미국립가속기연구소	**260**
20	불확실한 투자의 효과: 1975년 미국 국립과학재단	**278**
21	사회를 통합하는 과학: 1990년 독일 막스플랑크협회	**291**
22	유럽 물리학의 역전: 2012년 유럽 입자물리연구소	**303**
23	두 여성과 유전자가위: 2020년 미국 로런스버클리국립연구소, 독일 막스플랑크협회	**323**
24	초고속작전이 만든 백신: 2022년 미국 국립알레르기·감염병연구소	**339**
25	지구방위대의 결성: 2022년 미국 항공우주국	**354**

감사의 글	**366**
참고한 책과 글	**368**
찾아보기	**376**

1부

과학의 국가화

The Rise

: 연구소의 탄생과
근대 과학의 체계 구축

"과학은 자신의 책임에 따라 목표를 추구할 수 있어야 하며,
국가는 그것을 지원해야 한다."

아돌프 폰 하르나크 Adolf von Harnack

오랫동안 과학은 개인의 취미 활동이었다. 소소하게 별을 관찰하거나, 힘을 계산하거나, 인체를 해부해 보는 사람들이 있었다. 돈이나 명예를 원해서가 아니었다. 그저 궁금했을 뿐이다. 세상에 무엇이 진실이고, 자연과 우주는 어떻게 돌아가는지. 과학 연구는 그렇게 개인의 서재나 자택 실험실에서 조용히 이루어졌다.

그런 과학에 국가가 개입하기 시작했다. 왜 갑자기 권력자들이 과학자들의 연구에 관심을 가졌을까? 기계와 대포와 전함 뒤에 보이지 않는 지식이 있음을 깨달았기 때문이다. 산업혁명이 부를 가져다주고, 전쟁 무기가 국력을 좌우함이 분명해지자, 과학은 더 이상 개인의 취미로 남을 수 없었다. 부국강병을 최우선 목표로 내세운 정부는 과학자들을 대거 지원하기 시작했다. 이제 과학은 "그냥 궁금해서"가 아니라 "국익을 위해서" 연구하는 시대로 접어들었다. 그 중심에 연구소라는 새로운 공간이 만들어졌다.

가장 앞서 나갔던 나라는 독일이었다. 1887년 독일은 제국물리기술연구소를 설립해 과학을 국가 프로젝트로 격상시켰다. "측정할 수 없으면 발전도 없다."라는 구호에 따라 세워진 이 연구소에는 정확한 측정과 표준화를 통해 산업 경쟁력을 키우려는

제국의 야망이 투영되었다. 이어 1911년 등장한 카이저빌헬름협회는 과학자들을 오직 연구에만 집중하게 하고, 실험실을 국가 예산으로 만들어주었다. 황제의 이름을 내건 이 제국의 브레인에서는 물리학과 화학 등 최첨단 기초연구가 꽃피었다. 개인의 호기심이 제국의 성장 엔진으로 확대된 셈이다. 그 결과 독일은 단숨에 세계 과학의 중심으로 떠올랐다.

이 흐름은 바다 건너 미국으로도 이어졌다. 버클리 방사선연구소와 로스앨러모스연구소가 이끈 맨해튼 계획은 과학이 국가의 손에 쥐어지면 무엇이 가능한지를 극적으로 보여주었다. 원자력이라는 전무후무한 힘은 단적인 예일 뿐이다. 그것의 개발 과정에서 과학자와 정부의 거대한 협력 모델도 만들어졌다. 전후 미국은 이 시스템을 활용하여 고등연구계획국, 항공우주국 등을 창설했다. 새로운 적으로 등장한 공산주의를 겨냥한 연구기관들이었다. 이들이 과학의 눈부신 진보를 이끌면서 미국은 세계 패권을 거머쥐었다.

이렇듯 20세기에 들어서면서 과학은 국가화되었다. 그럼으로써 개인의 호기심에서 벗어나 더 크고 넓은 지평으로 진입했다. 과학은 제도이고, 조직이며, 전략이 되었다. 국가는 과학을 지원했고, 과학은 국가를 움직였다. 오늘날 우리가 알고 있는 대부분 연구소가 이렇게 시작되었다. 그 안에서 과학자들은 국가의 임무를 부여받았고, 그들이 발견한 지식은 세계를 바꿨다. 과학이 국가와 손을 잡은 순간, 역사의 흐름도 달라졌다.

01

국가 연구소의 출현

1887년 독일 제국물리기술연구소

격렬한 토론이 며칠째 계속되었다. 참석자들의 의견 차이는 컸고, 쉽게 좁혀질 것 같지 않았다. 보통 토론이 격해지는 데에는 두 가지 이유가 있다. 학문적 자존심, 또는 물질적 이해관계. 둘 중 하나라도 결부되면 결론을 내기가 어렵다. 그런데 이 토론의 경우 둘 다 해당했다. 전기시스템의 국제 표준을 정해야 했기 때문이다. 1881년 파리에서 열린 제1회 국제전기회의International Electrical Congress의 핵심 주제가 이것이었다. 19세기 물리학의 성과로 전자기학이 완성되면서, 전기기술이 세계적 첨단 산업으로 대두하던 무렵이었다.

회의에 참석한 28개국 대표들은 기술 표준을 선점해서 이 신흥 시장의 주도권을 잡고자 했다. 가장 목소리가 컸던 두 나라는 영국과 미국이었다. 전자기학의 대부 제임스 클러크 맥스웰이 영국 출신이었다. 맥스웰의 후배들은 전기저항의 단위를 영국에서 이미 통용되던 옴(Ω)으로 정하는 데 성공했다. 미국에는 전기왕 토머스 에디슨이 있었다. 에디슨의 조명 시스템은 3년 전 열린 엑스포에서 큰 호평을 받았고, 여세를 몰아 1880년에는 백열전구의 특허까지 냈다. 이렇듯 두 나라의 강력한 기술 패권을 비집고 들어가기는 어려운 상황이었다.

국가가 지원하는 연구

베르너 폰 지멘스Werner von Siemens도 독일 대표로 회의에 참석했다. 지멘스는 물리학자면서 발명가였고, 또한 사업가였다. 베를린과 프랑크푸르트 사이에 독일 최초의 전선을 설치한 입지전적 인물이기도 하다. 그가 1847년 창업한 지멘스는 요즘도 잘 나가는 글로벌 기업이다. 아마 물리학에 관심 없어도 축구를 좋아하면 익숙한 이름일 것이다. 지멘스는 전성기 레알 마드리드 CF의 스폰서였고, 그 로고가 새겨진 유니폼은 많은 축구팬의 기억에 강렬히 남아 있기 때문이다.

애국자 지멘스는 독일이 미국, 영국 등과의 경쟁에서 뒤처지면 안 된다고 생각했다. 독일은 1871년에야 통일을 이루어 근대 국가의 모습을 갖추었고, 그만큼 자본주의 산업화가 늦었다. 그래서 독일 정부는 선진국과의 차이를 좁히고자 산업을 적극적으로 육성했다. 전기산업도 그중 하나다. 다만 그러자면 정밀한 측정기술이 우선 필요했다. 전기를 산업화하려면, 여러 물질의 전기적 특성에 대한 측정값이 충분히 축적되어야 했기 때문이다. 이는 당장 이윤을 내야 하는 기업들만으로 해결될 문제가 아니었다. 과학 연구의 중장기 역량, 즉 고도의 전문지식 체계가 뒷받침되어야 했다. 그래서 파리에서 돌아온 지멘스는 파격적인 주장을 하게 된다. "전기산업을 지원하고 그 기술적 문제를 해결할 국가연구소를 만듭시다!"

이것은 당시의 상식으로는 낯선 이야기였다. 그때만 해도 과학은 호기심을 해결하는 지극히 개인적인 활동이라는 인식이 강했다. 실제로 대부분 과학자는 아마추어였고, 연구에 필요한 비용도 개인이 부담했다. 설령 기업에 도움이 될 연구라도 마찬가지였다. 연구 결과로 이득을 볼 기업이 당연히 비용을 대야 했다. 1830년대 영국의 지질조사국British Geological Survey 설립 과정은 이를 잘 보여준다. 지질조사국을 만들면 광업에 도움이 된다는 분석이 나오자, 영국 정부는 광산회사들이 그 비용을 내라고 했다. 물론 광산회사들은 지질조사국이 생긴다고 당장 이득이 되지 않는다며 이런 주장을 무시했다. 결국 정부의 한시적 지원으로 지질조사국이 만들어졌지만, 정식으로 상설화되기까지는 오랜 시간이 걸렸다. 요컨대 세금으로 과학을 지원한다는 발상은 처음부터 보편적이지 않았다. 오히려 국가의 지원이 연구의 자율성과

객관성을 해칠 것이라고 우려한 과학자도 적지 않았다.

그러나 독일의 상황은 달랐다. 독일 정부는 과학에 대한 지원이 장기적으로 국익에 도움이 된다고 판단했다. 이제 막 제국의 성립을 선포한 만큼, 학문과 지식에서 위엄을 보여줄 필요도 있었다. 이는 독일 특유의 이상주의적 학문관과도 공명하는 것이었다. 과학을 실용적으로 활용하려 한 영국과 프랑스와 달리, 독일에서는 진리 탐구라는 본연의 가치에 치중하는 전통이 강했다. 특히 빌헬름 폰 훔볼트Wilhelm von Humboldt의 대학 개혁은 외부 간섭 없이 순수 지식을 탐구하는 학문 풍토를 만들어냈다. 그래서 19세기 말 독일에서는 교육과 연구에 대한 지원이 크게 늘었다. 이 무렵 독일 대학에서 발달한 교수 중심의 실험실 체제가 그 산물이다. 즉 교수의 지도로 대학원생들이 연구와 실험을 하고, 세미나 개최와 논문 집필도 일상화된 실험실이 대학의 핵심 제도로 부상했다. 이러한 변화는 대학이 교육기관을 넘어 연구기관으로도 기능하게 되었음을 의미했다.

최초의 근대적 국가 연구소

따라서 지멘스의 연구소 설립 주장도 설득력이 있었다. 지멘스는 전기사업으로 큰돈을 벌었으나 속 좁은 졸부는 아니었다. 그는 자신의 사업 기반인 전기기술 못지않게 순수 물리학에도 관심이 많았다. 근본적인 지식을 발견하는 물리학 연구가 활발해야 국가도 발전한다는 취지에서였다. 게다가 그는 말만 번지르르한 사람이 아니어서 거액의 설립 자금과 땅도 기부했다. 19세기 독일에는 과학을 이렇게 이상적이고 낭만적으로 사고하는 이들이 많았다. 당대 최고의 석학이었던 헤르만 폰 헬름홀츠Hermann von Helmholtz도 지멘스를 지원했다. 그 역시 파리 국제전기회의에 참석했고, 독일 전기산업 발전에 대한 지멘스의 비전에 공감했다. 학계와 산업계를 대표하는 두 거물이 의기투합하자, 결국 정부도 나섰다. 연구소 설립 계획은 급물살을 탔다.

마침내 1887년 제국물리기술연구소Physikalisch-Technische Reichsanstalt, PTR가 만들어졌다. 세상 모든 일에는 이유가 있기 마련이고, 연구소도 마찬가지다. 한 국가의 역량을 투입하는 이 거대한 조직이 아무 이유 없이 만들어질 리 없다. 제국물리기술연구소에는 통일 직후 독일 제국의 사회 상황이 투영되어 있다. 제국의 영광을 이루려는 정치적 필요, 첨단기술을 선점하려는 산업적 요구, 학문과 연구를 중시하는 문화적 풍토가 합쳐진 결과였다. 초대 소장은 헬름홀츠가 맡았다. 수도 베를린에 자리 잡은 입지도 좋았다. 주위에 이공계 명문대학인 샤를로텐부르크공과대학과 베를린대학도 있었기 때문이다. 최고의 지성이 모인 이 '인재의 삼각지대'는 향후 베를린을 세계 물리학의 중심지로 끌어올리는 기반이 된다.

제국물리기술연구소는 제1부 과학부와 제2부 기술부로 구성되었다. 그중 기술부의 임무는 재료, 공구, 측정 장치의 성능 검사였다. 이것은 당시의 과제였던 전기산업 발전과 관련이 있었다. 특히 공구의 표준화와 온도, 빛, 전기 등에 대한 정확한 계측은 독일 기업의 경쟁력 강화에 꼭 필요했다. 반면 과학부는 물리학 연구에 집중했다. 그것은 훗날 새로운 산업을 개척하기 위한 이론적 진지로 여겨졌다. 지멘스는 과학부의 역할을 이렇게 평하기도 했다. "국가의 위신을 높이고 민족 간의 경제적 투쟁에서 승리하기 위한 것." 국가의 미래를 이끌 두뇌 집단으로서 과학부에 갖는 지멘스의 기대는 대단했다. 과학부 건물이 지멘스의 샤를로텐부르크 사유지에 지어진 이유이기도 하다.

제국물리기술연구소는 최초의 근대적 국가 연구소였다. 그때만 해도 대학교수를 제외하면 직업 과학자는 드물었다. 과학자는 생업이 따로 있었고, 연구는 퇴근 후 자택 실험실에서 했다. 예컨대 제임스 줄은 양조업자였고, 그레고어 멘델은 가톨릭 사제였으며, 찰스 다윈은 백수였다. 이들은 여러 동기에서 과학을 연구했지만, 그중 가장 큰 것은 개인적 호기심 ─ "그냥 궁금해서" ─ 이었다. 요즘 말로 '자유로운 영혼들'이었던 셈이다. 그런데 제국물리기술연구소와 같은 국가 연구소가 등장하면서 과학자들에게도 소속과 임무가 생겼다. 즉 국가가 과학자들을 고용해 연구 프로젝트를 주고, 그 대가로 급여와 연구비를 지급하는 방식이 제도화되었다. 제국물리기술연구소가 선보인 이 체제는 꽤 성공적이었다. 그래서 외국에서도 수입해 갔다. 1900년 영국 국립물리연구소National Physical Laboratory, 1901년 미국 국립표준국National Bureau of Standards 설립이 대표적 예다. 20세기 들어 이 경향은 더욱 강화되어, 다양한 형태의 연구소들이 등장하게 된다. 제국물리기술연구소는 20세기 '연구소의 시대'를 미리 보여준 예고편이었던 셈이다.

흑체복사라는 난제

1900년 제국물리기술연구소에서 과학사를 뒤흔들 지식이 발견되었다. 그때까지 누구도 하지 못했던, 흑체복사에 대한 이론적 설명에 성공한 것이다. 주인공은 이론물리학자 막스 플랑크Max Planck였다. 그는 흔히 말하는 천재형 과학자는 아니었다. 대학 진학을 앞두고는 음대와 물리학과 사이에서 어디로 갈지 고민했었다. 이때 고민하는 플랑크에게 뮌헨대학 교수 필립 폰 욜리가 "물리학은 충분히 발전해서 이제 더 발견할 것이 없다. 기껏해야 구멍 몇 개를 메우는 게 전부일 것"이라며 만류한 일화는 유명하다. 플랑크는 그래도 음대보다는 나을 것 같다며 물리학과에 진학했는데, 이 선택이 욜리의 확신을 처참히 무너뜨릴 것이라고는 아무도 몰랐다.

흑체복사는 19세기 독일의 산업적 요구에 따른 과학의 문제였다. 이런 것이다. 물체에 열을 가하면 빛이 뿜어져 나오는데, 온도에 따라 색깔이 바뀌면서 이글거린다. 쇳덩어리를 떠올려 보면 된다. 처음에는 짙은 붉은색을 띠다가, 온도가 높아지면 주홍색처럼 밝아진다. 거기서 더 가열하면? 그러면 노란색처럼 보였다가, 마지막에는 푸르스름한 색이 감돌게 된다. 당시 과학자들의 관심은 이러한 온도와 빛의 색상 스펙트럼 사이의 관계를 밝히는 것이었다. 쇠를 다뤄본 사람이라면 누구나 경험으로 알았지만, 과학적으로 설명할 수는 없었다. 특히 이것은 전기제품의 품질 향상에 꼭 필요한 지식이었다. 온도와 색상 스펙트럼의 관계에 대한 정확한 공식을 만들 수 있다면, 필라멘트에 열을 가해 빛을 내는 백열전구의 효율을 크게 높일 수 있었다. 그래서 독일 가스수도전문가협회를 비롯한 많은 기술자가 갓 출범한 제국물리기술연구소에 공식적으로 요청했다. "빛을 측정하는 더 나은 장치와 광도의 단위를 개발해 주시오."

이미 1860년대부터 많은 물리학자가 이 문제를 해결하려 했다. '흑체'라는 이름은 베를린대학 교수였던 구스타프 키르히호프가 붙인 것이다. 그는 모든 전자기파를 100퍼센트 흡수하는 이상적 물체를 흑체라고 가정하고, 흑체가 전자기파를 방출할 때는 그 세기가 온도에 의해서만 결정됨을 밝혔다. 그렇다면 이 원리를 근거로 주어진 온도에서 모든 빛의 파장 범위에 해당하는 흑체복사 스펙트럼 분포를 알아내야 했다. 그러나 키르히호프를 비롯한 대부분 학자의 시도가 실패했다. 사실 완전히 실패만 한 것은 아니다. 제국물리기술연구소의 과학자들은 면밀한 측정 실험을 거듭한 끝에 부분적인 해법들은 찾아냈다. 1896년 빌헬름 빈이 발표한 빈 변위 법칙은 짧은 파장대의 실험 결과를 잘 설명할 수 있었다. 뒤이어 1900년에는 제임스 진스가 레일리-진스 복사 법칙을 발견해서 긴 파장대의 실험 결과를 설명해냈다.

문제는 두 공식 모두 짧은 파장에서 긴 파장에 이르는 전체를 포괄하지는 못했다는 점이다. 특히 진스의 공식대로라면 짧은 파장대에서 에너지가 무한대로 발산한다는 황당한 결과가 나왔다. 과학자들은 이를 자외선 파국이라 불렀다. 자외선은 가시광선의 보라색 바깥에 해당하는 전자기파로서 파장이 짧다. 그러니까 진스의 공식이 짧은 파장대에서는 망했다는 뜻이다.

20세기 과학의 시작

마침내 막스 플랑크가 수십 년 동안 물리학자들을 괴롭혀온 난제를 해결했다. 키르히호프의 후임으로 베를린대학 교수로 임용된 플랑크는 1894년부터 흑체복사 연구에만 전념했다. 그리고 제국물리기술연구소의 동료들과 함께 측정치를 수년간 분석한 끝에 독창적인 공식을 개발할 수 있었다. 20세기가 목전에 다가온 1900년 12월의 일이었다. 새로운 공식의 핵심은 바로 플랑크상수라는 특정한 상수에 있었다. 플랑크는 이제껏 누구도 생각하지 못한, "흑체복사의 에너지는 플랑크상수와 진동수 곱의 정수배가 되어야 한다"라는 과감한 가설을 도입해서 논리를 전개했다. 그러자 흑체복사의 스펙트럼 분포가 비로소 모든 파장대에서 완벽히 설명될 수 있었다. 발상의 전환이 새로운 돌파구를 만든 셈이다.

그런데 이 전환은 흑체복사를 아득히 넘어서는 효과를 가져왔다. 그것이 당시 지배적 패러다임이었던 고전물리학(뉴턴역학과 전자기학)의 핵심 전제를 부정했기 때문이다. 플랑크의 가설은 에너지가 일정한 단위의 덩어리(플랑크상수의 정수배)로 이루어짐을, 즉 양자화되어 불연속적으로 존재함을 함의했다. 반면 고전물리학에서 에너지 개념은 경계가 없는 연속적인 것으로 정의된다. 천동설과 지동설만큼이나 어마어마한 이론적 차이다.

이것은 플랑크도 원했던 결과가 아니었다. 그는 급진적 혁명가보다는 완고한 보수주의자에 가까웠고, 고전물리학의 체계를 무너뜨릴 의도도 없었다. 그래서 엄청난 발견을 해놓고도 당황하고 고뇌할 수밖에 없었다. 결국 플랑크는 학계에 연구 결과를 발표하면서도 한 가지 전제를 달았다. 이것은 새로운 패러다임이 아니라 흑체복사를 설명하기 위한 수학적 미봉책일 뿐이라고. 제자인 막스 보른Max Born은 이러한 플랑크를 다음과 같이 평했다. "그는 전혀 혁명적이지 않았고 철저히 회의적인 인물이었다. 그런데도 논리적 추론의 힘에 대한 믿음이 너무나 강해서, 물리학을 뒤흔든 가장 혁명적인 아이디어를 발표하는 데 주저하지 않았다."

흑체복사를 설명한 플랑크의 이론은 오늘날 양자가설이라는 이름으로 더 유명하다. 그리고 역사는 20세기를 뒤흔든 양자혁명의 시작점을 — 플랑크는 원하지 않았겠지만 — 이때로 기록한다. 과학에서 20세기는 뉴턴과 맥스웰이 확립한 고전물리학의 권위를 상대성이론과 양자역학이 대체하는 시대다. 그 기원은 독일 전기산업, 흑체복사, 막스 플랑크, 양자가설로 이어지는 격변의 중심이었던 제국물리기술연구소에 있다고 해도 과언이 아니다. 따라서 제국물리기술연구소는 20세기를 이해하는 단초로 삼기에 부족함이 없다.

기초연구의
독립 선언

1911년 독일 카이저빌헬름협회

황제의 콧수염은 유난히 위엄이 있었다. 양 끝을 길게 꼬아서 말아 올린 모양이 제국의 권위를 드러내는 듯했다. 그것은 수염 주인의 실제 성격을 반영한 것이기도 했다. 바로 1888년 독일 제국의 3대 황제로 즉위한 빌헬름 2세다. 그는 제국의 영광을 이룰 식민지 개척과 세계 패권을 꿈꿨다. 그래서 매사에 제국의 군주로서 근엄함을 앞세웠고, 수염 하나도 소홀히 하지 않았다. 훗날 이 독특한 수염 모양은 '카이저수염'이라 불린다. 카이저는 독일어로 황제인데, 여기서는 빌헬름 2세를 뜻한다.

베를린대학 전 총장이자 프로이센 왕립도서관장이었던 아돌프 폰 하르나크Adolf von Harnack도 황제의 성향을 잘 알고 있었다. 1909년 그는 황제를 알현하여 간단하면서도 파격적인 제안을 한다. "기초연구에 특화된 국가 연구소를 만듭시다." 연구소라면 20여 년 전에 만든 제국물리기술연구소가 이미 있는데? 하지만 하르나크의 구상은 더욱 원대했다. 독일이 강대국이 되려면 과학이 기업들을 지원하는 수준으로는 부족했다. 물리학과 화학 등의 기초지식을 앞장서 발견하여 산업과 사회의 기반을 다져야 했다. 따라서 대학이나 기업에서 분리되어, 연구에만 집중할 수 있는 자율적 대형 연구소가 필요하다. 때마침 빌헬름 2세는 부국강병으로 제국의 영광을 이루려 하고 있었다. 그래서 하르나크는 이렇게 부추겼다. "지금 독일에 필요한 산업화의 문제들도 물리학과 화학의 더 많은 원리를 발견해야 해결할 수 있습니다."

연구기관으로서의 대학

하르나크의 구상은 급성장하는 과학을 지원할 제도와도 직결되었다. 당시 독일 과학 연구의 중심은 대학이었다. 19세기 초 나폴레옹 전쟁의 패배는 독일 사회에 충격과 함께 변화를 가져왔다. 강한 국가를 만들자는 민족의식이 높아졌고, 누구보다도 지식인들이 앞장섰다. 특히 역점을 둔 것은 대학의 개혁이었다. 그것은 전문지식을 갖춘 유능한 인재들을 길러낸다는 목표로 집약되었다. 빌헬름 폰 훔볼트를 위시한 교육운동가들은 자유로운 연구와 진리의 탐구라는 이상주의적 철학을 내세웠다. 훔볼트의 주장이다. "대학의 가장 중요한 특징은 과학과 학문을 궁극적인 무한한 과업으로 간주한다는 것이다. 이는 교수와 학생들이 끝없는 탐구의 과정에 참여한다는 것을 의미한다."

신인문주의라 불린 이러한 개혁의 영향으로 대학의 학술 연구 기능도 중요해졌다. 즉 교수는 교육자이면서 연구자이고, 대학원생들의 연구를 지도하는 역할까지 해야 한다는 인식이 생겨났다. 독립적 연구능력을 인정받은 대학원생에게 수여하는 박사학위 제도도 이러한 인식의 산물이었다. 이로써 대학은 교육과 연구의 결합을 통해 지식과 연구자를 생산하는 공간으로 진화했다. 이것은 현대 연구중심대학의 기원이기도 하다.

대학의 기구들도 연구에 적합한 형태로 재구성되었다. 이로써 나타난 중대한 변화는 대학 내부에도 연구소 조직이 보편화했다는 점이다. 본래 교수들은 개인 비용을 써서 실험실을 운영했다. 당연히 연구의 규모나 수준에 한계가 있었다. 그런데 국가의 재정이 투입되면서 실험실은 첨단 장비와 넓은 공간을 갖춘 연구소로 확대되었다. 그곳에서 강의는 물론 연구와 실습이 일상화되었고, 세미나와 컬로퀴엄도 주기적으로 열렸다. 대학 연구소는 개인 실험실과 달리 집단연구 체제로 운영되었다. 즉 정교수를 중심으로, 한두 명의 부교수, 사강사, 조교, 대학원생 등이 함께 연구했다. 이것은 교사와 학생이 공동으로 학문을 연구하는, 독일 특유의 '제미나르Seminar' 제도를 계승하는 것이었다. 이렇게 정교수를 정점으로 촘촘히 계층화된 도제식 교육과 연구를 통해 많은 인재가 배출될 수 있었다.

    대학의 개혁은 독일 연구 경쟁력의 급성장을 이끌었다. 지방 분권의 전통이 강한 독일의 대학은 지역 간 라이벌 의식도 뚜렷했다. 그래서 유능한 교수를 두고 스카우트 경쟁을 벌였고, 교수들은 좋은 조건을 찾아 자리를 옮겼다. 이러한 이동으로 교수 개인은 물론, 각 대학의 역량도 강해지는 효과가 나타났다. 특히 대학의 비정규 인력이었던 사강사*의 역량도 교수들에 못지않았다. 19세기 말 독일은 산업화와 함께 인구가 급증했고, 대학도 그와 함께 늘어났다. 다만 교수직은 그렇지 못해서, 대학은 임시직인 사강사를 확대해서 날로 늘어가는 강의 수요를 충당했다. 사강사들은 부족한 교수직을 차지하려고 치열하게 경쟁했고, 그 성과가 교수들을 뛰어넘기도 했다. 예컨대 막스 폰 라우에Max von Laue는 뮌헨대학 사강사 시절에 결정격자 내에서 엑스선 회절현상을 발견해 1914년 노벨물리학상을 받았다. 지도교수였던 막스 플랑크보다도 4년이나 빠른 것이었다.

---

* 사강사privatdozent는 19세기 독일 대학에서 박사학위 취득 후 하빌리타치온을 통해 강의 자격을 얻은 민간 강사다. 당시 교수직은 국가가 임명하는 공무원이었다. 사강사는 민간의 교수 후보군으로서 대학에서 학생을 가르치고 연구할 수 있었다. 다만 국가나 대학으로부터 급여나 연구비 지원을 받지는 못했다.

연구소의 필요성

그런데 대학에서 과학 연구의 활성화는 새로운 문제를 낳았다. 교수들을 중심으로 연구할 시간이 부족하다는 불만이 제기된 것이다. 이는 교육과 연구라는 두 업무를 단순히 절충하는 문제만은 아니었다. 과학의 발달과 전문화가 강의 후 남는 시간에 가능한 수준을 넘어섰음이 더 근본적이었다. 교육과 연구의 종합이라는 신인문주의적 대학 개혁이 오히려 과학에 방해가 되는 역설이 벌어진 셈이다.

당시 물리학에서는 새로운 패러다임이 도래하는 중이었다. 엑스선, 방사능, 전자 등의 잇따른 발견에 물리학자들은 당황했고, 이 현상들을 설명할 이론체계가 필요해졌다. 그것은 대학에 소속된 연구소만으로는 해결이 어려웠다. 이 난점을 꿰뚫어 본 인물이 빌헬름 정부의 교육 관료였던 프리드리히 알트호프다. 그는 평생 고등교육정책을 담당하며 대학 개혁을 주도했는데, 만년에는 물리학과 화학의 연구소 설립에 관심을 두었다. 대학에 임용된 유능한 과학자들이 교육업무에 너무 많은 시간을 빼앗기는 현실을 절감했기 때문이다. 이에 알트호프는 과학자들이 강의에서 해방되어 연구에만 전념하도록, 대학 밖에 전문 연구소를 만든다는 계획을 세웠다.

알트호프의 사후에는 하르나크가 계획을 이어받았다. 보수적인 신학자였던 그는 연구소가 필요한 이유로 독일이 제국주의 경쟁에서 이겨야 한다는 점도 꼽았다. 그 무렵 미국에서도 대형 연구소 설립이 이어지고 있었기 때문이다. 실제로 1901년 록펠러 의학연구소Rockefeller Institute for Biomedical Research, 1902년 카네기연구소Carnegie Institution for Science가 출범했다. 카네기연구소에 들어간 돈만 당시 기준 1000만 달러라는 어마어마한 규모였다. 하르나크는 과학에서 별 볼 일 없던 미국이 이런 과감한 투자를 통해 독일을 제칠지도 모른다고 우려했다. 그래서 황제를 설득할 때도 이러다 미국에 뒤처질 수 있다는 위기의식을 앞세웠다. 빌헬름 2세의 관심은 온통 독일을 위대한 제국으로 만드는 데 쏠려 있던 시절이었기 때문이다.

다만 미국에 대한 하르나크의 우려는 오해에 가까웠다. 미국의 연구소 설립은 국가가 아니라 민간 자본에 의한 것이었기 때문이다. 자유방임주의 영국의 후예답게, 미국인들은 오랫동안 과학 연구를 세금이 아니라 자선사업으로 하는 것으로 여겼다. 철강왕 앤드루 카네기가 연구소 설립에 거액을 기부한 이유도 미국의 과학이 좀처럼 발전하지 못하는 현실에 대한 걱정 때문이었다. 미국의 과학이 세계를 주도한 것은 1930년대에 이르러서였고, 국가의 과학 투자는 그보다 늦은 제2차 세계대전 무렵에나 본격화했다.

공학과의 구분 짓기

그렇다면 왜 하필 물리학과 화학에 특화된 연구소였을까? 물론 물리학과 화학이 과학의 기초이자 근본이라는 당위성이 있었다. 다만 당시의 연구소 설립을 둘러싼 사정은 이보다 복잡했고, 당위보다는 현실의 이해관계를 반영한 것이었다.

19세기 말 독일이 이룬 산업화에는 과학 이상으로 공학의 기여가 컸다. 이것은 국가가 일찍부터 기술자학교를 세워서 직인, 기사, 관료 등을 양성한 효과이기도 했다. 대표적인 예가 1765년 세워진 프라이베르크광산학교다. 이 학교는 세계에서 가장 오래된 광업 교육기관이기도 하다. 중세의 길드에 가까웠던 이 학교들은 19세기 들어서 단순한 기술 전승을 넘어서는 형태로 전문화했다. 1825년 설립된 카를스루에공업기술학교가 이를 선도했는데, 이곳은 1865년 독일 최초의 고등공업학교가 되었다. 고등공업학교는 수학과 과학의 기초지식을 산업현장에 적용한다는 실용적 목표를 지향했다. 그런데 산업화의 진전으로 학교의 규모가 커지고 수업의 질도 높아지자, 학문 연구의 성격도 강해졌다. 기술학교가 공과대학으로 전문화한 것이다. 1899년에는 박사학위를 수여할 권리마저 얻었다. 카를스루에공과대학은 현재 독일 공과대학 체제의 기원이기도 하다.

공학이 이렇게 급성장하자 기초학문을 연구하는 과학자들은 위협을 느꼈다. 공학의 가장 큰 장점은 즉각적인 유용성에 있다.

즉 공학의 기술은 제품의 생산, 기계의 개량, 자원 개발 등에 곧바로 적용할 수 있다. 반면 순수학문인 과학은 그렇지 못했다. 물론 물리학과 화학의 지식에는 인류의 삶을 바꿀 혁신적 잠재력이 있다. 하지만 그것은 시간이 흐르며 이런저런 응용이 더해질 때나 그러할 뿐, 그 자체로 현실적 쓸모를 기대하기는 어렵다. 예컨대 상대성이론이나 불확정성 원리가 당장 어디에 쓸 데가 있겠는가. 이것은 국가의 한정된 지원을 두고 공학자들과 경쟁하는 과학자들로서는 약점일 수밖에 없었다. 실제로 베를린공과대학 총장 알로이스 라이들러는 "과학과 기술의 관계는 양방향적"이라고 주장했다. 이는 과학의 위상을 넘볼 만큼 성장한 공학의 자신감을 표현한 것이었다.

결국 하르나크를 위시한 과학자들은 "산업화의 문제들도 장기적으로 물리학과 화학이 발전해야 해결할 수 있다."라는 논리로 유용성 논란을 피해 가려 했다. 기초연구가 당장은 불확실성이 높지만, 꾸준한 지원을 받아야만 공학이든 산업이든 그 기반을 다질 수 있다는 의미다. 이러한 논리가 현실로 구체화한 것이 물리학과 화학에 특화된 국가 연구소 설립 계획이었다. 요컨대 1887년의 제국물리기술연구소가 그러했듯, 이 또한 당시의 사회정치적 상황과 과학의 요구가 상호작용한 결과였다.

지원은 Yes, 간섭은 No

1910년 빌헬름 2세는 베를린대학 설립 100주년 기념식에서 의외의 선언을 했다. "학생을 가르칠 의무가 없는 기초과학 연구소가 필요하다." 이는 1년 전 하르나크가 제출한 연구소 설립 제안서를 그대로 따른 것으로, 교육과 연구를 분리하겠다는 취지였다. 19세기 신인문주의의 산물인 베를린대학의 창학 정신과는 정반대의 연설이었다.

황제의 연설 직후 연구소 설립위원회가 구성되었다. 정부의 출연금 이외에도 많은 기부금이 위원회에 모였다. 제국물리기술연구소 설립에 앞장섰던 베르너 폰 지멘스가 다시 한번 거액을 내놓았다. 철강업의 대부 프리드리히 크루프도 마찬가지였다. 이 외에도 화학 산업, 은행업 등에서도 기부금이 쇄도했다. 독일 산업계의 유명인사치고 돈을 안 내놓은 사람이 드물었다. 연구소 설립의 전면에 황제가 나선 효과라고 할 만했다. 이렇듯 설립 예산의 약 4분의 3은 은행·상업·산업계에서 나온 민간 기부로 충당했고, 나머지 4분의 1을 국가가 부담했다.

1911년 마침내 카이저빌헬름협회Kaiser-Wilhelm-Gesellschaft가 출범했다. 이름에서부터 제국주의의 향기가 물씬 풍긴다. 설립을 주도한 황제 빌헬름 2세를 연구소 명칭에도 그대로 붙였다. 연구소 부지는 베를린 외곽인 달렘의 국유지로 정해졌다. 이에 화학 연구소(1912년), 물리화학·전기화학연구소(1912년), 석탄연구소

1912년에 열린 카이저빌헬름협회의 화학연구소와
물리화학·전기화학연구소 개소식에 참석한 빌헬름 2세(가운데).
오른쪽 뒤로 아돌프 폰 하르나크와 에밀 피셔, 프리츠 하버가 차례로 보인다.
(Archiv der Max-Planck-Gesellschaft)

(1914년), 뇌연구소(1914년), 생물학연구소(1915년), 물리학연구소(1917년) 등이 들어섰다. 협회 본부가 이 연구소들을 산하에 두고 사업과 정책을 총괄하는 구조로 운영되었다.

초대 회장은 하르나크가 맡았다. 그의 본업은 신학자였으나 과학행정가로서도 뛰어났다. 그래서 협회를 설계하며 독일 사회를 뜨겁게 달군 지적 흐름 — 신인문주의 이념, 산업화의 기술 수요, 독일 제국의 부국강병 요구 등 — 을 적절히 결합했다. 자금 조달에도 상당한 능력이 있어서 초기부터 풍부한 재정을 갖췄다. 하지만 하르나크의 통찰이 가장 빛난 부분은 따로 있었다. 그것은 "국가의 지원을 받지만, 운영에는 간섭받지 않겠다."라는 원칙이었다. 바꿔 말하면 연구소 운영은 정치가나 관료가 아닌, 오직 과학자에게만 맡기겠다는 의미였다.

이러한 철학은 1948년 막스플랑크협회Max-Planck-Gesellschaft로 바뀐 현재까지도 이어지고 있다. 바로 유명한 '하르나크 원칙'이다. 지금은 당연하게 여겨지지만 20세기 초반에는 파격적인 시도였다. 국가가 만든 조직이라면 당연히 국가의 뜻에 따라 운영되어야 했다. 그러나 하르나크는 과학이 발전하려면 지원과 운영을 엄격히 구분해야 한다고 보았다. 빌헬름 2세를 위시한 정부 인사들도 이러한 방침을 받아들였다. 신인문주의의 영향으로 자유로운 연구에 대한 이상주의적 학풍이 강한 독일이어서 가능한 일이었다. 1917년 카이저빌헬름물리학연구소의 소장으로 추천된 알베르트 아인슈타인이 대표적 예다. 당시 독일 재무장관은 아인슈타인의 상대성이론 연구가 산업과 국방에 어떻게 도움이 되는지 도무지 알 수 없었다. 그러나 하르나크 원칙에 따라 정부는 아인슈타인의 소장 추천을 그대로 승인했다. 이로써 카이저빌헬름협회는 재정적 안정성과 학문적 자율성이라는, 연구소 운영의 강력한 두 축을 확보할 수 있었다.

 카이저빌헬름협회의 독특한 운영은 짧은 시간에 성과를 냈다. 국가의 전폭적 지원과 학문의 자율성을 앞세워 독일 전역에서 인재를 끌어모았다. 특히 대학에서 하기 어려웠던, 대규모의 전문적인 실험도 할 수 있다는 점이 매력적이었다. 실제로 카이저빌헬름화학연구소는 방사화학 실험을 통해 원자력의 기초가 되는 핵분열 현상을 발견했다. 1915년에는 리하르트 빌슈테터가 식물의 엽록소와 안토시아니딘에 대한 연구로 최초의 노벨상(화학상)을 받았다. 협회 설립 후 4년 만의 쾌거였다. 이는 그저 시작일 뿐이었다. 향후 100년이 넘도록 이 협회에서만 수십 명의 노벨상 수상자가 더 나올 것을, 그때는 아무도 예상하지 못했다.

전쟁에 동원되는 과학

1915년 독일 카이저빌헬름협회

 과학에도 돈이 필요하다. 물론 자연과 우주의 원리를 밝히려는 과학의 목표는 숭고하다. 그러나 그 또한 돈 없이는 불가능하다는 것이 현실이다. 과학사에서 잘 드러나지는 않지만, 꽤 오래전부터 과학자들은 재정 지원을 받고자 여러 노력을 해왔다. 갈릴레오 갈릴레이가 대표적일 것이다. 갈릴레이는 자신이 발견한 목성의 위성을 '메디치의 별'이라고 명명하고, 이를 찬양하는 글을 지어 메디치 가문의 코시모 2세에게 헌정했다. 덕분에 그는 메디치 가문에 들어가 좋은 조건에서 원하는 연구를 할 수 있었다. 그나마 갈릴레이 정도 되는 과학자라서 얻을 수 있었던 혜택이다.
 이런 재정적 부담이 근대 이후에는 한결 덜해졌다. 국가가 과학의 강력한 스폰서가 되어주었기 때문이다. 물론 세상에 공짜는 없는 법이라, 국가가 과학에 투자한 데에는 그만한 이유가 있었다. 과학이 부국강병과 국격 상승의 효과적 수단이라는 점을 깨달아서였다. 특히 독일의 빌헬름 2세는 누구보다 과학을 잘 활용했던 군주다. 그의 시대에 과학, 국가, 산업은 긴밀히 연결되었고, 과학 연구는 정치·경제적 배경을 갖게 되었다. 일례로 1895년 빌헬름 뢴트겐이 엑스선을 발견하자 빌헬름 2세가 직접 치하한 것은 유명한 일화다. 과학자가 아닌 황제도 엑스선이 독일 민족의 우수성을 알리고 산업에 도움이 될 발견임을 알아본 것이다. 1911년에는 국가 기초연구소인 카이저빌헬름협회도 만들었다. 황제의 이름을 내건 이곳은 매력적인 조건(강의 부담 면제, 풍부한 지원금)을 앞세워 뛰어난 과학자들을 끌어들였다. 제국주의 경쟁을 하려면 과학 역시 중요한 국가적 자원이라고 인식한 결과다.

다만 모든 비용을 국가가 부담한 것은 아니었다. 카이저빌헬름협회의 설립에는 황제 못지않게 기업가의 역할도 컸다. 그들에게도 이 연구소가 산업화의 난제를 해결해 주고, 국제무대에서 독일의 위상을 높이리라는 기대가 있었던 탓이다.

그중 한 명이 유대인 출신 은행가 레오폴드 코펠이다. 코펠은 그와 같은 유대인 출신의 천재 두 명을 후원했다. 첫째는 알베르트 아인슈타인이다. 1913년 아인슈타인이 프로이센 과학 아카데미 회원이 되자, 코펠은 그가 돈 걱정 없이 연구만 하도록 지원했다. 이 후원은 13년이나 계속되었고, 훗날 아인슈타인이 카이저빌헬름물리학연구소장이 되는 데도 코펠이 결정적 역할을 했다. 둘째는 이제부터 살펴볼 프리츠 하버Fritz Haber다. 카이저빌헬름협회 설립 직후 물리화학·전기화학연구소를 만들고자 했으나 예산이 부족했다. 이 문제를 해결한 것이 코펠이다. 코펠은 100만 마르크를 연구소 설립 자금으로 쾌척했다. 다만 한 가지 조건이 있었다. 소장으로 카를스루에공과대학의 프리츠 하버 교수를 임명하라는 것.

식량 부족이라는 난제

코펠은 왜 그렇게 하버를 고집했을까? 그만큼 그의 업적이 독보적이었기 때문이다. 하버는 과학사를 대표하는 아이작 뉴턴, 찰스 다윈, 알베르트 아인슈타인만큼 유명하지는 않다. 하지만 인류에게 가져다준 실질적 이득으로 따지면 이들보다도 앞선다. 인공 질소비료의 대량생산법을 발견해 인류의 식량 걱정을 완전히 없애주었기 때문이다. 즉 하버는 오늘날 인류 문명이 물질적 풍요를 이루는 데 가장 공헌한 인물이라 해도 과언이 아니다.

근대 들어 과학은 눈부시게 발전했지만, 그것으로 해결할 수 없는 문제들도 여전히 많았다. 대표적인 것이 식량 부족이다. 20세기 초 영국 과학진흥협회장 윌리엄 크룩스는 과학자들 앞에서 중대한 강연을 한다. 바로 식량 증산의 과학적 해법에 대한 것이었다. 그러니까 불과 100여 년 전만 해도, 세계 최강대국이었던 영국에서조차 식량은 걱정거리였다. 이것은 과학의 문제만은 아니었다. 경제학의 기원 중 하나인 토머스 맬서스의 《인구론An Essay on the Principle of Population》은 다음의 명제로 요약된다. "식량은 산술급수적으로 증가하나, 인구는 기하급수적으로 증가한다." 맬서스가 보기에 이는 거스를 수 없는 자연법칙이었다. 그래서 인류의 생존을 위해서는 질병, 기근, 전쟁 등으로 인한 인구 조정이 필요하며, 특히 저소득층이 도태되게 해야 한다고까지 주장했다. 지금 보면 황당하지만, 19세기 영국 정부는 이런 주장을 받아들여 빈민 지원을 대폭 축소하기도 했었다.

이렇게 식량 문제가 심각했던 이유는 다름 아닌 질소에 있었다. 질소는 대기를 이루는 가장 흔한 성분(약 79퍼센트)이면서 식량을 구성하는 여섯 원소 중 하나다. 그만큼 농작물의 생장에 중요한 역할을 한다. 자연의 관점에서 보면 질소는 생태계 순환의 과정을 거친다. 즉 공기 중에서 식물과 동물로 흡수되었다가, 다시 음식물 섭취의 형태로 인간의 일부가 된다. 인체로 흡수된 질소는 단백질을 만들거나 배설물로 배출된다. 이런 배설물이 식물의 질소 자원으로 활용되거나 특정 생물체에 의해 다시 질소 가스로 바뀌며 공기로 돌아가는 것이다.

공기로 빵을 만든 과학자

　문제는 공기 중의 질소가 단단히 묶여 있다는 점이다. 즉 질소의 분자 구조는 두 개의 원자가 삼중결합에 갇힌 형태를 보인다. 이 때문에 작물들도 질소 원자를 직접 흡수할 수 없다. 화학적 변환을 거친 질소 화합물(암모니아, 질산염, 이산화질소 등) 형태로만 흡수가 가능하다. 이러한 화학적 변환 과정을 질소 고정이라 한다. 자연에서 질소 고정은 번개가 치거나 뿌리혹박테리아 같은 미생물의 작용에 의해서만 이루어진다. 물론 이런 미미한 작용만으로 작물에 충분히 질소 공급이 될 리 없다. 그래서 인류는 동물의 배설물을 비료로 만들어 토양에 공급하거나, 휴경으로 지력을 회복하는 방법 등을 써왔다. 하지만 어떤 시도도 인류가 배불리 먹을 만큼의 작물을 거두게 하지는 못했다. 일부 국가들은 칠레의 특산품인 초석(질산나트륨)을 수입했으나, 그 역시 매장량에 한계가 있었다. 공기 중의 질소를 떼어내고자 충격을 가하려면 어마어마한 에너지가 필요했고, 당시에는 이걸 구현할 방법이 부족했다. 크룩스의 강연은 바로 이를 지적한 것이었다.
　하버는 이 질소 고정 문제를 완전히 해결했다. 그 해법은 질소와 수소를 반응시켜 암모니아를 합성하는 것으로 요약된다. 이게 말로는 쉬워 보인다. 질소는 대기 중에 널렸고, 수소 기체도 만들기 어렵지 않기 때문이다. 하지만 실제 실험에서는 전혀 그렇지 않았다. 질소의 원자 간 결합을 깨뜨리려면 고온을 가해야 하는 데, 그 상태에서 화학평형 조건을 맞추기가 매우 까다로웠다. 암모니아를 얻어낼 수는 있었으나 대량으로 생산하기에는 경제성이 떨어졌다. 하버 역시 몇 년 동안 실패를 거듭했다. 그러다 고압과 촉매의 중요성에 새롭게 주목함으로써 돌파구가 열렸다. 하버는 고압에서도 견딜 수 있는 기구를 제작하는 한편, 낮은 온도에서도 반응을 활성화할 수 있는 촉매를 찾고자 했다. 그 결과 오스뮴이 적합하다는 사실을 발견했다.

고압과 촉매라는 두 조건이 갖춰지자 비로소 암모니아의 생산성이 높아졌다. 하버는 이를 본격적으로 상업화하기 위해 대형 화학 기업인 바스프의 지원을 받기로 했다. 이때 하버의 파트너가 된 이가 카를 보슈Carl Bosch다. 보슈는 하버보다 먼저 질소 고정 연구를 시작했으나 별 성과를 내지 못하고 있었다. 그러다 촉매로 연구의 돌파구를 연 하버를 만난 것이다. 다만 보슈는 하버가 촉매로 사용한 오스뮴은 구하기가 어려워 대량생산에 적합하지 않다고 판단했다. 그래서 무려 2만 번의 실험 끝에 산화알루미늄이 일부 함유된 산화철을 새로운 촉매로 찾아냈다. 이로써 암모니아 합성의 경제성은 크게 올라갔다.

1913년 마침내 하루 20톤이 넘는 암모니아가 생산될 수 있었다. 인류사에서 처음 인공 질소비료가 대량으로 공급되는 순간이었다. 이 새로운 공정에는 하버-보슈법이라는 이름이 붙었고, 인류 문명의 일대 도약을 상징하는 장면이 되었다. 인공 질소비료는 광범위한 효과를 냈다. 수십 년에 걸쳐 미국의 옥수수 생산량은 6배가 늘었다. 그리고 식량 생산량은 인구 증가량의 2배를 기록했다. 1900년대 16억 명이던 세계 인구는 폭발적으로 증가해 2020년대에는 80억 명을 돌파했다. 인류를 괴롭혀온 맬서스의 법칙은 그렇게 과학의 힘으로 허물어졌다. 하버는 '공기로 빵을 만든 과학자'라는 영광스러운 별명을 얻었다.

독가스의 아버지

하버는 이러한 영광을 배경으로 카이저빌헬름협회의 물리화학·전기화학연구소장에 임명되었다. 그 무렵 독일 대학에서는 뛰어난 과학자를 교수로 초빙하려는 스카우트 경쟁이 치열했다. 카이저빌헬름협회 역시 마찬가지였는데, 명색이 황제가 만든 국가 연구소이니 최고의 과학자를 데려와야 했다. 코펠이 하버의 영입을 기부 조건으로 내세운 이유이기도 하다. 하버는 질소 고정법이라는 업적만으로 역대 최고의 과학자 중 한 명이었다. 그런데 인류사에 영원히 기억될 그의 재능은 해피엔딩으로 끝나지 않았다. 전쟁이라는 새 국면이 펼쳐지면서 그것은 독가스라는 전혀 다른 형태로 활용되었기 때문이다.

1914년 8월 제1차 세계대전이 발발하자 유럽은 전쟁의 소용돌이에 휘말렸다. 이것은 제국주의 급행열차에 올라탄 유럽의 필연적 종착지였는지도 모른다. 그만큼 군비경쟁과 식민지 쟁탈전으로 온 세계가 몸살을 앓고 있었다. 독일도 예외가 아니었다. 빌헬름 2세의 독일 우선주의 세계정책은 결국 제1차 세계대전 참전으로 귀결되었다. 이미 많은 식민지를 갖고 있던 영국, 프랑스 등 전통의 열강이 그 상대가 되었다. 애국주의에 불타는 수많은 독일 국민이 이 전쟁에 지지를 보냈다.

  카이저빌헬름협회의 과학자들도 애국주의 열풍에 동참했다. 애초에 이 연구소가 부국강병을 위해 만들어졌으니 어쩌면 당연한 수순이었다. 개전 직후 독일군이 중립국 벨기에를 점령하자 독일은 큰 비난을 받게 된다. 설상가상으로 점령 과정에서 예술작품을 파괴하고 잔혹 행위를 저질렀다는 의혹이 제기되었다. 그러자 독일 지식인들은 의혹에 반박하는 성명서를 냈다. 이른바 '지식인 93인 성명 Die Erklärung der 93'이다. 여기에는 아돌프 하르나크, 프리츠 하버, 막스 플랑크 등 카이저빌헬름협회의 석학들도 상당수 이름을 올렸다. 두 번째 노벨물리학상 수상자였던 네덜란드의 헨드릭 로런츠는 독일 과학자들의 이러한 정치적 행보를 비판했다. 그는 동료인 플랑크에게 편지를 보내 이렇게 말했다. "당신들이 정치에 끌려가는 것을 보니 슬픔을 금할 수 없다."

  1915년 들어 전쟁은 서부전선을 중심으로 참호전 양상을 보이며 교착 상태에 빠졌다. 샘 멘데스 감독의 영화 〈1917〉에서 당시의 참호전이 생생히 묘사된다. 참호는 허리 높이 정도만 파도 충분한 엄폐가 가능하며, 적군의 기동에는 큰 방해물이 된다. 별

다른 건설 자재도 필요 없다. 철조망과 기관총만 갖추면 적을 효율적으로 막을 수 있다. 이렇게 참전국들이 죄다 참호를 판 결과, 북해에서 스위스 국경까지 참호선이 어마어마하게 늘어나는 상황에 이르렀다.

하버는 독가스를 써야 교착 상태를 풀고 전쟁을 빨리 끝낼 수 있다고 보았다. 그리고 그 넘치는 애국심을 앞세워 군부를 설득했다. 순수한 전략의 관점에서 하버의 주장은 틀리지 않았고, 결국 독일군 사령부는 이를 받아들였다. 하버는 독가스의 주재료로 염소를 제안했다. 염소는 공기보다 무거워서 참호 안으로 쉽게 스며들었고, 무기를 부식시키는 효과도 있었다. 하버의 원래 계획은 염소가스를 포탄 형태로 만드는 것이었다. 그러자 군부가 탄약을 아껴야 한다며 반대했고, 하버는 수많은 실린더에서 구름 형태로 가스를 방출하는 방식으로 폭탄을 제작했다.

개전 직후 카이저빌헬름물리화학·전기화학연구소는 군사 연구에 집중하다가, 결국 육군의 하부 조직으로 전환되었다. 그리고 1500여 명의 인력이 밤낮으로 독가스와 방독면을 만들어냈다. 방독면에 들어갈 필터의 제작은 또 한 명의 노벨상 수상자인 리하르트 빌슈테터가 맡았다. 이렇게 노벨상급 천재들을 갈아 넣은 덕분에 1915년 가을 독일군에 완벽한 성능의 방독면과 필터가 보급될 수 있었다. 육군의 기술 자문이었던 하버는 화학전 부대의 참모로 임명되었다. 하사관에서 시작해 몇 년 만에 대위로 진급한 결과였다. 그만큼 하버는 조국의 영광을 위한 이 전쟁에 진심이었다.

독일군은 1915년 벨기에의 이프르 전투에서 최초의 염소가스 공격을 감행했다. 결과는 대성공이었다. 독일군은 넓은 영토와 함께 대포 60문을 탈취했다. 연합군은 약 6000명의 사상자를 냈으며 심리적 공포로 인해 크게 사기가 저하되었다. 빌헬름 2세는 이 전과에 기뻐하며 하버를 치하했다. 당시 대량살상무기 개념이 일반적이지는 않았으나, 제한 규정은 분명히 있었다. 1899년과 1907년의 헤이그 회담은 모든 종류의 화학·생물학 무기 사용을 금지했다. 따라서 독일군의 가스 공격은 국제법 위반이라며 엄청난 지탄을 받았다. 그러나 하버는 "화학무기야말로 전쟁을 단축하고 대포와 기관총으로 수백만 명이 학살되는 것을 막으므로, 오히려 인도주의적"이라는 논리를 폈다. 결국 독일군에게 선제 공격을 당한 연합군도 독가스를 개발했다. 이렇게 되자 독가스는 어느 쪽에게도 이점을 주지 못했다. 양쪽의 희생자는 크게 늘 수밖에 없었다. 제1차 세계대전에서 화학무기로 사망한 군인은 약 9만 명이며, 부상자는 130만 명이 넘는다.

패전의 흑독한 대가

1918년, 하버를 비롯한 과학자들의 애국적 헌신에도 불구하고 독일은 전쟁에 패배했다. 패전은 독일 사회를 엄청나게 변화시켰다. 빌헬름 2세가 퇴위했고, 독일은 역사상 처음으로 민주헌법을 채택하면서 바이마르공화국이 출범했다. 그러자 카이저빌헬름협회의 이름을 바꾸자는 주장도 제기되었다. 이제 독일에는 더 이상 '카이저 빌헬름'이 없었기 때문이다. 특히 바이마르공화국을 주도한 공화파들이 명칭 변경을 강력히 주장했다. 하지만 하르나크와 플랑크 등 협회의 원로들은 끝까지 이름을 바꾸지 않았다. 그들은 어쩔 수 없이 공화주의를 받아들였지만, 정신적으로는 여전히 군주제와 제국의 영광을 그리워했다.

전쟁이 끝난 바로 그해에는 하버가 노벨화학상을 받았다. 맬서스 법칙을 깨고 인류를 기아에서 구해낸 그의 공로는 노벨상을 받기에 충분했다. 문제는 그가 '공기로 빵을 만든 과학자'인 동시에, '독가스의 아버지'이기도 했다는 것이다. 실제로 연합국은 하버를 국제법을 위반한 전범으로 규정했다. 하지만 노벨화학상 수상을 막을 수는 없었다. 그만큼 하버-보슈법은 인류 역사를 뒤바꾼 위대한 성과였고, 하버만 전범으로 매도하기에는 연합국도 독가스를 쓴 건 마찬가지였기 때문이다. 1918년은 하버에게 조국의 패배와 자신의 영광을 동시에 경험하게 만든, 복잡한 심경의 한해였다.

제1차 세계대전에 패한 독일은 커다란 경제적 어려움에 직면했다. 연합국이 엄청난 전쟁 배상금을 물렸고, 주요 생산 시설이 대부분 파괴되어 산업 활동이 제대로 이루어지지 않았기 때문이다. 여기서 다시금 하버의 애국심이 발동한다. 그는 카이저빌헬름물리화학·전기화학연구소를 재정비해서 바닷물에 용해된 금을 전기화학적으로 추출하는 연구를 계획했다. 그렇게 얻은 금 자원으로 전쟁 배상금을 갚겠다는 것이다. 맬서스 법칙을 과학으로 극복한 하버다운 발상이었다. 역시 천재는 천재인지, 하버의 금 모으기 프로젝트는 이론적으로는 그럴 듯해 보였다. 그러나 실제 금 농도가 초기 추정치보다 훨씬 낮다는 사실이 확인되면서 중단되었다.

영국의 역사학자 에릭 홉스봄은 "20세기의 진정한 시작은 1914년"이라고 했다. 제1차 세계대전이 그만큼 20세기의 시대적 특징 — 제국주의와 식민지 경쟁 — 을 규정하는 사건이라는 의미에서다. 이는 과학사에서도 다르지 않다. 제1차 세계대전은 과학이 전쟁에 본격적으로 이용되는 시발점이 된다. 부국강병을 목적으로 국가가 과학을 체제로 흡수한 필연적 결과였다. 이러한 국가에 의한 과학의 제도화는 수십 년 뒤 제2차 세계대전에서 더욱 큰 규모로 재현된다. 그 결과는 독가스보다도 무시무시한 파괴력을 지닌 원자폭탄이었다.

거대과학 시대의 개막

1931년 미국 버클리 방사선연구소

 과학은 본래 개인들의 학문이었다. 초창기 과학자들은 타인과 연구하는 경우가 거의 없었고, 대부분 이론체계를 혼자 완성했다. 아이작 뉴턴과 알베르트 아인슈타인이 대표적이다. 1666년 뉴턴은 고전물리학의 기본 법칙들 — 중력, 미적분학, 빛의 본질 — 을 확립했다. 1905년 아인슈타인은 뉴턴 패러다임에 균열을 일으키는 새로운 물리학 — 광전효과, 브라운운동, 특수상대성이론 — 을 개척했다. 평생 하나도 이루기 힘든 업적을, 이들은 20대의 1년에 동시다발로 해낸 것이다. 물론 이 둘이 역대급 천재여서 가능했던 일이다. 그래서 과학사에서는 1666년과 1905년을 '기적의 해'라고 부른다.
 그런데 현대에 들어 이렇게 천재 1명이 모든 걸 완성하는 연구는 불가능해졌다. 과학적으로 풀어야 할 문제가 훨씬 복잡해지고 전문화했기 때문이다. 특히 20세기는 물질의 근원이라 여겼던 원자의 내부를 탐구하려는 시도가 본격화한 때다. 원자 안에서 전자와 원자핵, 양성자와 중성자 등이 발견되면서 이를 설명할 새로운 이론체계가 필요해졌다. 문제는 원자도 눈에 보이지 않을 만큼 미세한데, 그 안으로 깊숙이 들어가야 한다는 데 있었다. 이 작업에는 물리학뿐만 아니라 화학과 방사선 등에 대한 포괄적 지식이 요구되었다. 또 첨단 실험 장비와 공학적 도구들 역시 필요했다. 그것은 다양한 지식과 기술을 보유한 전문가들의 집단 프로젝트가 될 수밖에 없었다.

사이클로트론의 혁명

20세기를 원자의 시대로 이끈 선구자는 어니스트 러더퍼드Ernest Rutherford다. 러더퍼드는 1911년 원자 내부에 존재하는 원자핵을 발견하고, 1919년에는 그것을 변환시키는 데 성공했다. 요컨대 인간이 물질의 궁극적 한계에 개입할 수 있음을 보인 것이다. 러더퍼드를 핵물리학의 아버지라고 부르는 이유다. 후일 핵분열과 원자폭탄도 이러한 개척 덕분에 가능했다. 러더퍼드의 발견은 헬륨 원자핵을 다른 원자핵에 충돌시키는 실험으로 얻은 것이었는데, 자연에서 방출된 헬륨은 에너지가 크지 않다는 한계가 있었다. 실험에 쓰는 입자의 에너지가 높을수록 더 많은 물리학적 사실을 알게 될 것이었다. 그래서 러더퍼드는 동료 물리학자들에게 고에너지 입자의 대량 생산 방법을 찾자고 제안하게 된다.

1931년 등장한 사이클로트론은 이에 대한 정확한 응답이었다. 그것은 자기장과 교류전압으로 큰 전위차를 만들어 입자를 가속함으로써 에너지를 높였다. 이렇게 큰 에너지를 가진 입자를 원자핵에 충돌시키면? 기존보다 핵반응이 잘 일어나서 원자핵의 구조를 면밀히 이해함은 물론, 새로운 방사성 동위원소도 만들어낼 수 있었다. 사이클로트론은 오늘날 입자물리학과 핵물리학의 필수 장비인 입자가속기의 원형이 된다. 입자가속기의 위엄은 주기율표만 봐도 명확히 드러난다. 118개의 원소 중에 26개가 입자가속기를 통해 인공적으로 합성된 것이다.

어니스트 로런스Ernest Lawrence라는 실험물리학자가 이 혁신적 장치를 만들어냈다. 물론 이전에도 전자기력을 이용하는 입자가속기의 원리는 알려져 있었다. 다만 에너지를 높이는 데 필요한 긴 가속 구간의 확보가 문제였다. 로런스는 그때까지의 선형 구조 대신, 자석을 이용해 나선형 궤도에 대전된 입자를 가두어 가속하는 방식을 고안했다. 따라서 선형 가속기와 달리 많은 공간이 필요 없었다. 이로써 회전을 뜻하는 단어 '사이클'에 기기와 장치를 의미하는 접미사 '-트론'이 합쳐진 사이클로트론이 탄생했다. 로런스는 사이클로트론을 만든 업적으로 1939년 노벨물리학상을 받았다. 노벨상 역사에서 이렇다 할 논문 없이 실험 장비 개발만으로 수상한 것은 그가 처음이었다. 그만큼 과학사적인 의의가 중대한 장비였다. 사이클로트론 덕분에 인간은 원자핵 내부의 초미세 세계를 정확히 인지할 수 있었다. 그리고 고대 이래로 우주만물의 근원이라 여겨졌던 원소를 인위적으로 만들어낼 수도 있게 되었다.

사이클로트론은 실험적으로 간편한 데다 비용도 쌌다. 그래서 개발하자마자 전 세계 연구실로 퍼져 나갔다. 노벨위원회에 의하면, "사이클로트론 실험으로 발표된 논문은 눈사태처럼 불어났다." 로런스가 최초 제작한 사이클로트론은 직경 5인치(약 13센티미터)에 제작비는 25달러에 불과했다. 하지만 이 조그만 물건은 2000볼트(V)의 전압으로 양성자를 8만 전자볼트(eV)까지 가속했다. 이후의 업그레이드도 빨랐다. 15년 뒤인 1946년에는 3억 9000만 전자볼트(390 MeV) 출력의 184인치(약 4.7미터) 대형 사이클로트론이 만들어졌다.

그런데 사이클로트론이 커지면 이를 관리할 시설, 자금, 인력도 뒷받침되어야 했다. 예컨대 자기장 속에 있어야 하는 사이클로트론의 특성상, 그 규모에 비례해서 자석도 커져야 했다. 184인치 사이클로트론의 경우 자석 무게만 4500톤에 달했다. 그러면 유지 비용이 늘어남은 물론, 대형 자석을 관리할 기술자들도 있어야 했다. 이러한 문제들을 감당하기에 대학의 학과는 너무 작았다. 그래서 로런스는 자신이 재직하던 UC 버클리에 방사선

연구소를 세웠다. 연구소 건물 대부분은 사이클로트론이 차지했고, 이를 활용할 다양한 전공자들로 조직이 구성되었다. 이미 과학의 발견은 과학자의 역량뿐만 아니라 실험 시설의 성능에도 크게 좌우되는 시대로 접어들었다. 따라서 대규모 실험과 다학제 융합은 갓 출범한 방사선연구소가 나아가야 할 방향임이 분명했다.

과학자이면서 경영자

로런스야말로 이 일에 적임자였다. 20세기 과학의 일대 전환을 가져온 이 인물을 이해하려면, 과학자와 경영자라는 두 가지 정체성을 고려해야 한다. 로런스는 30대에 노벨상을 받을 정도로 뛰어난 과학자이면서 실험가였다. 그리고 캘리포니아 시골에서 소박하게 시작한 방사선연구소를 최고의 국가 연구소로 키워낸 경영의 대가이기도 했다. 과학사에서 이 두 역할을 모두 잘 해낸 이는 많지 않다. 비슷한 시기 독일 카이저빌헬름협회에 이론물리학자 막스 플랑크*가 있었지만, 연구소 경영자로서의 업적은 로런스에 비하기 어렵다.

본래 예일대학의 조교수였던 로런스는 1928년 UC 버클리로

---

* 플랑크는 하르나크의 뒤를 이어 1930년부터 1937년까지 2대 카이저빌헬름협회 회장으로 재임했다.

이직했다. 27세의 그에게는 이미 남다른 비전이 있었다. 일단 동부의 명문 아이비리그에서 발전이 훨씬 더뎠던 서부로 홀연히 온 것부터 평범한 선택은 아니었다. 1930년에는 UC 버클리의 최연소 정교수가 되었고, 그 이듬해에는 방사선연구소를 설립했다. 그리고 자신의 발명품인 사이클로트론을 앞세워 과학의 연구 방식을 근본적으로 바꿔 나갔다.

대표적으로 거대과학 연구를 들 수 있다. 이전까지 과학은 대학의 물리학과, 화학과, 생물학과 등으로 나뉘어서 연구되었다. 사이클로트론은 그러한 전통적 구분을 무너뜨렸다. 사이클로트론이 개척한 원자의 미시세계에 대한 지식은 다방면에 유용했기 때문이다. 물리학자들은 핵반응을 통해 원자핵의 구조를 이해할 수 있었고, 화학자들은 새로운 방사성 동위원소를 합성했다. 거기서 끝이 아니다. 의학자들은 방사성 동위원소로 질병을 치료했고, 생물학자들은 생체 분자의 추적 도구로 활용했다. 이러한 지식은 사이클로트론의 규모가 커지면서 더욱 정교해졌다. 그러니까 경제학에서 말하는 '규모의 경제 효과'가 과학에서도 일어난 셈이다. 방사선연구소에서는 이 모든 사람이 거대한 팀을 이루어 연구했다. 그럼으로써 입자물리학, 핵물리학, 핵화학, 핵의학, 방사선 생물학 등을 망라하는 핵과학 연구가 가능해졌다.

로런스는 이 거대한 실험 체계의 정점에 있었다. 그는 물리학자였지만 경계를 넘어 다른 학문과 협업하는 데 거리낌이 없었다. 그래서 자신의 연구소가 물리학과나 화학과에 얽매이지 않

1938년, 60인치 사이클로트론의 자석과 버클리 방사선연구소 직원들
(Berkeley Lab)

고, 원자와 핵이라는 과학의 근본적 주제를 포괄하도록 했다. 이러한 혁신적 경영에 감화된 인재들이 로런스 휘하로 모여들었다. 설립 때 5명이었던 연구소 직원은 10년도 안 되어 60명으로 늘어났다. 로런스는 연구소장으로서 이들을 규합해 팀워크를 극대화하는 데 천부적 재능을 발휘했다.

그 면면이 아주 화려하다. 우선 '로런스의 아이들 Lawrence's boys'로 불린 젊은 과학자들을 들 수 있다. 에드윈 맥밀런, 루이스 앨버레즈, 글렌 시보그, 에밀리오 시그레 등이다. 이들은 초창기 사이클로트론 개발은 물론 맨해튼 계획에도 참여하면서 세계적 대가로 성장했다. 넵투늄, 플루토늄, 반양성자 같은 원자 세계의 신기원을 연 주역들이기도 하다. 특히 시보그가 발견한 플루토늄은 원자폭탄의 재료로 쓰이면서 맨해튼 계획을 성공으로 이끌었다. 1958년 로런스가 사망하자 이들이 연구소 경영을 물려받았고, 4개의 노벨상을 휩쓸었다. 훗날 다른 연구소의 경영자가 되는 이들도 있었다. 노벨물리학상을 받고 유럽입자물리연구소 CERN의 초대 소장이 되는 펠릭스 블로흐, 역시 맨해튼 계획에 참여했다가 페르미국립가속기연구소 설립을 주도한 로버트 윌슨 등이다.

과학자들만 있었던 것은 아니다. 사이클로트론을 제작한 엔지니어, 방사성 동위원소로 질병을 고친 의사들도 중요한 구성원이었다. 기계공학자 윌리엄 브로벡은 1957년까지 부소장이자 수석 엔지니어로서 실험 시설을 도맡아 구축했다. 로런스가 구상한 최초의 사이클로트론은 물론, 훨씬 더 대형화한 베바트론도 그의 작품이었다. 이 과정에서 브로벡이 확립한 설계 방법은 입자가속기 건설의 표준 절차로 인정받을 정도로 후대에 큰 영향력을 미치게 된다. 그리고 로런스의 동생이자 의사였던 존 로런스는 사이클로트론을 암 치료에 도입했다. 사이클로트론으로 중성자 빔을 일으켜 암세포를 죽이는 핵의학적 치료는 현대의 병원에서도 쓰인다. 그것을 처음 시도한 선구자가 로런스 형제였던 셈이다.

현대적 연구소의 모태

20세기는 과학을 연구하는 방식으로서 연구소 조직이 본격화하는 시기다. 그것에는 부국강병의 시대적 요구, 선진국들의 자본 축적, 과학 지식의 발전 등 다양한 원인이 작용했다. 그중에서도 1930년대 미국에서 출현한 버클리 방사선연구소는 현대적 연구소의 기본 틀을 만드는 데 중대한 영향을 미쳤다. 두 가지 점에서 그렇다.

첫째로 과학과 기술이 결합해 거대과학을 구현했다. 17세기 이후 과학에서 실험은 연구의 핵심 방법으로 발달했다. 갈릴레오 갈릴레이, 아이작 뉴턴, 마이클 패러데이 등은 손수 기구를 제작해 실험에 사용할 정도였다. 그러나 20세기에 이르러서는 과학자 혼자서 감당하기 어려울 만큼 실험이 복잡해졌다. 그것에는 과학 못지않게 고도화된 공학기술의 도움이 필요했다. 버클리 방사선연구소는 공학의 엔지니어들이 과학 연구에 참여한 시초격 조직이다. 연구소장인 어니스트 로런스부터 실험 장비 제작에 능통했고, 윌리엄 브로벡과 도널드 쿡시 같은 기계 전문가들이 부소장으로서 그를 보좌했다. 따라서 버클리 방사선연구소에는 과학적 발견과 연계된 실험 기기의 제작과 개량도 연구 프로젝트로서 중요하게 다뤄졌다.

여기에는 연구소가 위치한 캘리포니아의 산업적 조건도 한몫 했다. 19세기 골드러시 이후 캘리포니아는 광공업의 중심지로 부상했고, 금 채굴에 필요한 전기공학, 기계공학, 무선공학도 크게 발전했다. 로런스는 캘리포니아 기업들의 이러한 기술 노하우를 사이클로트론 구축에 활용했다. 핵심 부품인 자석이 대표적인 예다. 펠로앨토의 연방전신회사로부터 84톤짜리 거대 자석을 기증받았고, 펠튼 수차회사는 이를 사이클로트론 실험에 맞게 개량해주었다. 유명 엔지니어 찰스 리튼도 사이클로트론에 들어가는 발진기의 고주파관을 직접 만들어주기도 했다. 요컨대 방사선연구소는 UC 버클리의 과학자들과 캘리포니아 지역의 기술력이 합쳐진, 고도의 거대과학 집약체였던 셈이다. 로런스의 한 마디는 이를 극명하게 보여준다. "과학자가 아무리 헌신적이더라도 물질적 도움 없이 홀로 중대한 발전을 이룰 수 있는 시대는 지났다. 이는 우리 과업에서 가장 자명한 사실이다."

둘째로 국가와 사회로부터 대규모 자금을 지원받았다. 거대 장비와 많은 인력을 가동했던 방사선연구소의 운영비는 엄청날 수밖에 없었다. 이를 충당하는 것은 경영자인 로런스의 몫이었다. 그는 사이클로트론의 혁신성과 다목적성을 홍보해 이곳저곳에서 상당한 자금을 받아낼 수 있었다. 동생이자 의사인 존 로런스를 앞세운 핵의학 연구도 사실은 이러한 재정적 의도가 배경에 있었다. 질병을 치료하는 의학 연구가 연구비 지원을 받기에 쉬웠기 때문이다. 실제로 록펠러재단, 캘리포니아 주정부, 국립암자문위원회 등이 로런스의 암 치료 연구에 큰돈을 지원했다.

하지만 결정적 계기는 역시 제2차 세계대전이었다. 미국 연방정부는 전쟁에서 이기기 위해 국방 과학에 돈을 쏟아부었고, 맨해튼 계획의 핵심이었던 버클리 방사선연구소도 급성장할 수 있었다. 비록 생산 효율은 낮았으나, 원자폭탄의 재료인 우라늄-235*와 플루토늄의 분리에 사이클로트론이 활용되었다. 또한 대규모 자금과 수많은 연구자를 관리하기에 방사선연구소의 중앙집권형 집단 연구 체제는 적합했다. 그래서 종전 후에는 에너지부 산하의 국립연구소로 지정되었다. 현재 17개의 국립연구소 중 2개(로런스버클리국립연구소, 로런스리버모어국립연구소)가 로런스의 이름을 쓰고 있다. 이 대목에서 창업자인 어니스트 로

---

* 우라늄-235(U-235)는 질량수가 235인 우라늄의 동위원소다. 천연 우라늄에서 약 0.7%의 비율로 존재하며, 중성자를 흡수하면 비교적 쉽게 핵분열을 일으킨다. 이때 다량의 에너지와 추가 중성자가 방출되어 연쇄반응이 가능하다. 이 때문에 원자폭탄 제조에 필수적인 핵분열성 물질로 간주된다. 그러나 농도가 낮아, 폭탄에 쓰이려면 고도의 농축 과정이 필요하다.

런스의 비전과 역량이 그만큼 탁월했음을 짐작해 볼 수 있다.

  비단 미국뿐만이 아니다. 오늘날 국가 연구소는 거대 실험기기를 중심으로 대규모 연구부서와 조직원으로 운영되는 모습을 볼 수 있다. 입자가속기, 전파망원경, 핵융합로, 자기공명장치, 슈퍼컴퓨터 등을 이용한 실험의 종류도 다양하다. 현대과학의 중요한 발견은 이러한 기기를 얼마만큼 활용할 수 있느냐에 달려 있다. 그것은 버클리 방사선연구소가 만들어 놓은 존재 양식에서 기인한 결과라고 해도 과언이 아니다.

흩어진
과학자들

1933년 독일 카이저빌헬름협회

　1930년 12월, 카이저빌헬름물리학연구소장 알베르트 아인슈타인은 미국을 방문했다. 온 미국의 관심이 이 한 명의 과학자에게 쏠렸다. 그것은 마치 아이돌의 투어를 방불케 했다. 초청의 주선자들은 공식 일정보다 사생활 보호에 더 신경을 써야 할 정도였다. 아인슈타인이 첫 방문지 뉴욕에 도착하자,《뉴욕 타임스》의 편집진은 겨우 약속을 잡아서 오찬을 함께 했다. 리버사이드 교회는 그의 방문에 맞춰 실물 크기의 동상을 공개했다. 그리고 뉴욕 시청에서 열린 환영식에서 컬럼비아대학 총장은 그를 '정신의 군주'라고 소개했다.
　다음 행선지는 캘리포니아. 아인슈타인은 캘리포니아공과대학 등을 돌며 강연과 토론을 했다. 그리고 희극 배우 찰리 채플린도 만났다. 20세기를 대표하는 두 유명인사는 사회주의자이자 평화주의자라는 공통점이 있었다. 실제로 아인슈타인은 제1차 세계대전을 옹호한 지식인 93인 성명에 반대한 몇 안 되는 독일 학자였다. 그래서인지 만남은 시종일관 화기애애했다. 그때 나눈 대화다.

"당신은 참 위대합니다. 아무 말도 하지 않아도 모든 사람이 당신을 이해하니까요."

"고맙습니다. 그런데 박사님이 더 위대하죠. 아무도 박사님의 이론을 이해하지 못하는데 모두가 박사님을 존경하잖아요."

이렇듯 아인슈타인과 미국은 죽이 잘 맞았다. 2년 뒤인 1933년, 아인슈타인은 방문 연구차 또 미국에 갔다. 하지만 이번에는 갈 때는 마음대로였으나 올 때는 그렇지 못했다. 아인슈타인이 미국에 있는 동안 아돌프 히틀러의 국가사회주의독일노동자당Nationalsozialistische Deutsche Arbeiterpartei, 이하 '나치'이 정권을 잡았기 때문이다. 나치는 제1차 세계대전 패배로 팽배한 사회적 불만을 유대인에게 돌림으로써 대중의 지지를 받았다. 이러한 반유대주의는 집권 직후 '직업공무원재건법Gesetz zur Wiederherstellung des Berufsbeamtentums'을 발표함으로써 곧바로 실현되었다. 한 마디로 아인슈타인 같은 유대인을 모든 공직에서 배제한다는 조치였다.

새로운 물리학과 유대인

과학자로서 아인슈타인이 처음부터 잘 풀린 것은 아니다. 그는 대학 졸업 후 보험회사에서 잠시 일하다가 스위스의 특허청 심사관이 되었다. 그마저도 친구 아빠가 꽂아준 자리였다. 1년에 특허 수백 건을 심사해야 하는 과중한 업무였으나, 아인슈타인에게는 별일 아니었던 모양이다. 그는 업무를 하면서 연구한 결과를 몇 편의 논문으로 썼다. 1905년 줄줄이 출판된 이 논문들은 물리학자들을 충격과 공포로 몰아넣었다. 하나하나가 기존 물리학 체계에 맞서는 혁명적 문제 제기를 담고 있었기 때문이다. 광양자가설, 브라운운동, 특수상대성이론, 질량-에너지 등가성이 그것들이다. 이는 뉴턴 이후 300년 가까이 이어진 패러다임을 무너뜨리고 현대물리학의 새 장을 열었다고 평가받는다. 26살의 하급 공무원이 이룬 업적치고는 어마어마했다. 그래서 이 1905년을 기적의 해라고 부른다.

젊은 아인슈타인의 가능성을 일찌감치 알아본 이가 있었다. 독일 물리학의 대부인 막스 플랑크. 그게 그럴 만도 한 것이, 아인슈타인의 광양자가설은 플랑크가 1900년 흑체복사를 설명하려고 도입한 양자가설을 발전시킨 결과였다. 당시《물리학 연보 Annalen der Physik》의 편집자였던 플랑크는 아인슈타인이 낸 논문을 읽고 직감했다. "이건 100년에 한 번 나올까 말까한 천재다." 실제로 플랑크는 큰 논란을 일으킨 아인슈타인의 상대성이론을 극찬하며 제자들이 이 주제로 논문을 쓰도록 독려했다.

1914년 베를린대학 학장이 된 플랑크는 아인슈타인에게 '거절할 수 없는 제안'을 한다. 프로이센 과학 아카데미 회원, 베를린대학 교수, 그리고 향후 설립될 카이저빌헬름물리학연구소의 소장직을 한꺼번에 제시한 것이다. 국가의 지원을 받으며 연구에만 전념할 수 있는, 독일 과학자 최고의 영예 3종 세트였다. 특히 카이저빌헬름물리학연구소장은 파격이었다. 황제의 이름을 걸고 출범한 국가 연구소의 수장에 쟁쟁한 선배들을 제치고 30대의 애송이가 선발된 것이다. 지금이야 아인슈타인이 역사에 손꼽히는 과학자이지만, 이때만 해도 그렇지 못했다. 상대성이론은 미완성이었고 노벨상도 받기 전이었다. 그럼에도 플랑크는 아인슈타인의 잠재력을 꿰뚫어 보았다. 그래서 《막스 플랑크 평전》을 저술한 에른스트 페터 피셔는 첫 페이지에 이렇게 썼다. "막스 플랑크는 두 가지 위대한 발견을 했다. 하나는 양자역학이고, 하나는 아인슈타인이다."

아인슈타인의 등장은 독일 물리학계에도 큰 반향을 일으켰다. 당시 세계 최고 수준이었던 독일의 물리학은 실험물리학자들이 주축을 이루었다. 빌헬름 뢴트겐, 필리프 레나르트, 요하네스 슈타르크가 대표적이다. 이들은 뉴턴주의* 전통에서 정교한 실험으로 새로운 발견을 해서 노벨상을 받았다. 그러다 플랑크가 양자가설을, 아인슈타인이 광양자가설과 특수상대성이론을 제창하면서 이론물리학이 급성장하게 된다. 이것은 단지 연구방법에

05 흩어진 과학자들

서 이론이냐 실험이냐의 문제가 아니었다. 즉 상대성이론과 양자역학이라는, 고전물리학을 대체할 현대물리학의 핵심 주제들이 부상하는 큰 흐름을 반영하는 것이기도 했다. 그런데 이런 새로운 물리학의 주역은 대부분 유대인이었다. 양자역학의 조상님 격인 플랑크는 정통 독일인이었지만, 그가 천거한 아인슈타인은 유대인이었다. 그리고 양자역학의 수학적 기초를 다진 막스 보른, 핵물리학을 개척한 레오 실라르드Szilárd Leó 역시 유대인이었다. 이렇듯 20세기 물리학의 패러다임 전환은 이론을 넘어서 인종적 맥락도 갖고 있었다.

문제는 기존 물리학자들이 새로운 물리학과 유대인들을 싫어했다는 점이다. 특히 노벨상 수상자들인 레나르트와 슈타르크는 학계에서도 알아주는 반유대주의자였다. 유대인들이 양자역학과 이론물리학으로 곡학아세를 일삼고, 자신들의 경력도 가로막는다고 생각해서였다. 대신 이들이 상정한 애국적 과학, 독일물리학은 이런 것이었다. 독일 국민의 이익과 산업 발전에 부합하는, 현실의 문제를 다루는 물리학. 이 기준에 따르면 상대성이론과 양자역학은 부국강병에 아무 도움이 안 되는 사변적인 학문일 뿐이었다. 이런 이유에서 독일물리학의 제창자들은 히틀러의 집

＊ 17세기 뉴턴이 정립한 고전역학의 세계관을 바탕으로, 자연 현상을 절대적 시공간과 인과율의 틀 안에서 수학적으로 기술하려는 과학적 입장. 19세기 말까지 유럽에서는 뉴턴역학, 전자기학, 에너지 보존 법칙 등을 토대로 한 결정론적, 실증주의적 연구 전통이 강했다. 독일의 실험물리학자들은 이 틀 안에서 정밀한 계측과 실험을 통해 자연 법칙을 밝히는 데 주력했다.

권을 누구보다도 반겼다. 그리고 나치의 정치 이념을 받들어 유대인 과학자 축출에 앞장섰다.

반유대주의의 정치

물론 유럽에서 반유대주의의 뿌리는 매우 깊다. 그것은 종교와 문화로만 환원되지 않는, 길고 복잡한 역사적 배경을 갖고 있다. 이를 14세기부터 19세기 중반까지 이어진 소빙하기와 연관 지어 인문지리학적으로 설명하기도 한다. 즉 오랜 시간 낮은 기온이 이어져 기근과 질병이 일상화되자, 유럽 각국의 지도층은 이를 유대인 탓으로 돌리면서 희생양으로 삼았다는 것이다. 실제로 영국, 프랑스, 스페인 등에서 추방령이 내려졌고, 그로 인해 유대인들은 강제 이주를 당하거나 집단 폭력에 노출되었다. 유대인이 외부인이자 소수자였기 때문에 일어난 일이다.

나치의 유대인 박해도 본질은 같았다. 제1차 세계대전에서 진 독일은 엄청난 배상금을 물어야 했고, 바이마르공화국 정부는 끝내 이를 해결하지 못했다. 경기 부양을 해보겠다고 화폐 발행량을 늘렸으나 자충수만 되었을 뿐이다. 인플레이션을 자극해 돈의 가치가 폭락했고, 투자 위축과 기업 부도로 이어져 실업이 만연하는 악순환을 낳았기 때문이다. 경제학자 존 메이너드 케인스는 (연합국의 인사였음에도) 과도한 전쟁 배상금이 오히려 세계 평화를 위협할 거라고 내다봤는데, 정말 그렇게 되었다. 그런데 그가 예측한 것이 한 가지 더 있었다. 빈곤과 혼란으로 인해 독일에서 극단적 정치혁명이 일어날 수 있다는 것. 나치의 집권이 바로 그것이었다. 나치는 과거 유럽의 지배자들이 그랬듯 사회적 불만을 외부의 유대인들에게 돌리고, 폭력과 배제에 대한 반작용으로 내부 단결을 극대화하는 정치 전략을 취했다.

1933년의 직업공무원재건법이 그 신호탄이 되었다. 이 법의 제3조는 "부모나 조부모 중 한 명이라도 유대인인 공무원은 해고한다."라고 명시했다. 그 불똥이 가장 심하게 튄 곳은 학문과 과학이었다. 독일의 대학은 대부분 국립이어서 많은 교수가 이 법의 적용을 받았고, 국가 연구소인 카이저빌헬름협회도 마찬가지였다. 1930년 카이저빌헬름협회의 2대 회장이 된 막스 플랑크로서는 마른 하늘에 날벼락을 맞은 셈이었다. 본래 플랑크는 귀족적 엘리트주의자여서 바이마르공화국의 민주주의조차 "무지한 자들이 주권을 갖는 한심한 체제"로 여겼다. 그러니 대중 선동을 일삼는 나치에도 부정적일 수밖에 없었는데, 그럼에도 어떻게 할 방법이 없었다. 그 자신부터 나치의 녹을 먹는 공무원이었으니 말이다. 결국 플랑크는 126명에 달하는 협회 직원을 해고해야 했다. 그중 104명이 과학자였다.

해고된 과학자 중에는 프리츠 하버도 있었다. 하버가 누구인가. 카이저빌헬름협회의 초대 물리화학·전기화학연구소장이자, 인류를 기아에서 구한 노벨상 수상자이며, 제1차 세계대전에서 독가스로 애국심을 입증한 열혈 독일인이 아닌가. 하지만 그도 유대인이라는 숙명은 피해 갈 수 없었다. 플랑크는 어떻게든 하버만큼은 지키고 싶었다. 둘은 1918년 노벨상(물리학상, 화학상)을 함께 받았고, 20세기 초반 독일 과학의 전성기를 이끈 주역들이었다. 플랑크는 카이저빌헬름협회 회장 이전에 과학자로서 하버를 존경했다. 동료들도 하버의 사직을 반대하는 탄원서를 쓴 참이었다. 플랑크는 히틀러와 만나 이 문제를 직접 상의했다. "유대인 중에서도 뛰어난 독일문화를 자랑하는 오래된 가문이 있습니다. 이는 반드시 구별해야 합니다." 히틀러의 답은 간단했다. "그래봤자 유대인은 유대인입니다. 나는 모든 유대인에게 공평하게 행동해야만 합니다."

결국 하버는 영국의 케임브리지대학으로 자리를 옮겼다. 하지만 왕립학회장 어니스트 러더퍼드에게 전범이라고 무시당하고, 우중충한 런던의 날씨 때문에 건강도 악화되었다. 그러다 훗날 이스라엘의 초대 대통령이 되는 하임 바이츠만으로부터 다니엘시프연구소의 소장을 맡아달라는 부탁을 받았다. 이를 수락한 하버는 팔레스타인의 레호보트로 떠났으나, 중간에 스위스 바젤에서 심장마비로 사망했다. 인류사를 대표하는 천재의 죽음치고는 쓸쓸한 것이었다. 또한 누구보다 사랑했던 조국으로부터 버림받은 죽음이기도 했다. 다만 그가 소장을 지낸 카이저빌헬름물리화학·전기화학연구소는 1953년 막스플랑크협회로 편입하면서 프리츠하버연구소로 이름을 바꿨다. 현재까지도 유일한, 분야가 아닌 사람을 명칭에 쓰는 막스플랑크협회 산하 연구소다.

과학의 디아스포라

미국에 있던 아인슈타인도 독일 시민권을 포기했다. 1933년 3월 그가 발표한 성명이다. "내가 선택할 수 있는 한, 자유와 관용, 모든 시민의 평등이 보장된 나라에서만 살겠다." 그러자 나치는 베를린의 아인슈타인 집을 압수해 히틀러 청소년단의 캠프로 개조해 버렸다. 이렇게 아인슈타인이 졸지에 난민이 되자 유럽의 여러 대학이 교수직을 제의했다. 하지만 아인슈타인의 선택은 미국이었고, 프린스턴 고등연구소Institute for Advanced Study에 정착했다. 또 한 명의 천재 과학자인 존 폰 노이만John von Neumann도 나치를 피해 이곳으로 이주했다. 1933년 연구소 개소와 함께 아인슈타인은 초대 종신교수로 임명되었다. 폰 노이만도 같은 해 수학부 교수로 부임했으며, 1937년에 종신교수가 되었다.

독일 양자역학의 기수 보른도 영국으로 떠났다. 보른은 괴팅겐대학 교수로서 '괴팅겐 학파'로 불린 양자역학 공동체의 수장이었다. 특히 양자역학의 수학적 기초가 되는 행렬역학을 발전시킨 공로가 유명하다. 이것이 후일 베르너 하이젠베르크의 불확정성 원리로 이어지게 된다. 보른의 연구소에는 제임스 프랑크, 엔리코 페르미, 에드워드 텔러, 줄리우스 로버트 오펜하이머

같은 학자들이 있었다. 괴팅겐 학파는 바로 이들을 지칭하는 영광스러운 이름이었다. 하지만 이 역시 양자역학을 탄압한 나치에 의해 해체되었다. 독일 계몽주의의 중심이었던 명문 괴팅겐 대학은 옛 명성을 잃었고, 보른의 제자들은 미국으로 이주해야 했다. 이후 양자역학의 중심지는 덴마크의 코펜하겐과 미국의 프린스턴으로 옮겨가게 된다.

본래 디아스포라는 고대 그리스어에서 유래한 단어로 '흩뿌리다', 또는 '퍼뜨리다'를 뜻한다. 역사학에서는 기원전 6세기의 바빌론 유수 이후 유대인들이 이스라엘을 떠나 세계로 흩어진 사건을 지칭한다. 이 역사적 개념이 현대에 들어서는 더욱 넓은 맥락으로 확장되었다. 어떤 민족이나 공동체가 사회정치적 이유로 강제 이주하거나 고향을 떠나는 상황을 비유적으로 표현할 때 주로 쓴다. 디아스포라를 비극적으로 묘사한 문학이나 영상 작품도 꽤 많다. 조정래의 대하소설 3부작 중 하나인 《아리랑》이 대표적이다.

하지만 디아스포라는 역사학이나 문학의 전유물이 아니다. 아인슈타인, 하버, 보른의 경우에서 보듯 현대과학에서도 중대한 사건이었다. 그것은 당시 최전성기에 있던 독일 과학의 몰락을 가져왔다. 지금이야 미국이 세계 과학의 중심이지만, 20세기 초반만 해도 그렇지 않았다. 그때는 오히려 미국 학생들이 독일로 유학을 왔고, 대부분 논문도 영어가 아닌 독일어로 출판되었다. 그러나 나치의 탄압으로 과학자들이 떠나면서 찬란했던 독일 과학의 위상도 추락했다. 독일은 1901년부터 1932년까지 11명의 노벨물리학상 수상자를 배출했으나, 나치 집권기에 이 숫자는 0이 되었다. 나치가 패망하고도 9년이 지난 뒤에야 독일은 다시 노벨물리학상을 받을 수 있었다.

과학의 디아스포라는 그저 흩뿌려진 채로 끝나지는 않았다. 그것은 마치 부메랑처럼 돌아와 복수의 칼날을 겨누었기 때문이다. 나치에 의해 쫓겨난 과학자들은 미국에서 재회해 맨해튼 계획에 동참했다. 아인슈타인과 실라르드는 미국 대통령에게 편지를 써서 계획을 착수시켰다. 페르미, 텔러, 폰 노이만, 오펜하이머 등은 천재적 두뇌를 앞세워 단 3년 만에 원자폭탄을 만들어냈다. 물론 나치가 그전에 패망해서 이 폭탄은 일본으로 향했다. 그러나 항복이 늦었다면 꼼짝없이 독일에 떨어졌을 것이다. 역사의 인과응보라고 할 만한 일이었다.

06

핵분열의
연쇄반응

1938년 독일 카이저빌헬름협회

그것은 아무리 봐도 이해할 수 없는 일이었다. 기존의 과학 지식을 총동원해봐도 말이 되지 않았다. 우라늄이 그보다 훨씬 가벼운 바륨으로 변한다? 화학 교과서 어디에도 그런 내용은 없다. 그렇다면 결론은 둘 중 하나다. 실험을 잘못했거나, 아니면 완전히 새로운 발견이거나. 하지만 실험을 한 화학자는 자신이 실수했다고 생각하지 않았다. 이 결과에는 새로운 뭔가가 있다. 다만 설명할 수 있는 해석이 아직 부족할 뿐이다.

1938년 카이저빌헬름화학연구소의 오토 한Otto Hahn과 프리츠 슈트라스만Fritz Strassmann이 직면한 문제가 이것이었다. 그들의 목표는 자연에서 가장 무거운 우라늄보다 더 무거운 원소를 만들어내는 것. 다시 말해 주기율표에 비어있는 우라늄 너머를 채우는 일이다. 카이저빌헬름협회 창립과 함께 설치된 화학연구소에서는 대학에서 하기 어려웠던 대형 방사화학 실험이 가능했다. 한은 유기화학을 전공했지만, 어니스트 러더퍼드와 연구하면서 원자핵과 방사능에 대한 지식을 갖췄다. 그래서 카이저빌헬름화학연구소의 방사화학 부문 소장으로 임명될 수 있었다.

1932년 제임스 채드윅이 중성자를 발견하자 원자핵 연구는 급진전했다. 중성자는 전자보다 무겁고 양성자와 달리 전하가 없다. 그래서 원자핵의 전기적 장벽을 통과하여 쉽게 충돌 및 핵변환을 일으킨다. 이를 깨달은 과학자들은 너나 할 것 없이 중성자를 원자핵에 쏘는 실험을 했다. 한의 팀도 그중 하나였고, 중성자로 폭격한 우라늄 원자핵의 성질이 상식에서 한참 벗어난다는 결과를 얻은 참이었다. 우라늄보다 더 무거운 원소를 만들려고 몇 년을 노력했는데, 웬걸 훨씬 더 가벼운 원소가 튀어나온다고? 이건 말이 되지 않았다. 다만 화학자인 한과 슈트라스만이 알아낼 수 있는 것은 거기까지였다. 그들은 원래 한 팀이었던, 해외에 체류 중이던 동료 물리학자에게 도움을 요청하기로 했다. "우라늄이 바륨이 될 수 없음은 우리도 압니다. 혹시 당신이라면 어떤 환상적인 해석을 해줄 수 있지 않을까요?"

다학제 연구의 승리

이 편지를 받은 동료가 리제 마이트너Lise Meitner다. 그녀는 여성에게 불모지였던 당시 과학계에서 성공한 입지전적 인물이었다. 오스트리아 빈대학에서 박사학위를 받은 두 번째 여성인 그녀는 독일로 가서 막스 플랑크를 사사했다. 여자가 무슨 물리학 연구냐던 보수적인 플랑크도 그녀의 능력만큼은 인정했다. 그리고 독일 최초의 여성 물리학 교수이자 카이저빌헬름화학연구소의 연구책임자가 되었다. 하지만 유대인이었던 마이트너의 영광은 오래가지 못했다. 다른 유대인들과 마찬가지로 나치 집권 후에 독일을 떠나야 했다. 1938년 12월 한이 도움을 요청했을 때 그녀는 스톡홀름에 정착해 있었다.

마이트너는 조카인 오토 프리슈와 이 기이한 실험 결과를 분석했다. 여기에는 몇 해 전 닐스 보어Niels Bohr가 제안한, 물방울과 비슷한 새로운 원자핵 모형이 힌트가 되었다. 무거운 원자핵이 중성자와 충돌하면 물방울이 그러하듯 휘청거릴 것이다. 이때 물방울 모양이 충분히 찌그러지면, 장거리 전기 반발력이 핵을 지탱하는 힘보다 커지고, 결국 핵이 쪼개진다. 우라늄(원자번호 92)이 바륨(원자번호 56)과 크립톤(원자번호 36)으로 분열하는 것이다. 한과 슈트라스만이 얻어놓고도 황당해한 실험 결과가 바로 이것이었다. 프리슈는 이 현상을 세포가 자가 복제할 때 세포핵이 쪼개지는 과정에 비유해 '핵분열'이라고 명명했다. 마이트너

06 핵분열의 연쇄반응

는 아인슈타인의 그 유명한 질량-에너지 등가성($E=mc^2$)을 적용해 이때의 폭발 에너지를 계산해 보았다. 우라늄 원자핵이 질량을 잃으면서 방출한 에너지는 2억 전자볼트라는 엄청난 수치가 나왔다. 거기서 끝이 아니었다. 핵분열의 진정한 무서움은 연쇄반응에 있었다. 분열된 핵에서 나온 중성자가 다른 핵을 계속 분열시키면서, 방출 에너지는 기하급수적으로 늘어날 것이었다. 인류의 운명을 뒤바꿀 원자력이라는 초거대 에너지가 그렇게 모습을 드러냈다.

사실 핵분열 발견 경쟁에서 한의 팀은 후발 주자였다. 그들보다 유리한 위치에 있던 그룹이 더 많았다. 1934년 이렌느 졸리오퀴리와 프레데리크 졸리오퀴리 연구팀은 붕소, 불소, 알루미늄, 나트륨, 베릴륨 등에 알파선을 쏘아서 최초의 인공 방사성 원소를 만들었다. 같은 해 엔리코 페르미의 연구팀도 우라늄에 중성자를 충돌시켜 초우라늄 원소를 만드는 데 성공했다고 발표했다. 페르미는 이 성과로 1938년 노벨물리학상까지 받았다. 하지만 한의 발견 이후 실험 결과를 잘못 해석했음이 밝혀졌다. 그가 발견한 것은 원자번호 93의 초우라늄 원소가 아니라, 그보다 훨씬 가벼운 동위원소들이었다. 분석기술의 한계로 원소의 정체를 정확히 파악하지 못해서 오류를 범한 것이다. 요컨대 페르미는 핵분열이라는 역사적 발견에 거의 다 도달했으나, 간발의 차이로 한에게 영광을 넘겨준 셈이다.

한의 팀이 핵분열 발견의 승자가 된 비결은 다학제 연구에 있었다. 핵분열의 실험과 해석에는 화학과 물리학의 지식이 모두 필요했다. 예컨대 중성자 충돌 실험은 물리학, 충돌 후 화학반응 분석 및 원소 확인은 화학, 방사성 붕괴 과정 분석은 물리학의 영역이었다. 이 과업에 한(방사화학), 슈트라스만(분석화학), 마이트너(핵물리학)로 이루어진 카이저빌헬름화학연구소의 라인업은 아주 적합했다. 특히 우라늄 원자핵이 보인 미세한 변화의 결과가 바륨이라고 정확히 분석한 슈트라스만의 통찰이 결정적이었다. 물리학자로만 구성된 페르미의 팀에는 이런 역할을 할 분석화학자가 없었다. 이렇듯 한과 슈트라스만의 화학 분석 결과에 마이트너의 물리학적 해석과 이론적 계산이 더해지면서 핵분열을 완벽히 설명할 수 있었다. 당시 카이저빌헬름협회는 다양한 전공자들이 팀을 이루는 다학제 연구를 지향했다. 이러한 연구 방식이 새로운 발견을 향한 경쟁에서 유효했던 셈이다.

다만 공로를 나누는 방식은 다학제적이지 못했다. 대부분을 한이 차지했기 때문이다. 핵분열 발견에는 마이트너와 프리슈의 물리학적 해석이 결정적이었다. 그럼에도 한은 이를 부정하는 듯한 발언을 했다. 동료들은 핵분열이 화학보다 물리학에서 더 화제가 되자, 한이 마이트너를 견제하는 것이라고 보았다. 30년을 함께 한 동료이자 마이트너의 탈출을 물심양면으로 도왔던 한의 행동이라고는 상상하기 어려웠다. 1944년 노벨화학상을 한이 단독 수상하자 이 문제는 다시 논란이 되었다. 노벨위원회가 마이트너를 배제한 이유로는 여러 가지가 꼽힌다. 화학상이라 화학적 실험에만 주목해서, 여성 과학자를 차별해서, 독일과의 정치적 관계를 고려해서 등등. 이유가 무엇이었든 한을 제외한 이들은 공로를 인정받지 못했다. 논란을 의식해서인지 한은 노벨상 상금을 마이트너, 슈트라스만과 나눴다. 그러나 마이트너는 이를 전쟁으로 피해를 본 과학자들을 위한 기금에 기부했다.

과학을 집어삼킨 정치

1930년대는 이렇듯 핵물리학과 양자역학을 필두로 과학이 급격히 발전하는 시대였다. 하루가 다르게 새로운 발견이 나오면서 지식의 지평이 넓어졌다. 고전물리학은 시대의 뒤편으로 사라지고, 현대물리학의 거대한 체계가 모습을 드러냈다. 하지만 이러한 지식의 진보에도 과학을 둘러싼 환경은 그렇지 못했다. 나치로 대표되는 극단의 시대에 과학이 정치 앞에서 무력했던 탓이다. 사회 곳곳에서 정치의 이념이 과학의 논리를 대체했고, 결국 과학을 집어삼켜 버렸다.

카이저빌헬름협회도 정치적 혼란의 한복판에 있었다. 나치와 불편한 관계였던 2대 회장 막스 플랑크는 1936년 임기가 끝나면 재선에 나서지 않기로 했다. 그러자 필리프 레나르트와 요하네스 슈타르크가 물망에 올랐다. 둘 다 나치 이념에 충실한 독일물리학의 기수들이었다. 하지만 레나르트는 고령을 이유로 고사하면서, 어차피 카이저빌헬름협회는 유대인의 유산이니 이참에 해체하자고 제안했다. 슈타르크도 제국물리기술연구소장을 맡고 있어서 나치의 제안을 수락하기 어려웠다. 이렇게 되자 2안으로 기업가들이 부상했다. 나치는 이미 집권 초부터 기업들과 돈독한 관계를 유지하고 있었다. 나치가 유대인으로부터 빼앗은 재산은 대부분 독일 기업이 차지했고, 이 기업들이 다시 정권 유지의 물적 기반을 제공했기 때문이다.

이러한 복잡한 고려 끝에 1937년 카를 보슈가 3대 회장으로 선임되었다. 보슈는 프리츠 하버와 함께 하버-보슈법을 고안해서 1931년 노벨화학상을 받은 화학자였다. 동시에 거대 화학 회사 이게파르벤IG Farben의 대표이기도 했다. 즉 과학자이자 기업가이기도 했던 인물로, 이론물리학자이자 교수였던 플랑크와는 대조적인 정체성을 가졌다. 보슈는 회장 임기를 시작한 뒤에도 이게파르벤 대표직을 그만두지 않았고, 오히려 직원들을 협회의 고문단으로 데려왔다. 그리고 협회 본부가 있는 베를린이 아니라 회사와 가까운 하이델베르크에 거주했다. 카이저빌헬름협회보다 회사 경영을 우선시한 것이다.

이는 협회 운영 기조의 변화를 의미하는 것이기도 했다. 즉 아돌프 하르나크와 막스 플랑크의 시대에는 과학의 자율성과 순수 연구를 중시했다면, 이제는 기업을 위한 목적 연구와 응용·개발에 치중하게 된 것이다. 협회의 구성원들도 이러한 변화를 수용하였다. 기업가 출신이 새로운 시대의 협회에 도움이 된다고 보왔기 때문이다. 물론 보슈는 나치당원이 아니었고 나치 이념을 추종하지도 않았다. 그러나 독일 굴지의 기업가라는 지위로 인해 전임 플랑크보다는 나치에 훨씬 유화적이었다. 이게파르벤은 1920년대부터 카이저빌헬름협회를 후원해왔고, 보슈가 회장이 되자 그 규모는 더욱 커졌다. 이게파르벤을 비롯한 기업의 기부금과 그들이 의뢰한 연구 용역은 이 시기 카이저빌헬름협회의 주요 수입원이었다. 기업을 매개로 나치와 카이저빌헬름협회의 연계는 더욱 공고해졌다.

하지만 그럴수록 과학의 자율성과 독립성은 줄어들었다. 특히 제2차 세계대전이 임박하면서 이는 돌이킬 수 없게 되었다. 1936년 나치는 정관까지 바꾸면서 카이저빌헬름협회를 직접 통제하려 했다. 가장 중요한 개정 사항은 나치 이념의 핵심인 '지도자 원리Führerprinzip'의 삽입이었다. 그러니까 카이저빌헬름협회도 국가 최고 지도자인 히틀러의 지휘를 따라야 한다는 것이다. 이로써 카이저빌헬름협회는 내각의 관리·감독 아래 놓였고, 회장과 이사들은 교육부 장관의 승인을 얻어야만 취임할 수 있게 되었다. 보슈의 회장 선출과 함께 이러한 지도자 원리가 협회에 도입되었다. 그리고 나치가 신뢰하는 에른스트 텔쇼가 새 사무총장으로 부임했다. 나치 국가의 원리가 과학 조직에도 그대로 적용된 것이다.

이것은 과학 연구의 방향과 성격에도 큰 영향을 미쳤다. 카이저빌헬름협회는 무기 개발은 물론, 나치 이념에 과학적 정당성을 제공하는 프로젝트도 맡아야 했다. 물리학자들은 항공기 제작 및 어뢰 설계 등의 역학적 연구에, 생물학자들은 우생학과 인간 유전학 연구에 동원되었다. 예컨대 오트마르 폰 페어슈어의 인간유전학 연구는 아우슈비츠 수용소에서 제공받은 혈액과 조직을 활용했다. 또 베를린의 뇌연구소는 나치의 안락사 프로그램으로 살해된 환자 약 700명의 뇌를 연구 자료로 삼았다. 정치가 과학을 삼켜버린 카이저빌헬름협회의 두고두고 회자될 오점이었다.

원자폭탄 개발 경쟁

핵분열 발견의 다음 단계는 원자폭탄 개발이었다. 어쩌면 그것은 필연이었다. 핵분열이 내뿜는 어마어마한 에너지에서 폭탄을 떠올리는 일은 자연스러웠기 때문이다. 때마침 유럽에는 전운이 감돌았고, 나치는 카이저빌헬름협회를 군사 연구에 동원하고 있었다. 핵분열로 폭탄을 만든다면 이제껏 어떤 무기도 가져보지 못한 파괴력을 발휘할 것임이 분명했다. 물리학자들은 핸드볼 크기의 우라늄 한 덩어리면 대도시 하나쯤은 날려버릴 수 있다고 예측했다.

1939년 결국 제2차 세계대전의 막이 올랐다. 그렇다면 이제 문제는 누가 먼저 폭탄을 개발할 것인지였다. 나치가 훨씬 앞서 있음은 분명했다. 핵분열의 발견자들이 카이저빌헬름협회 과학자

06 핵분열의 연쇄반응

들이었기 때문이다. 게다가 세계 최대 우라늄 광산이 있던 자이르는 나치가 점령한 벨기에의 식민지였다. 그곳에 매장된 약 1천 톤이 넘는 천연우라늄 역시 나치 차지였다.

나치는 비밀리에 원자폭탄 개발을 추진했다. 이른바 '우란프로젝트Uranprojekt'다. 계획의 총책임자는 베르너 하이젠베르크Werner Heisenberg가 맡았다. 하이젠베르크는 양자역학의 설계자이자, 31살에 노벨물리학상을 받은 희대의 천재였으며, 과학자들이 떠나는 와중에도 조국에 남은 순수 독일인이었다. 학문적, 인종적으로 이 일에 적임자였던 셈이다. 1942년 하이젠베르크는 카이저빌헬름물리학연구소장에 임명되었고, 육군 병기국에 소속되어 원자폭탄 개발에 착수했다. 제1차 세계대전에서 하버의 카이저빌헬름물리화학·전기화학연구소가 독가스를 개발한 방식과 같았다. 역사는 그렇게 또 한 번 반복되었다.

나치의 원자폭탄 개발을 다들 구경만 하지는 않았다. 분열한 원자핵이 다른 원자핵들을 동시다발로 분열시키듯, 원자폭탄도 전 세계로 퍼질 운명이었다. 물론 핵분열을 이론적으로 이해하고 무기에 적용할 수 있는 과학자는 세계에서도 극소수에 불과했다. 하지만 각국 정부는 과학자들을 경쟁적으로 포섭하여 폭탄 개발에 투입했다. 당시 과학자들은 폭탄에 대한 윤리적 고민은 거의 없었고, 대부분 국가의 개발 요구에 응했다. 과학자로서 평생 받아보지 못한 엄청난 지원이 주어졌음은 물론이다.

나치의 동맹 일본에서는 이화학연구소의 니시나 요시오仁科芳雄

가 개발을 지휘했다. 니시나는 세계적 물리학자로서 닐스 보어, 어니스트 로런스와 연구한 경험이 있었다. 그 결과 세계에서 두 번째로 사이클로트론을 만드는 데도 성공했다. 본래 일본은 세계 과학의 후발주자였지만, 메이지유신 이후 꾸준히 해외 유학생을 보내 서양을 따라잡고자 했다. 니시나가 그 대표적 성공 사례였다. 이렇듯 일본의 과학, 특히 핵물리학은 유럽의 석학들이 공동연구를 제안할 정도로 수준이 높았다. 일본은 그렇게 수십 년 쌓아온 과학의 역량을 원자폭탄이라는 도박에 쏟아붓기로 한 셈이다.

나치의 상대 연합국에서는 영국이 가장 먼저 개발에 나섰다. 영국에서 원자폭탄 개발을 촉구한 것은 정치인보다는 과학자들이었다. 핵분열 발견에 참여했던 오토 프리슈와 루돌프 파이얼스가 그 이론적 근거를 제공했다. 1940년 두 과학자는 보고서를 통해 5킬로그램의 우라늄-235만 농축해도 수천 톤의 다이너마이트와 맞먹는 폭발력이 가능함을 보였다. 게다가 자연계에 0.7퍼센트만 존재하는 우라늄-235를 분리할 수 있는 공업적 방법까지 제안했다. 이 연구 결과에 고무된 영국 정부는 비밀리에 모드위원회MAUD Committee를 구성해 원자폭탄 개발 계획을 수립하게 했다. 그런데 1년 뒤 정부에 제출된 모드위원회 보고서는 원자폭탄이 충분히 가능함을 입증하면서도, 자원이 부족하고 독일의 폭격 위험도 큰 영국에서는 현실적 어려움이 있음을 지적했다. 그래서 결론은 이러했다. 미국과 협력해야 한다는 것. 이에 영국 정부는

1941년 10월 이 보고서를 미국과 공유하면서 동참을 촉구했다. 이제 공은 미국으로 넘어가게 되었다.

07

세상의
파괴자

1945년 미국 로스앨러모스연구소

거대한 굉음과 함께 공사가 시작되었다. 불도저와 트럭이 모여들었고, 건축 자재들이 쌓였으며, 나무들이 베어졌다. 인적이 드문 고원 지대에 어울리지 않는 대공사였다. 현장 주위로는 철조망이 둘러쳐졌다. 군사지역이므로 일반인 출입을 금한다는 경고문과 함께. 공사장 내부만큼이나 외부도 시끄러웠다. 갑작스러운 퇴거 명령에 주민들이 거세게 항의했기 때문이다. "갑자기 이러면 우리는 어디로 가라는 말입니까?" "정부의 명령입니다. 곧 보상금이 지급될 겁니다." 사람들은 이유도 알지 못한 채 쫓겨나야 했다. 20년 넘게 운영되었던 학교도 문을 닫았다.

1942년 가을, 미국 뉴멕시코의 로스앨러모스에서 벌어진 일이다. 사람들은 이 상황이 의미하는 바를 제2차 세계대전이 끝나고 한참 뒤에야 알았다. 그것은 역사상 전무후무했던, 원자폭탄을 개발할 연구소를 만드는 일이었다. 그때까지만 해도 국경 지대의 뉴멕시코는 미국에서 오지나 다름없었다. 황량한 사막이 대부분이었고, 로스앨러모스 고원에는 수백 명 정도만 살고 있었다. 그런데 오히려 이런 지리적 조건이 연구소 건설에 적합했다. 폭발의 위험과 보안 유지라는 두 가지 이유에서였다.

맨해튼 계획의 시작

1939년 핵분열이 이론적으로 규명되었으나, 폭탄으로 만드는 일은 또 다른 문제였다. 자연계의 90여 원소 중에 핵분열 연쇄반응이 가능한 것은 가장 무겁고 불안정한 우라늄뿐이다. 우라늄은 우라늄-235와 우라늄-238의 두 종류 동위원소로 존재한다. 문제는 핵분열 연쇄반응이 그중 0.7퍼센트에 불과한 우라늄-235로만 가능하다는 것이다. 그래서 우라늄-235만 분리해서 충분히 모으는 과정, 즉 우라늄 농축이 필요하다. 이건 모래사장에 0.7퍼센트만 섞여 있는 특정 색깔 모래만 골라내는 일과 같다. 우라늄-238과 우라늄-235는 화학적으로 동일해서 물리적으로 분리해야 한다. 그 질량 차이가 겨우 1.3퍼센트다. 이 미세한 차이를 이용한 분리 공정이 무한 반복으로 이루어져야 한다. 당시 레오 실라르드와 닐스 보어의 대화다. "우라늄-235를 분리해서 원자폭탄을 만들면 되겠네요." "불가능한 일은 아니지만, 그러려면 미국을 거대한 공장으로 만들어야 할 겁니다."

그런데 그것이 실제로 일어났다. 미국이 정말로 전국 곳곳에 거대한 공장들을 지어 돌린 것이다. 이것이 유명한 맨해튼 계획이다. 핵분열과 원자폭탄의 원리를 이해하는 과학자들은 영국, 독일, 일본에도 있었다. 하지만 개발 과정에 어마어마한 자원과 인력을 쏟아부을 수 있는 나라는 미국이 유일했다. 1941년 10월 영국 모드위원회의 보고서를 받아본 미국의 과학자들은 원자폭탄의 실체를 확신할 수 있었다. 그래서 서둘러 원자폭탄에 필요한 다섯 가지 기술을 보고서로 정리해 백악관에 제출했다. 원자폭탄은 기술적으로 충분히 가능하니, 속전속결로 자원을 투입해 독일보다 빨리 개발하자는 내용이었다. 여기에 프랭클린 루스벨트 대통령이 "합시다. 프랭클린 루스벨트(OK. FdR.)"라고 서명하면서 맨해튼 계획이 본격화했다.

그렇다면 어떤 방법으로 이 거대한 프로젝트를 수행해야 할까. 원자폭탄은 과학 연구와 군사계획이라는 상반된 요소를 모두 갖고 있었다. 즉 전인미답의 지식을 발견하는 동시에, 철통 보안과 빠른 속도도 요구되었다. 그래서 백악관 과학연구개발국장* 버

---

* 과학연구개발국Office of Scientific Research and Development, OSRD은 과학기술을 전쟁에 조직적으로 활용하기 위해 1941년 설립한 기관이다. 프랭클린 루스벨트 대통령의 지시로 창설되었으며, MIT 교수였던 전기공학자 버니바 부시가 초대 국장을 맡았다. 제2차 세계대전 중 OSRD는 레이더, 항생제, 로켓, 원자폭탄 등 다양한 첨단 무기 개발을 민간 과학자들과 함께 추진했다. 맨해튼 계획의 초기 단계도 이 기관의 주도로 시작되었다.

니바 부시Vannevar Bush는 장고 끝에 계획을 — 그 자신이 과학자였음에도 — 육군에 맡기기로 했다. 대규모의 국가 예산을 비밀리에 쓰기에는 과학 프로젝트보다는 군사 기밀이 더 적합했다. 그렇게 해야 국회의 예산 심사와 언론의 감시를 막을 수 있었다.

이에 육군 공병대의 레슬리 그로브스Leslie Groves가 총책임자로 임명되었다. 명령이 떨어지면 어떻게든 관철하는 것이 군인의 본분이라면, 그로브스야말로 참군인이었다. 그는 특히 불가능해 보이는 임무를 기간과 예산 내에 해내는 데 천재적이었다. 2001년 9.11 테러 때도 건재했던, 국방부 청사 '펜타곤'이 그의 대표작이다. 1942년 그로브스는 이 거대하고 복잡한 건물을 불과 18개월 만에 완공했다. 이러한 가공할 업무처리 능력의 비결은 목적을 위해서라면 수단과 방법을 가리지 않는 그의 성격에 있었다. 이것은 원자폭탄 개발 임무에도 아주 잘 맞았다.

그로브스의 됨됨이를 보여주는 일화들이 있다. 막 부임한 그를 맞은 것은 전임자들이 처리하지 못해 6개월 넘게 쌓인 미결 문서들이었다. 그것을 단 하루 만에 결재해 버렸다. 계획의 암호도 정해야 했는데, 당시에는 '대체 자원 개발'이라고 불리고 있었다. 하지만 그로브스는 적의 관심을 끌 수 있다는 이유로 '맨해튼*'이라는 무미건조한 이름으로 바꿨다. 연구소 부지 계약에서도 그의 저돌성은 돋보였다. 계약에 비협조적인 전시생산국을 찾아가

---

* 이 이름은 육군 공병대의 본부가 있던 뉴욕의 맨해튼 지구에서 따온 것으로, 원자폭탄과는 관련 없어 보이게 하려는 의도였다.

"이런 식으로 나오면 대통령에게 직보할 수밖에 없다."라고 협박하는가 하면, 상부 보고 중에 오크리지의 부지를 보러 간다며 나오는 일도 있었다. 결국 육군 내부에서 그로브스는 엄청난 욕을 먹게 된다. 그중 압권은 "내 살다 살다 그런 개××는 처음 본다."였는데, 심지어 부하가 한 말이었다. 하지만 이런 불도저 같은 추진력 덕분에 맨해튼 계획은 일사천리로 진행될 수 있었다. 1990년대 말 볼보의 CEO를 지낸 레이프 요한슨은 "리더는 욕먹는 것을 두려워하면 안 된다."라고 했는데, 그로브스가 50년도 더 빨리 그 진리를 증명한 셈이다.

그로브스와 오펜하이머

맨해튼 계획의 과학 부문 책임자는 줄리우스 로버트 오펜하이머였다. 그는 폭탄을 설계 및 조립하는 로스앨러모스연구소의 소장이기도 했다. 그러니까 과학자 그룹의 대표로서 총책임자 그로브스를 지원하는 역할이었다. 재미있는 사실은 맨해튼 계획의 투톱인 두 사람의 캐릭터가 전혀 달랐다는 점이다. 190센티미터에 100킬로그램이 넘는 거구의 군인 그로브스는 갈등과 분란을 두려워하지 않는 다혈질이었다. 반면 180센티미터에 60킬로그램도 되지 않았던 과학자 오펜하이머는 차분하고 이지적인 달변가였다. 그런데도 둘의 케미는 아주 좋았다. 그로브스와 오펜하이머 모두 최고의 전문가이면서도, 자기 분야가 아닌 영역에서는 상대를 존중하며 선을 넘지 않았기 때문이다. 맨해튼 계획이라는 거대한 과학·군사 프로젝트는 뛰어난 두 관리자 덕분에 성공할 수 있었다.

본래 오펜하이머는 맨해튼 계획을 맡기에 약점이 많았다. 그가 이론물리학과 양자역학의 석학이었음은 분명하나, 계획에 참여한 과학자들 — 엔리코 페르미, 어니스트 로런스, 아서 콤프턴, 해럴드 유리 등 — 보다 업적이 크지는 않았다. 이들이 죄다 받은 노벨상을 그는 받지 못했기 때문이다. 대형 프로젝트를 관리해 본 경험도 없었고, 이론가라서 실험과 공학 지식에도 약했다. 무엇보다 공산주의자라는 의심이 결정적이었다. 실제로 친동생, 연인, 동료가 공산당원이었고, 본인도 공산당에 여러 번 기부한 이력이 있었다. 이 모든 결격 사유에도 불구하고 오펜하이머가 발탁된 이유는 그로브스의 고집 때문이었다. 원래 맨해튼 계획의 책임자로 유력했던 과학자는 어니스트 로런스였다. 탁월한 실험물리학자이면서 정부와 관계도 좋았으니 그럴 자격이 있었다. 그러나 그로브스는 오펜하이머를 만나본 뒤 그의 박식함과 통찰력에 매료되었다. 결국 "로런스는 그저 열심히 일하는 사람일 뿐이지만, 오펜하이머는 모든 것을 아는 천재"라는 이유로 오펜하이머를 최종 낙점했다.

로스앨러모스에 연구소를 짓자는 아이디어도 오펜하이머가 낸 것이다. 그는 맨해튼 계획 이전부터 원자폭탄을 개발하려면 외딴곳에서 집중적으로 연구하는 체제가 필요하다고 보았다. 이는 그로브스의 지론과도 일치했고, 오펜하이머가 어린 시절을 보내서 잘 알고 있던 로스앨러모스가 부지로 선정되었다. 그로브스가 전국을 돌며 부지를 물색하고 시설을 건축하는 사이, 오펜하이머는 동료 과학자를 끌어들였다. 오지에 틀어박혀 성공을 장담할 수 없는 연구를 몇 년이고 해야 한다는 건 쉽지 않은 조건이었다. 게다가 보안 때문에 연구 결과를 발표할 수도 없었다.

그럼에도 많은 과학자가 오펜하이머의 제안을 받아들였다. 물론 나치를 막아야 한다는 당위성도 있었지만, 오펜하이머 개인의 매력도 빼놓을 수 없었다. 미술품 수집과 철학에 뛰어난 식견이 있었고, 취미로 산스크리트어를 번역하고 시를 썼던 그의 지적인 아우라는 남달랐다. 거대하고 복잡한 문제를 쉽게 이해하고 설명하는 데 그를 따라갈 사람이 없었다. 일례로 로스앨러모스연구소 이론팀장 한스 베테는 그의 세미나가 매우 세련되었다고 극찬했다. 무엇이 중요한지 늘 꿰뚫고 있어서 소통이 자유로웠다는 이유에서다. 이지도어 라비도 오펜하이머가 과학자들을 매료시키는 '지적인 성적 매력'이 있었다고 평했다. 반면 폴 디랙은 오펜하이머가 시를 쓴다는 이야기를 듣고는 이렇게 반문했다. "물리학을 하면서 시도 쓴다니 도무지 이해할 수 없다. 물리학은 아무도 몰랐던 사실을 모두가 이해할 수 있게 표현하는 것이지만, 시는 그 반대 아닌가?"

전국의 비밀 시설들

맨해튼 계획의 추진 과정은 효율과는 거리가 멀었다. 누구도 원자폭탄을 어떻게 만드는지 몰랐으니 당연한 일이었다. 그러니 "여러 선택지가 주어질 경우, 약간의 가능성이라도 있으면 다 해본다."가 제1원칙으로 적용되었다. 실제로 우라늄-235의 분리와 농축에는 그때까지 알려진 기체 확산, 열 확산, 전자기 분리의 세 가지 방법이 모두 시도되었다. 폭탄 설계에도 우라늄-235와 플루토늄을 쓰는 두 가지 방법이 제안되었는데, 역시 둘 다 쓰였다. 어떤 방법이든 들이는 자원에 비해 얻는 결과는 극히 미미했다. 하지만 전시라는 특수 상황이 모든 비효율을 정당화했다. 그로브스는 무제한의 예산편성 권한을 휘두르며 계획을 밀고 나갔다. 미국 전역에 비밀 연구 시설을 짓고, 각자 임무를 나누어 수행하는 방식이었다. 대표적으로 다음의 곳들을 꼽을 수 있다.

첫째는 시카고의 야금연구소. 이 생뚱맞은 이름은 보안을 위해 위장된 것이었다. 야금연구소의 실제 임무는 원자로 개발이었다. 아서 콤프턴, 엔리코 페르미, 해럴드 유리, 유진 위그너 등 노벨상 수상자 4명이 핵심 멤버였다. 시카고대학 풋볼경기장 지하에 이들이 설치한 '시카고 파일-1 Chicago pile 1'은 핵분열 연쇄반응을 제어할 수 있는 최초의 장치였다. 핵분열이 시작될 때 우라늄 원소가 너무 적으면 연쇄반응으로 이어지지 않는다. 그렇다고 너무 많으면 핵분열이 걷잡을 수 없이 폭주할 위험이 있다. 이 과정을 통제하려면 원자로는 필수였다. 페르미는 우라늄과 흑연 감속재를 쌓은 구조물을 완성하고 여기에 더미를 뜻하는 파일$_{pile}$이라는 이름을 붙였다. 이 원리는 현대 원자력 발전에도 그대로 쓰이고 있다.

둘째는 버클리의 방사선연구소. 어니스트 로런스가 이끈 이곳은 사이클로트론으로 우라늄-235의 분리 방법을 고안했다. 입자가 사이클로트론의 자기장에 들어가면, 질량에 따라 궤도를 다르게 그리는 현상을 이용한 것이다. 이 방법은 기체 확산이나 열 확산과 비교해 효율이 더욱 떨어졌다. 다만 기술적 완성도가 높아서 리스크는 적었고, 그래서 이렇게 확보한 우라늄-235는 전체 계획에서 큰 비중을 차지했다. 로런스는 실험 장비의 대가답게 사이클로트론을 우라늄-235 분리에 특화된 형태로 개량했다. 칼루트론*으로 불린 이 장치는 주로 오크리지에서 우라늄-235 분리에 활용되었다. 이와 함께 버클리팀의 중요한 기여로 플루토늄도 꼽을 수 있다. 로런스의 제자인 글렌 시보그가 1941년 우라늄 충돌 실험으로 합성한 이 인공 원소는 원자폭탄 응용 가능성 때문에 그 즉시 비밀에 부쳐졌다. 당시 우라늄-235 분리가 워낙 어려웠기에 플루토늄은 새로운 대안으로 각광받았고, 로런스가 그 적용 가능성을 구체화하여 폭탄 개발의 선택지

---

* 칼루트론Calutron은 캘리포니아대학University of California과 사이클로트론cyclotron의 합성어로, 어니스트 로런스가 개발한 전자기적 우라늄 동위원소 분리 장치다. 기존 사이클로트론을 응용하여, 이온화된 우라늄을 자기장 속에서 질량에 따라 궤도가 달라지게 하여 우라늄-235와 우라늄-238을 분리했다.

가 늘어날 수 있었다.

 셋째는 오크리지의 우라늄 농축 시설. 우라늄-235를 생산하는 맨해튼 계획의 메인 공장이었다. 테네시강이 흐르는 이곳은 뉴딜 시대에 건설된 수력발전소가 많아서 엄청난 양의 전력 공급이 가능했다. 이러한 장점을 알아본 그로브스는 부임 직후 2만 4000헥타르(240제곱킬로미터)가 넘는 땅을 사들였고, 인류 역사상 가장 큰 건물들을 지었다. 그 안에는 우라늄-235를 분리하기 위한 칼루트론이 대거 구축되었다. 그런데 칼루트론의 오퍼레이터는 대부분 인근에서 농사를 짓던 저학력 여성이었다. 이들은 높은 보수의 일자리를 준다는 공고를 보고 모여들었다. 하지만 자신이 하는 일이 무엇인지 전혀 알 수 없었다. 그저 기기를 작동하고 눈금을 기록하는 단순 업무만 반복했다. 당연히 감독관과 비밀 요원의 감시도 받았다. 혹시라도 업무에 대해 궁금해하면 즉시 해고되었다. 작업자를 해고한 감독관도 정확한 이유는 몰랐다. 이 '칼루트론 걸스(훗날 이 여성들에게 붙은 별명)'는 과학적 지식이 없었음에도 성실한 근무 태도로 우라늄-235의 확보에 크게 기여했다. 오크리지에서만 이들을 포함해 8만여 명이 우라늄-235를 생산했다. 이곳이 원자폭탄 개발의 핵심 시설이었음은 전쟁이 끝난 뒤에야 밝혀졌다.

 넷째는 핸포드의 플루토늄 생산 시설. 오크리지에 우라늄 공장이 건설됐지만, 그것만으로는 부족했다. 무엇보다 민간 거주지역인 녹스빌과 가깝다는 문제가 있었다. 만약 오크리지에서 폭발 사고라도 터진다면…. 더 이상의 자세한 설명은 생략한다. 대안을 찾던 그로브스는 워싱턴주의 핸포드가 기가 막힌 조건을 가졌음을 알아냈다. 플루토늄을 생산하는 원자로를 냉각하려면 어마어마한 양의 물이 필요했다. 핸포드의 컬럼비아강이 바로 그걸 감당할 수 있었다. 내륙의 깊은 사막에 있어서 보안에도 용이했다. 1943년 이 지역을 매입한 그로브스는 (오크리지에서 그랬듯) 주민들을 반강제로 내보내고 건물들을 지었다. 오래지 않아 5만 명이 넘는 인력이 집결했다. 한적한 농촌이었던 핸포드는 단숨에 워싱턴주에서 세 번째로 큰 마을이 되었다. 오크리지와 핸포드는 닐스 보어가 말한 "원자폭탄은 미국을 거대한 공장으로 바꿔야 가능하다."의 현실 버전이었던 셈이다. 오크리지에 이어 핸포드에도 시설이 완성되자, 비로소 맨해튼 계획은 전속력으로 가동될 수 있었다.

두 개의 원자폭탄

로스앨러모스연구소는 이 모든 결과를 종합하는, 맨해튼 계획의 화룡점정 같은 곳이었다. 이곳은 연구소보다 작은 과학 도시에 가까웠다. 과학자는 물론 그들의 가족까지 함께 생활했기 때문이다. 실제로 연구 시설 외에 거주지, 학교, 어린이집, 영화관 등도 갖춰져 있었다. 1943년 100여 명이었던 거주자는 1945년

6000여 명으로 늘어났다. 밖에서 이주해 온 사람도 있었지만, 안에서 태어난 아이들도 많았다. 그만큼 로스앨러모스는 평화롭고 낙천적이며 열정이 넘쳤다. 겉모습만 봐서는 무시무시한 살상 무기를 만드는 비밀 연구소라고 생각하기 어려웠다. 과학자들은 폭탄에 대한 윤리적 고뇌는 제쳐 두고, 마치 학회에 온 것처럼 열띤 발표와 토론을 이어갔다. 한스 베테, 엔리코 페르미, 에드워드 텔러, 리처드 파인먼 등이 이렇게 오래 한 팀이 될 기회는 다시 없을 것이었다. 토요일에는 파티가 열렸고, 일요일에는 교회에서 예배를 보았으며, 가끔 음악회도 개최되었다. 천혜의 자연에서 등산과 하이킹을 즐기는 사람도 많았다. 이러한 자유분방함은 두말할 나위 없이 오펜하이머로부터 비롯되었다. 비록 군사 목적으로 만들어진 연구소였지만, 오펜하이머는 그 안에서만큼은 자율과 협력으로 상징되는 과학의 정신이 유지되기를 바랐다. 그리고 과학, 문학, 예술을 넘나드는 그의 카리스마는 로스앨러모스를 과학자의 천국으로 만들기에 충분했다.

마침내 1945년 7월 두 개의 원자폭탄(리틀보이, 팻맨)이 만들어졌다. 폭탄의 재료를 모으는 것도 어려웠지만, 그것을 마음먹은 대로 터뜨릴 수 있게 만드는 일은 더욱 어려웠다. 우라늄-235와 플루토늄은 매우 불안정하여 의도치 않게 연쇄반응이 일어날 수 있다. 그러므로 폭탄을 작동시키려면 임계질량의 우라늄-235와 플루토늄을 반응이 일어나지 않을 정도로 조각조각 떨어뜨려 놓았다가, 원하는 타이밍에 확 모아서 핵분열이 완료될 때까지 강한 압력으로 흩어지지 않게 유지하는 기술이 필요했다. 로스앨러모스연구소의 과학자들이 2년 동안 고심한 문제가 이것이었다.

우라늄-235로 만든 리틀보이는 포신형으로 설계되었다. 즉 포탄을 거대한 포신 안으로 쏘아 넣어 기폭하는, 직관적으로 쉽게 떠올릴 수 있는 형태다. 임계질량 이내의 우라늄-235 두 조각을 만든 후, 한 조각을 날려서 다른 한 조각에 맞춰 연쇄반응을 일으킨다. 이 설계의 장점은 기폭이 매우 쉽다는 것이다. 하지만 우라늄-235를 임계질량(약 52킬로그램)만큼 모으는 데 엄청난 시간과 비용이 필요하다는 단점이 그 장점을 상쇄하고도 남았다. 3년을 꼬박 소모했으나 단 한 발을 만들 양밖에 못 모았다. 그래서 리틀보이는 실험도 안 거치고 바로 히로시마에 투하되었고, 이후 포신형 폭탄은 거의 쓰이지 않게 되었다.

팻맨은 포신형의 대안으로 도입된 내파형 폭탄이다. 이것은 새롭게 발견한 94번 원소 플루토늄으로 만들어졌다. 플루토늄의 임계질량은 약 10킬로그램이라서 우라늄-235만큼의 노력이 필요하지 않다. 하지만 우라늄-235보다 결합 속도가 빠르고 불순물이 많아서 포신형 설계가 불가능했다. 플루토늄 폭탄을 포신형으로 만들려면 우라늄-235보다 훨씬 큰 포신이 필요한데, 그걸 실을 수 있는 비행기가 없었기 때문이다. 그래서 구 모양의 플루토늄을 TNT 등의 재래식 폭약으로 둘러싸고, 이것이 일시에 폭발하면서 플루토늄 조각들이 한가운데로 모여 임계질량을 넘게 하는 방식이 고안되었다. 이렇듯 내파형 폭탄의 개념은 비교적 간단했다. 그러나 구의 모든 방향에서 완전히 동일한 압력으로 폭발해 내려가도록 하는 데는 고난도의 수학적 계산이 필요했다. 이 이론 작업에만 몇 년이 걸릴 정도였다.

로스앨러모스 연구진은 마지막까지 이 내파형 폭탄의 성공 가능성을 장담할 수 없었고, 그래서 실험을 해보기로 했다. 이것이 그 유명한 인류 최초의 핵실험 '트리니티'다. 1945년 7월 16일 로스앨러모스 인근 앨라모고도에서 이루어진 실험은 성공적이었고, TNT 폭탄 2만 톤의 위력을 가진 폭발이 일어났다. 이 엄청난 광경을 본 오펜하이머는 인도의 경전 《바가바드 기타》를 인용해 유명한 말을 남겼다. "나는 이제 죽음이요, 세상의 파괴자가 되었다." 이는 오펜하이머의 고뇌와 원자폭탄의 파괴력을 상징하는 문장으로 여전히 자주 인용되고 있다.

이로써 수많은 난제를 안고 있었던, 그래서 불가능해 보였던 맨해튼 계획은 단 3년 만에 목표를 달성했다. 물론 어마어마한 지출이 수반된 과업이었다. 무려 20억 달러의 예산과 13만 명의 인력이 투입되었다. 하지만 투자한 만큼의 성과도 있는 일임에는 분명했다. 핵실험의 성공을 지켜본 그로브스의 한마디처럼, 그것으로 "전쟁은 끝났다." 그리고 전쟁 이후의 세계 패권을 미국이 혼자서 거머쥐게 되었다.

전쟁 이후의 원자력 이용

1945년 등장한 원자력은 제3의 불이라는 별칭으로 불렸다. 제1의 불은 자연에서 직접 얻는 불, 제2의 불은 석탄과 석유와 같은 화석연료에 의한 불이다. 이것들이 이전까지 인류의 산업과 경제 활동을 뒷받침했다. 그런데 제3의 불 원자력은 여러모로 앞의 둘과 달랐다. 우선 그것은 뭔가를 태워서 얻은 것이 아닌, 물리학의 첨단 지식으로 알아낸 결과였다. 따라서 이제껏 인류가 해왔듯 자연을 파괴하지 않아도 되었다. 효율성에서도 압도적이었다. 우라늄-235 1그램이 분열할 때 발생하는 열량은 석탄 3톤이 연소했을 때와 비슷했다. 즉 원자력은 석탄보다 질량 대비 약 300만 배 많은 에너지를 내는 셈이다. 모든 산업은 결국 에너지를 기반으로 작동한다고 할 때, 원자력에는 기존의 산업 구조를 바꿀 잠재력이 있었다. 원자력이 과학을 넘어 문명사적인 의미를 지니는 이유다.

이런 배경에서 제2차 세계대전이 끝나고 원자력을 민간으로 이관하는 문제가 본격화되었다. 1945년 12월 브라이언 맥마흔 상원의원은 원자력위원회 설립을 골자로 하는 '맥마흔법'을 발의했다. 원자력위원회는 맨해튼 계획의 성과를 육군으로부터 넘겨받아, 공공복지와 경제 발전을 위해 사용한다는 방침을 세웠다. 이에 맨해튼 계획의 비밀 시설도 민간 연구소로 바뀌어 원자력위원회로 귀속되었다. 1977년 원자력위원회가 에너지부로 개편되었지만, 이 관리 체계는 지금도 동일하다.

1946년 시카고 야금연구소가 아르곤국립연구소로 되어 원자력위원회로 편입했다. 1947년에는 버클리 방사선연구소*, 로스앨러모스국립연구소, 오크리지국립연구소도 합류했다. 뉴욕주의 브룩헤이븐에서는 프린스턴, 컬럼비아, 하버드, MIT 등 9개 대학의 주도로 원자로가 건설되었는데, 이것이 브룩헤이븐국립연구소가 되었다. 미국 동북부에는 원자력 관련 시설이 없었던 상황을 반영한 것이다. 핸포드의 플루토늄 생산 시설은 1965년 국립연구소로 지정되었다. 현재의 퍼시픽노스웨스트국립연구소다.

이렇듯 맨해튼 계획을 거치며 현대의 연구소는 더욱 고도화되었다. 국가, 과학, 산업이 대규모로 결합하여 세계 질서를 완전히 바꿀 정도의 영향력을 발휘한다는 점에서 그렇다. 독일 제국물리기술연구소와 카이저빌헬름협회에서 보듯 20세기의 연구소는 부국강병의 시대적 요구에서 비롯되었다. 따라서 전쟁과 무기 개발에 과학이 동원되는 것은 필연이었다. 과학은 이 역사적 과정의 피해자이면서 수혜자이기도 했다. 전쟁의 윤리적 책임에서 자유로울 수 없게 되었지만, 동시에 과학연구에 큰돈이 몰리고 연구소 조직이 비약적으로 커지는 기반도 되었기 때문이다. 맨해튼 계획과 로스앨러모스연구소는 그것의 가장 극적이고 완성된 형태였다.

---

* 현재 명칭은 로런스버클리국립연구소다.

08

정치가 쏘아 올린
로켓

1958년 미국 항공우주국

1957년 12월 6일은 미국이 역사상 가장 큰 망신을 당한 날이다. 이날 미 해군은 뱅가드 TV-3라는, 원래 계획대로라면 세계 최초였어야 할 인공위성을 발사했다. 하지만 두 달 차이로 소련의 스푸트니크 1호에 선수를 빼앗겼다. 이른바 '스푸트니크 쇼크'다. 이에 놀란 미국이 부랴부랴 쏘아 올린 것이 뱅가드 TV-3였다. 그런데 이 위성은 발사대를 완전히 벗어나기도 전에 폭발하고 말았다. 엎친 데 덮친 격으로 그 광경이 전국에 생중계되었다. 다음 날 언론은 이를 1면 톱으로 보도하며 '주저앉은 스푸트니크Flopnik, 'Flop + Sputnik'라고 조롱했다. 그리고 소련은 인공위성의 사망(?)을 애도하며 미국에 조문을 보냈다.

스푸트니크 쇼크는 과학기술에 대한 미국의 자존심에서 비롯된 것만은 아니었다. 무엇보다 국방이라는 현실의 문제와 직결된 것이기도 했다. 그러니까 이런 우려였다. 만약 스푸트니크를 지구 궤도에 올려놓은 로켓이 미국을 조준한다면? 그리고 거기에 핵탄두가 실린다면? 소련은 이미 1949년에 핵무기를 개발했다. 다만 그것을 미국 본토에 직접 투하할 공군력이 부족했을 뿐이다. 미국이 소련의 핵 위협을 그렇게 심각하게 받아들이지 않았던 이유이기도 하다. 그런데 이제 대륙간탄도미사일로 쓰일 수 있는 로켓이 개발되면서 모든 상황이 바뀌었다. 미국으로서는 특단의 대책이 필요해졌다.

NASA의 탄생

미국은 본래 세계 항공 기술의 발상지였다. 1903년 미국인 라이트 형제가 최초의 동력 비행에 성공하면서 항공기의 역사가 시작되기 때문이다. 다만 이후 미국의 항공 기술은 유럽에 비해 발전이 더뎠다. 그러다 제1차 세계대전을 계기로 항공무기체계의 중요성이 커지자, 1915년 국가항공자문위원회National Advisory Committee for Aeronautics, NACA를 설치하게 된다. NACA는 이름에서 보듯 자문위원회였고, 자체적인 연구 기능은 부족했다. 실질적인 항공기 개발과 제작은 각 대학과 연구소 등에서 나눠서 했다. 스푸트니크 쇼크는 이러한 느슨하고 분산적인 구조를 근본적으로 재검토하게 했다. 아무래도 리더십이 강력하지 못해서, 연구 경쟁력도 떨어진다는 자각이었다.

결국 미국은 1958년 항공우주국 National Aeronautics and Space Administration, NASA을 새로 만들었다. 기존 NACA를 계승하되, 군과 민간 곳곳에 흩어져 있던 항공기 관련 연구 시설을 통합하는 것이 골자였다. 또한 스푸트니크가 촉발한 소련과의 경쟁을 대비해 기관 명칭에 '우주'를 넣고, 관련 연구를 대폭 확대하기로 했다. 그 결과 NACA의 랭리연구소와 에임스연구소, 해군의 뱅가드 위성 프로젝트, 육군의 제트추진연구소와 탄도미사일국이 모두 NASA의 깃발 아래 모였다. 대통령 직속으로 항공 기술은 물론 우주 개발까지 전담하는 거대 연구 조직이 탄생한 셈이다. 이렇듯 미국이 작정하고 항공우주 분야에 뛰어들게 했다는 것이야말로, 스푸트니크 쇼크가 가져온 직접적인 효과였다.

다만 신설된 NASA에 곧바로 대규모 지원이 이루어지지는 않았다. 소련에 맞서 뭔가 해야 한다는 점에는 모두 동의했지만, 최종 결정권자인 드와이트 아이젠하워 대통령의 입장은 신중했기 때문이다. 물론 아이젠하워의 목표도 소련을 꺾고 미국의 세계 패권을 확립하는 데 있었다. 하지만 그럼에도 핵전쟁을 유발할 수 있는 무력 대립만큼은 자제했다. 이러한 전략의 핵심은 간단했다. "소련의 도발에 일일이 대응하지 않는다." 따라서 아이젠하워는 스푸트니크 쇼크를 빌미로 과도한 위기감을 조성하는 이들을 달가워하지 않았다. 군인 출신의 재정적 보수주의자였던 그가 보기에 적과 직접 맞서 싸우지 않는 일에 예산을 쏟아붓는 것은 온당치 않았다. 그래서 우주 개발을 군보다는 민간의 과학 연구로 남겨두고자 했고, 무제한의 예산 지원보다는 선택과 집중에 중점을 두었다. 실제로 NASA 초대 국장 키스 글레넌이 1961년 예산으로 약 8억 달러를 요청하자, 아이젠하워는 과한 금액이라며 부정적인 반응을 보였다.

그러나 1961년 민주당의 존 F. 케네디가 집권하면서 상황이 달라졌다. 케네디는 이미 1960년 대선에 출마하면서부터 우주 개발을 정치 쟁점화했다. 즉 "미국이 소련과의 경쟁에서 뒤처지고 있는데도, 아이젠하워 정권은 우주 개발 예산을 지나치게 아끼고 있다."라는 비판이다. 이는 우주 개발이 과학 연구를 넘어 미국의 자존심과 안보가 걸린 국가전략임을 시사했다. 당시 40대 초반이었던 케네디는 '뉴 프런티어'의 슬로건으로 상징되는 젊고 진취적인 이미지를 강조했다. 뉴 프런티어는 미국 건국의 근간인 개척자 정신을 되살려, 과감한 혁신과 도전으로 사회문제를 해결하자는 의미를 담고 있다. 미국의 영역을 저 멀리 우주로 넓히겠다는 계획은 이러한 뉴 프런티어의 비전과도 잘 부합했고, 케네디가 역대 최연소 대통령으로 당선되는 원동력이 되었다. 그렇다면 이제 우주 개발도 근본적으로 재검토되어야 했다.

과학이 아닌 정치의 결정

 후발 주자가 돋보이려면 선두보다 더 파격적이어야 한다. 케네디의 생각도 그러했다. 이미 소련이 선점한 우주 개발의 판을 뒤집을 '강력한 한 방'이 필요하다고. 그것은 기술적으로 더 어려우면서도, 우주 개발에 한 획을 그을 만큼 상징적이어야 했고, 세계의 이목을 집중시킬 화제성도 있어야 했다. 이 모든 조건을 만족하는 결론은 하나였다. 사람을 달에 착륙시켰다가 지구로 귀환시키는 유인 달 탐사. 달 탐사에 있어 무인과 유인은 사람이 직접 하느냐, 마느냐의 차이다. 하지만 이 작은(?) 차이가 기술적 난도를 몇 배는 높인다. 무인 탐사는 달까지 편도로만 가면 성공이다. 탐사를 마치고 돌아오지 않아도 된다. 반면 유인 탐사는 반드시 지구로 귀환해야 한다. 비행 거리도 2배이고, 무엇보다 싣고 가는 탐사선과 착륙선이 비교도 안 되게 커져야 한다. 따라서 유인 달 탐사에는 훨씬 더 강력한 발사체가 필요할 수밖에 없다.
 케네디를 자문한 과학자들은 이런 어려움과 비효율성을 이유로 유인 달 탐사에 회의적이었다. 그들은 달보다는 인공위성으로 지구 근처 환경을 탐사하는 것이 과학적으로 더 가치 있다고 조언했다. 그럼에도 굳이 달에 가겠다면, 유인보다는 무인이 비용도 저렴하고 효율적이라고 보았다. 당시 기술 수준에서 유인 달 탐사는 사람의 목숨을 걸어야 하는 위험한 일이라는 이유도 있었다. 특히 대통령 과학자문위원장이자 MIT 교수였던 제롬 위즈너는 대놓고 케네디에게 비판적이었다. 위즈너는 이 위험한 계획이 실패한다면 국가적 재앙이 될 거라며, 유인 달 탐사는 정치적 쇼에 불과하다고 했다.

케네디의 상황은 좀 더 복잡했다. 임기 시작 직후부터 다중의 위기에 직면했기 때문이다. 우선 1961년 4월 12일 소련이 보스토크 1호를 발사해 세계 최초로 유인 우주여행에 성공했다. 미국으로서는 스푸트니크 쇼크에 이어 또 한 번의 카운터 펀치를 얻어맞은 셈이다. 선거 때부터 적극적인 우주정책을 설파한 케네디로서는 정말로 뭔가를 해야 하는 상황으로 몰렸다. 4월 17일에는 쿠바의 카스트로 정권을 붕괴시키기 위한 피그만 침공 작전이 실패로 끝났다. 특히 이 사건은 전쟁 영웅이었던 전임 아이젠하워와 대비되면서 케네디의 리더십을 실추시켰다. 이런 거듭되는 악재에서 벗어나기 위해서라도 반전의 계기가 필요했다.

결국 케네디는 1961년 5월 25일 의회 연설에서 "10년 안에 달에 가겠다."라며 유인 달 탐사를 선언했다. 과학자들의 반대와 여러 리스크를 감수한, 그야말로 대통령이라서 내릴 수 있었던 결정이었다. 이것의 정치적 성격은 케네디가 NASA 국장 제임스 웹에게 한 말에서 명확히 드러난다. "이 프로그램이 중요한 이유는 단 하나입니다. 우리는 우주 경쟁에서 소련을 이기려고 달에 가는 겁니다. 그렇지 않다면 이 엄청난 비용을 들이지 않을 겁니다." 소련의 유리 가가린이 보스토크 1호로 지구 궤도비행에 성공했을 무렵, 미국은 앨런 셰퍼드가 15분의 탄도비행만 겨우 해본 수준에 불과했다. 이 차이를 뒤집으려면 케네디의 말마따나 '엄청난 비용'이 필요했고, 그는 실제로 어마어마한 예산을 NASA에 몰아주었다. 1961년부터 급증한 NASA의 예산은 1966년에는 연방정부 예산의 무려 4.4퍼센트를 점유하게 된다. 인류를 달에 착륙시킬 아폴로 계획은 그렇게 정치와 자본의 결합으로 실현될 수 있었다.

나치 출신의 천재 과학자

아폴로 계획의 어려움은 한둘이 아니었다. 그중 가장 큰 난제는 역시 발사체였다. 전인미답의 달 착륙을 성공시키려면 이제까지와는 비교도 되지 않는 고스펙의 로켓이 필요했다. 비유컨대 기존 로켓이 작은 어선 정도였다면, 달에 갈 수 있는 로켓은 거대한 항공모함과도 같았다. 이는 단순히 크기만 키우는 문제가 아니었다. 무게, 연료, 추진력, 내구성, 제어 시스템 등 모든 요소가 새로운 기준에서 다시 설계되어야 했다.

그런데 NASA에 이 말도 안 되는 일을 해낸 천재가 있었다. 베르너 폰 브라운Wernher von Braun이라는 독일 출신 로켓 과학자다. NASA의 발사체 부문 책임자였던 그는 새턴 V 로켓을 개발하여 아폴로 계획의 성공에 가장 큰 공을 세웠다. 제2차 세계대전 동안 나치의 탄압을 피해 유럽의 과학자들이 대거 이주했고, 이들이 미국의 과학 발전을 견인했음은 잘 알려진 사실이다. 다만 폰 브라운은 알베르트 아인슈타인이나 한스 베테와는 반대의 경우였다. 즉 그는 유대인이 아닌 순수 독일인이었고, 나치의 탄압이 아니라 수혜를 입은 과학자였다. 히틀러의 친위부대로서 수많은 전쟁 범죄를 주도한 나치 친위대의 장교였기 때문이다. 그러니까 어제의 적군이 오늘의 아군이 되어 국책사업을 총괄한 격이다.

이런 반전이 가능했던 이유도 시대 상황 때문이었다. 제2차 세계대전 말기, 열세로 몰린 독일군은 과학자들이 발명한 신무기들을 앞세워 전력 차이를 극복하려 했다. 그중 V-2 로켓이라는 최첨단 항공 병기가 있었다. 길이 14미터에 무게 900킬로그램의 거대한 로켓으로, 최대 고도는 약 189킬로미터였으며 최대 속도는 시속 5760킬로미터(음속의 약 5배)에 달했다. 이 정도였으니 당시 연합군에서 이걸 격추할 수 있는 전투기가 없었다. 그 파괴력도 엄청났다. 전쟁 막판인 1944년 9월부터 1945년 3월까지 V-2 로켓의 폭격으로 인해 영국에서 1만 명에 가까운 사상자가 나올 정도였다. 연합군 총사령관 아이젠하워는 이렇게 평했다. "만약 독일군이 V-2 로켓을 비롯한 신무기를 6개월만 일찍 투입했다면, 연합군의 유럽 침공은 불가능할 수도 있었다."

폰 브라운은 V-2 로켓 개발 계획의 핵심 과학자였다. '폰'이라는 이름에서 알 수 있듯 독일 귀족 가문 출신이다. 그는 학창 시절부터 우주비행 동호회에서 로켓을 만들어 쏜 될성부른 떡잎이었다. 이러한 천재성은 금방 눈에 띄었다. 그래서 베를린공과대학 졸업 후 같은 동호회 회원이자 V-2 로켓 개발 총책임자였던 발터 도른베르거 소장에게 발탁되었다. 이후의 행보를 보면 폰 브라운은 단순한 나치 가담자라고 하기는 어렵다. 일례로 페네뮌데 육군 연구소에 재직할 때 노르트하우젠의 지하공장에서 로켓을 생산하던 노동자 1만여 명이 사망하는 일이 있었다. 강제수용소에서 노동자를 차출해 로켓 생산에 투입한 것은 분명 연구진의 책임이었다. 또한 나치의 아르덴 대공세에 맞춰 V-2 로켓으로 안트베르펜을 폭격해서 항구 기능을 마비시키기도 했다. 폰 브라운은 이 공로로 히틀러로부터 기사 전공십자장을 받았다. 그의 최종 계급은 소령이었지만, 이렇듯 전쟁 기간의 역할은 일개 소령이 할 수 있는 수준이 아니었다. 만약 미국이 그를 미리 빼돌리지 않았다면, 강제노동 동원의 책임 문제로 전범 재판에 회부될 가능성도 있었다.

하지만 폰 브라운의 천재성을 탐낸 미국이 그를 위기에서 부활시켰다. 미국은 세계 최초로 원자폭탄을 만들었으나, 그 외의 과학기술은 독일에 많이 뒤처져 있었다. 특히 로켓 기술은 20년 이상 차이가 났다. 독일의 V-2 로켓은 이미 1944년 우주에 도달할 수준이었으나, 미국은 1960년대 초에도 엄두조차 못 냈기 때문이다. 따라서 미국이 로켓을 비롯한 나치의 신무기 기술들에 욕심을 낸 것은 당연했다. 게다가 전쟁이 끝나면 다음 적은 공산주의 소련이 될 것이 자명했다. 만약 패전한 독일의 과학기술을 소련이 흡수한다면, 전후의 패권 다툼에서 우위를 점하기 어렵게 된다. 이런 배경에서 미국은 은밀하게 나치의 과학기술자들을 이주시키는 작전을 입안했다. V-2 로켓의 원천기술을 보유한 폰 브라운은 그중에서도 영입 1순위였다.

페이퍼클립 작전과 NASA의 성장

이 페이퍼클립 작전Operation Paperclip*은 세월이 지난 뒤에야 전모가 밝혀졌다. 1945년 연합군이 독일로 진격할 때, 미국 합동정보목표기구의 전문가들이 동행하여 과학자들에 대한 조사를 벌였다. 조사 대상은 로켓, 항공, 생화학, 의학 등 나치 신무기의 핵심 분야를 망라했다. 과학자들을 회유해 데려오는 일은 육군 방첩대 요원들이 맡았다. 이렇게 해서 미국의 국방 및 군 주요 시설에 배치된 독일 과학자만 1600여 명에 이르렀다.

작전 초창기에는 '전쟁 범죄에 연루되지 않았거나, 열성적 나치 당원이 아닌 이들'만 목표가 되었다. 그러나 이는 육군과 국방부의 반대자들을 달래기 위한 정책 용어였을 뿐이다. 현장에서는 나치 전력을 일일이 조회할 여유도 없었고, 그중 부역자를 철저히 가려내면 데려올 만한 과학자가 훨씬 줄어들었다. 결국 합동

---

* 이 이름은 미국 정부가 독일 과학자의 인사 기록 중 나치 연루 여부를 식별하고자, 해당 서류에 종이 클립을 꽂아둔 데서 유래했다.

정보목표기구는 영입한 과학자들의 나치 이력을 삭제해 버렸다. 물론 이러한 발상이 위험하다며 반대하는 사람도 많았다. 프랭클린 루스벨트 전 대통령의 부인 엘리너 루스벨트와 알베르트 아인슈타인이 대표적이다. 하지만 아무리 나치 출신이라도 "중요한 과학기술 자산을 소련에 뺏기는 것보다 낫다."라는 차악의 논리가 이를 정당화했다.

폰 브라운의 연구팀도 130여 명(가족까지 포함하면 300여 명)이 미국으로 왔다. 그리고 이들이 그대로 초창기 NASA와 아폴로 계획의 중추가 되었다. 물론 그 과정이 쉽지만은 않았다. 폰 브라운은 워낙 (나쁜 의미의) 유명인사였기에 곧바로 고위직을 얻지는 못했다. 그래서 텍사스의 포트 블리스 미군 기지에서 로켓 관련 지식을 전수하는 자문 역할만 맡았다. 하지만 우주 개발에 국가적 관심이 쏠리면서 그의 역할도 점점 커지게 된다. 여기에는 폰 브라운의 셀프 이미지메이킹도 한몫했다. 그가 자신을 미국 우주 개발의 강력한 적임자로 내세웠기 때문이다. 이러한 홍보는 공식 업무에만 국한되지 않았다. 폰 브라운은 공상과학소설을 출판하고 디즈니의 우주 관련 TV 프로그램에 출연하는 등 대중에게 긍정적인 이미지를 주고자 노력했다.

결국 스푸트니크 쇼크가 폰 브라운에게도 기회가 되었다. 1960년 그의 연구팀은 NASA에 합류하여 달 탐사 로켓 개발을 총괄했다. 폰 브라운은 NASA에 신설된 마셜우주비행센터의 소장과 새턴 V 로켓의 수석 엔지니어를 겸했다. 그의 부하이자 역

새턴 V 로켓과 베르너 폰 브라운
(NASA Image and Video Library)

시 나치당원 출신인 쿠르트 데부스는 플로리다에 건설된 케네디 우주센터의 초대 소장이 되었다. 케네디의 유인 달 탐사 선언은 1961년에 이루어졌다. 하지만 오래전부터 기회를 노려왔던 만큼 새턴 V의 설계는 이미 폰 브라운의 머릿속에 있었다. 그래서 개발 과정이 상당히 빠르게 진행되었다. 1962년 1월 개발에 착수했는데 1967년에 시험 비행을 했고, 1969년에는 마침내 달 착륙에 성공했다. 케네디가 약속한 10년의 기한을 무려 2년이나 단축한 것이다.

새턴 V의 위엄은 세부 지표에서 더욱 잘 드러난다. 이 거대한 로켓의 총질량은 2800톤이 넘는다. 그리고 달까지 보낼 수 있는 최대 탑재 화물 질량은 52.7톤이다. 이 정도가 되었기에 달 탐사에 필요한 사령선과 착륙선을 운반할 수 있었다. 세부 구성은 총 3단으로 이루어진다. 그중 가장 강력한 1단에는 지름 3.7미터의 대형 엔진인 로켓다인 F-1이 5개 장착되었다. 여기서 나오는 추력은 3만 4500킬로뉴턴$_{kN}$에 이른다. 이는 해수면 높이의 중력에서 3500톤 이상의 질량을 들어 올릴 수 있는 정도의 힘이다. 2021년 우리나라가 발사한 KSLV-II 누리 로켓의 경우 약 300톤의 추력을 냈다. 이렇게 비교해 보면 당시 NASA의 기술력이 얼마나 말도 안 되게 앞서 있었는지 실감이 된다. 세계를 대표하는 항공우주연구소로서 NASA의 위상은 이때부터 확고부동해진 것이다.

유인 달 탐사의 파급효과

"이것은 한 인간에게는 작은 한 걸음이지만, 인류에게는 위대한 도약이다." 아폴로 11호의 선장 닐 암스트롱이 달에 착륙하면서 남긴 감동적인 말이다. 이 문장은 인류가 과학을 발전시킨 역사를 대표한다고 해도 과언이 아닐 것이다. 그만큼 유인 달 착륙은 위대한 과학의 업적으로서 강한 진보성을 함의한다. 그럼에도 그것의 발단, 전개, 결말을 살펴보면 과학만으로 이룬 성과는 아님을 알게 된다. 유인 달 탐사는 미국이 소련을 누르고 패권을 독점하려는 동기에서 시작되었고, 나치 과학자들을 끌어들여 추진했으며, 미국의 확고한 우위가 증명된 이후로 두 번 다시 시도되지 않았기 때문이다. 요컨대 우주를 향한 도전이라는 과학적 열망보다는, 수단이 목적을 정당화한다는 마키아벨리즘의 정치 논리가 더 강하게 느껴지기도 한다.

하지만 과학 연구가 정치적 동기에서 비롯되었다고 해서 부정적으로 볼 것만은 아니다. 원인이 무엇이었든 과학이 일으킨 파급효과는 인간 삶의 질을 크게 개선하기 때문이다. NASA의 유인 달 탐사도 그랬다. 그것은 단지 "인류가 드디어 달을 정복했다."라는 상징적 의미에 그치지 않는다. 달 착륙이라는 전무후무한 프로젝트를 수행하면서 발명된 기술들은 이후 사회 곳곳으로 퍼져 나갔다. 이는 아폴로 계획에 NASA와 계약을 맺은 기업, 대학, 연구소들이 참여한 결과이기도 하다. 1961년 당시 신생 기업이었던 페어차일드반도체가 대표적이다. NASA는 컴퓨터 크기를 줄이면서도 연산 능력을 높여야 했고, 이를 위해 최신 기술이었던 집적회로를 도입했다. 이 집적회로의 발명자가 로버트 노이스, 고든 무어 등이 세운 페어차일드반도체다. 바로 오늘날 인텔의 전신이 되는 회사다. 이후 집적회로는 마이크로프로세서로 발전하며 실리콘 밸리의 반도체 혁명을 촉진했다. 이 밖에도 디지털 비행 제어 시스템, 단열재, MRI와 CT, 건조식품, 휴대용 정수기 등 일상생활에 필수가 된 기술들의 발명에 영향을 미친 사례가 많다. 정치적 목적을 이루기 위해 거대자본이 투입되지 않았다면 이루지 못했을 과학적 성과다. 이 점에서 NASA의 아폴로 계획은 원자력을 발명한 맨해튼 계획과도 닮았다고 할 수 있다.

기술의 의도하지 않은 결과

1969년 미국 고등연구계획국

스푸트니크 쇼크가 미국의 과학기술에 가져온 변화는 대단했다. 무엇보다 연방정부에 새로운 연구 조직이 두 개나 생겼다. 첫째는 NASA다. 이곳은 불가능해 보였던 아폴로 계획을 성공시켜서 전 인류에게 강렬한 인상을 남겼다. 오늘날에도 과학에 조금만 관심이 있다면 NASA를 모르는 사람은 드물다. 우주를 향한 인류의 도전을 상징하는 연구소이기도 하다. 둘째는 고등연구계획국 Advanced Research Projects Agency, ARPA이다. 이곳도 NASA처럼 소련과의 냉전을 대비해 신설되었다. 하지만 같은 해 탄생한 NASA보다는 인지도가 훨씬 떨어진다. 그래도 개발한 성과만큼은 그렇지 않다. GPS, 인터넷, 터치스크린, 드론, 자율주행차 등. 즉 국방을 넘어 일상에 중요하게 쓰이는 기술을 많이 생산한 연구 조직이라고 할 수 있다.

1958년 출범한 ARPA의 현재 명칭은 국방고등연구계획국 Defence Advanced Research Projects Agency, DARPA*이다. 우리나라에서 흔히 보는 명칭 조합은 아니다 보니 낯설게 느껴진다. 고등연구계획국이라니, 대체 뭘 하는 곳이란 말인가? 하지만 이름보다 별명을 들으면 감이 잡힐 것이다. 바로 '펜타곤의 브레인'이다. 그러니까 미국의 국방 연구개발을 총지휘하는 곳이라고 할 수 있다. 세계 최강 미국의 군사력을 구성하는 요인에는 여러 가지가 있다. 압도적 국방 예산('천조국'이란 별명도 여기서 생겼다), 글로벌 동맹과 해외 주둔, 현대사를 관통하는 풍부한 실전 경험 등이 그렇다. 그러나 과학기술 기반의 첨단 무기체계 역시 빼놓을 수 없다. 그것을 만들어내는 천재들의 집단이 ARPA라고 할 수 있다.

GPS의 탄생

연구소라고 하면 괴짜 이미지가 떠오른다. 당장은 허황되어 보이지만, 누구나 꿈꾸는 기술에 도전한다는 의미에서 그렇다. 달리 말하면 고위험 고수익 연구다. 이걸 ARPA만큼 잘하는 곳도

---

* 1958년 설립된 ARPA는 1972년에 'Defense'라는 단어가 추가되어 DARPA로 변경되었다. 이후 1993년 클린턴 정부에서 잠시 ARPA로 되돌렸다가, 1996년 다시 DARPA로 환원되어 현재에 이르고 있다.

없다. 1960년대부터 ARPA는 기존 시장을 완전히 재편하는 와해성 기술을 개발해 왔다. 공상과학 소설가이자 백악관에서 일했던 알란 앤드루스는 국방부에 이런 주문을 했다. "나라를 지켜야 할 책임이 있는 사람들은 정신 나간 구상을 할 필요가 있다." 여기서 말하는 정신 나간 구상을 과학적으로 표현하면 기존 패러다임을 깨는 시도라고 할 수 있을 것이다. ARPA는 이러한 시도가 얼마든지 현실화할 수 있음을 보여왔다.

대표적인 사례가 GPS Global Positioning System다. 오늘날 이것은 아주 흔한 기술이다. 길을 찾을 때는 물론, SNS에 포스팅하거나 스마트폰으로 사진을 찍을 때도 쓰인다. 하지만 GPS가 처음부터 주목받지는 않았다. 사실 그것은 젊은 과학자들의 잉여스러운(?) 호기심에서 시작되었다. 1957년 스푸트니크 1호 발사로 온 미국이 충격에 빠진 와중에, 존스홉킨스대학 응용물리연구소의 윌리엄 가이어와 조지 와이펜바흐는 엉뚱한 생각을 했다. 위성이 일정하게 내보내는 주파수를 지상에서 받을 때, 위성의 움직임으로 인해 주파수가 약간 달라지는 현상을 발견한 것이다. 이른바 도플러 효과*다. 두 사람은 이 도플러 주파수 편이를 분석하면 위성의 속도와 궤도를 역산할 수 있다는 아이디어를 떠올렸다. 그리고 계산을 통해 스푸트니크의 궤도를 정밀하게 추적해 내는 데

---

* 소리나 빛처럼 파동을 내는 물체가 움직일 때, 관측자가 느끼는 파동의 주파수가 변하는 현상이다. 구급차가 가까이 다가올 때는 사이렌 소리가 날카롭고 높게 들리다가, 멀어질 때는 낮고 둔하게 들린다. 이는 구급차가 움직이며 음파를 압축하거나 늘이기 때문이다. 같은 원리가 위성의 전파 주파수에도 적용된다.

성공했다. 이 계산법은 보고서로 작성되었고, 실제로 타당성도 입증되었다.

이 보고서가 의외의 기회를 타고 재부상했다. 1950년대 말 미국은 소련을 겨냥해 핵잠수함을 개발하고 있었다. 광활한 바닷속에서 핵무기를 발사하려면, 적에 대한 정확한 위치 정보가 필수였다. ARPA는 이걸 개발하는 프로젝트를 응용물리연구소에 의뢰했다. 그러자 가이어와 와이펜바흐의 보고서가 다시 주목받았다. 보고서가 제안한 계산법을 반대로 적용하여, 여러 송출원에서 신호를 쏘고 이를 수신하여 자신의 지구상 위치를 계산하는 방법이 고안되었다. 이 역발상이 GPS의 기본 개념이 되었다. 그리고 응용물리연구소의 우주분야 연구책임자 딕 커쉬너는 1964년 트랜짓TRANSIT이라는 위성 기반 위치 확인 시스템의 상용화에 성공했다. 이후 해군과 공군에서도 비슷한 시스템들이 개발되었다. 이로써 1990년대 미군은 전 지구 어느 곳, 어떤 날씨에서도 정확한 위치 정보를 실시간으로 파악할 수 있게 되었다. 군사 목적에서 개발된 이 시스템이 2000년대 들어 민간으로 이전된 것이 바로 우리가 쓰는 GPS다.

혁신적이고 유연한 조직

GPS의 상용화 과정은 ARPA의 연구개발 방식을 잘 보여준다.

그 특징을 세 가지로 요약할 수 있다. ARPA가 '펜타곤의 브레인'으로 불리는 이유이기도 하다.

첫째로 철저히 미래의 수요에 대응한다. ARPA는 이미 알려졌거나 개발이 진행 중인 기술에는 관심을 두지 않는다. 완전한 제로베이스에서, 경쟁자는 손도 못 댈 프로젝트에만 집중한다. GPS가 그런 경우였다. 당시는 인공위성이라는 신기술이 이제 막 우주로 쏘아졌을 때다. 그걸 써서 지상의 위치를 알아내겠다는 발상은 아무나 하는 게 아니다. 그래서 미국은 인류 최초의 인공위성 타이틀은 놓쳤지만, 위성을 통한 위치 측정이라는 신기원에는 더 빨리 이를 수 있었다. 이런 도전성이야말로 ARPA의 설립 이념이기도 하다. 우주 경쟁에서 뒤진 미국이 소련을 무력으로 압도하려면 완전히 새로운 방식의 연구개발 체제가 필요했다. 그러나 육해공군은 저마다 비효율적 경쟁과 중복 투자만 반복하고 있었다. 이에 넌덜머리가 난 드와이트 아이젠하워 대통령은 닐 멕엘로이 장관의 건의를 받아들여 국방부에 ARPA를 신설했고, 각 군으로부터의 독립성을 보장했다. ARPA의 이른바 블루스카이 연구*는 이렇듯 정치적 뒷받침을 통해 가능했다.

둘째로 연구를 적재적소로 외주화한다. 이는 ARPA의 이름에서도 드러난다. 이곳은 '연구소'가 아닌 '연구계획국'이다. 따라서 ARPA는 기술의 기본 개념과 활용 분야를 설계하는 역할만 한다.

---

* 명확한 응용 목적이나 단기적 성과 없이, 순수한 호기심과 탐구에 따라 수행되는 기초연구를 뜻한다. 1869년 하늘이 푸른 이유를 규명하려 한 연구에서 유래한 표현이다.

그것을 실제 기술로 구현하는 작업은 (GPS 사례에서 보듯) 존스홉킨스대학 응용물리연구소 같은 민간에서 한다. 미국 전역에는 이렇게 ARPA와 계약 관계에 있는 연구 집단들이 있다. MIT의 링컨연구소, 에너지부의 국립연구소, 카네기멜론대학의 소프트웨어공학연구소 등이 유명하다. ARPA에서 어떤 기술을 만들자고 결정하면, 민간 연구소에서 그 청사진을 받아서 이행한다. 그러니까 일종의 갑을 관계라고 할 수 있다. 하지만 갑인 ARPA가 혁신 기술을 발굴하고 디자인해서 을에게 구체적인 수준에서 요구하기 때문에, 소모적인 '갑질'보다는 선순환으로 이어진다. 요컨대 ARPA의 혁신 기술은 ARPA 혼자만으로 완성되지 않는다. 정부와 민간의 협력, 또는 기획과 개발의 연계가 핵심이다. ARPA는 둘 사이를 잇는 다리 역할을 한다. 그들이 자임하듯 "가장 멀리 있는 아이디어를, 가장 가까운 곳으로 옮겨 기술로 탄생시킨다."

셋째로 유연하면서 간결한 조직을 지향한다. ARPA의 조직은 세 층위로 구성된다. 최상층의 국장과 부국장, 중간층의 연구분야별 관리자, 마지막으로 현장에서 연구개발을 지휘하는 프로그램 매니저다. 그러니까 최일선 실무자들이 한 단계만 거치면 바로 최고 의사결정권자로 이어지는 구조다. ARPA의 실무그룹을 구성하는 프로그램 매니저는 막강한 권한을 갖고 있다. 어떤 과제를 추진할지, 어떤 방법으로 구현할지, 얼마나 자원을 투입할지, 누구에게 맡길지를 모두 결정한다. 실제로 ARPA의 히트작들은 대부분 프로그램 매니저의 기획에서 나왔다. 그럴 수밖에 없는 것이, 학계에서 명성이 높은 과학자나 엔지니어만 이 역할을 맡을 수 있다. 다만 프로그램 매니저 자리가 소위 좋은 일자리라고 하기는 어렵다. 3~5년 임기의 계약직인 데다, 대부분 공무원이 그렇듯 보수도 높지 않기 때문이다. 그럼에도 ARPA의 프로그램 매니저라고 하면 해당 분야에서 최고로 인정받고, 마음껏 혁신적인 기술에 도전할 수 있어서 인기가 많다.

인터넷의 기원

ARPA 최고의 역작은 역시 인터넷이라고 할 수 있다. 1960년대 ARPA가 만든 아파넷ARPANET이 오늘날 인터넷의 시초가 된다. 물론 그때만 해도 이걸 수십억 세계인이 쓰게 될 줄은 예상 못 했을 것이다. ARPA의 대부분 기술이 그렇듯 아파넷도 군사용으로 개발되었다. NASA의 새턴 V 로켓이 그러했듯, ARPA의 아파넷도 소련의 핵 위협 방어라는 국가적인 동기를 내장하고 있었다.

1962년 조지프 리클라이더Joseph Licklider라는 과학자가 ARPA에 부임하면서 그 역사가 시작되었다. 심리학과 컴퓨터를 전공한 그는 미군을 위한 지휘·통제 시스템 개발 임무를 맡았다. 1950년대 미국 국방의 화두가 로켓과 미사일이었다면, 1960년대에는 컴퓨터와 통신으로 확장된다. 버튼 몇 개만 누르면 핵무기를 발사하는 세상이 된 만큼, 군에 대한 신속하고 정확한 지휘·통제는 중요할 수밖에 없었다. 때마침 컴퓨터가 발전하면서 이를 활용한 통신 시스템이 모색되었다. 당시 미국의 군부, 방위산업체, 학계는 강력한 중앙집중식 컴퓨터를 사용하고 있었다. 따라서 여러 연구소와 기관 간 정보 공유가 원활하지 못했다.

이런 상황에서 리클라이더가 ARPA에 영입되었다. 그는 뛰어난 과학자였지만, 동시에 철학자의 면모도 강했다. 그가 창안한 '인간-컴퓨터의 공생'이라는 개념에서 이 점이 드러난다. 리클라이더는 "미래에는 컴퓨터가 인간의 조력자로서 질문에 답하고, 시뮬레이션을 수행하고, 문제에 대한 해결책을 제시할 것"이라고 전망했다. 마치 현재의 인공지능 시대를 내다보는 듯한 통찰이다. 또한 도서관의 자료들이 컴퓨터 데이터베이스화되어 원격의 사용자들에게 제공되는 세상도 예상했다. ARPA는 이러한 혁명적 발상에 강한 흥미를 느꼈다. 이에 1962년 리클라이더를 초청해 국방부 관료들을 위한 세미나를 열었다. 이때 리클라이더의 탁월한 비전에 감명받은 잭 루이나 국장은 세미나가 끝나자마자 일자리를 제안했다. ARPA 지휘·통제연구실장이 그의 직함이었다.

1965년 임기를 마친 리클라이더는 두 가지 유산을 남기고 ARPA를 떠났다. 첫째는 '은하계 간 컴퓨터 네트워크' 구상이다. 이는 리클라이더가 국방부에 제출한 보고서의 핵심 개념으로, ARPA를 매개로 군부, 대학, 기업, 연구소 등의 컴퓨터를 연결하자는 주장으로 요약된다. 이것이야말로 오늘날 인터넷의 철학적 토대가 된다고 할 수 있다. 둘째는 아이번 서덜랜드와 로버트 테일러라는 유능한 후임자들이다. 두 사람은 리클라이더의 비전에 네트워크 이중화라는 개념을 추가했다. 즉 하나의 연결이 막혀도 통신이 계속되도록 여분의 경로를 마련한다는 발상이다. 그 결과 ARPA의 계약 사업체 컴퓨터들의 전자적 연결 시스템 구축에 100만 달러가 넘는 예산이 투입되었다. 1965년 4대 국장에 취임한 찰스 헤르츠펠드는 화학공학을 전공한 물리학자였으나, 두 사람의 기획을 높이 사서 적극적으로 투자했다. 이는 ARPA의 역사를 통틀어 가장 위대한 결정으로 꼽힌다.

아파넷의 등장과 진화

1969년 마침내 ARPA와 관련 기관들의 컴퓨터 네트워크인 아파넷이 가동되었다. 아파넷은 데이터 공유에 있어서 새로운 패러다임을 도입했다. 기존의 회선 연결이 아닌, 패킷 교환 방식을 채택했다는 점에서 그렇다. 회선 연결은 컴퓨터들을 전화망처럼 전용 회선으로 잇는 방식이다. 한번 회선이 설정되면 데이터가 흐르지 않아도 계속 유지되어야 해서 비용이 많이 들었다. 또 경로가 차단되면 우회가 어려워 네트워크 장애에도 취약했다. 그럼 만약 회선이 적의 공격에 파괴된다면? 전송 중이던 데이터가 다 날아감은 물론, 복구도 사실상 불가능했다. 그래서 군사용으로는 부적합했다.

　반면 패킷 교환은 데이터를 작은 단위로 쪼개 분산 전송하는 방식이다. 각 패킷은 목적지까지 최적 경로를 따라 개별 전송되며, 최종 단계에서 원래의 데이터로 조립된다. 이 방식은 데이터가 흐르는 순간에만 네트워크 자원을 사용하므로 여러 사용자의 공유가 가능했다. 게다가 패킷들이 서로 다른 경로로 전송되어서, 특정 회선이 끊겨도 우회하거나 끊긴 부분부터 재전송할 수 있었다. 그러니 전반적인 데이터 손실이 적다는 큰 장점이 있었다. 군사적으로 말하면 핵 공격에도 데이터를 보존할 수 있다는 의미가 된다. 이러한 특징 때문에 미 공군 싱크탱크인 랜드연구소에서 개발되었지만, 상용화가 안 되고 있었다. 그것을 1967년 ARPA의 프로그램 매니저로 합류한 래리 로버츠가 아파넷에 적용하면서 화룡점정을 이루었다.

　아파넷으로 연결된 최초의 컴퓨터들은 스탠퍼드연구소, UCLA, UC 산타바바라, 유타대학의 4곳이었다. 이 접속점들이 1972년에는 국방부를 포함한 수십 곳으로 늘어났다. ARPA에서 접속점 연결 작업을 담당한 엔지니어가 로버트 칸이다. 그는 자신의 업무를 인터넷워크internetwork라고 불렀는데, 이 단어가 후일 인터넷으로 바뀌게 된다. 이러한 인터넷워크로 아파넷에 연결되는 컴퓨터들이 늘어나자, 서로 다른 환경에 있는 이들을 통일된 언어로 소통하게 해야 할 필요성도 생겼다. 그래서 칸이 ARPA의 프로그램 매니저였던 빈트 서프와 함께 개발한 것이 전송 제어

규약Transmission Control Protocol, TCP과 인터넷 규약Internet Protocol, IP이다. TCP/IP의 도입은 아파넷 운용의 표준화를 상징하는 일대 사건이었다. 1973년에는 하와이와 노르웨이의 컴퓨터까지 아파넷에 연결되면서, 리클라이더의 '은하계 간 컴퓨터 네트워크'라는 비전이 마침내 실현되었다. 2004년 칸과 서프는 TCP/IP 개발 공로로 튜링상을 받았다. '인터넷의 아버지'라는 영광스러운 별명을 얻은 것은 덤이다.

의도하지 않은 결과들

이렇듯 아파넷은 대성공을 거두었으나, 이후의 상황은 의외의 방향으로 흘러갔다. 군대보다는 민간에서 수요가 더욱 높아졌기 때문이다. 1970년대 말 아파넷에 연결된 대부분 컴퓨터는 대학 소속이었다. 아파넷의 편리한 데이터 공유 방식은 대학의 연구자들에게 유독 인기가 많았다. 특히 국립과학재단의 연구프로젝트에 빈번히 활용되면서 그 학술적 성격이 강해졌다. 이에 국방부는 1983년 밀넷MILNET이라는 네트워크를 만들고 아파넷과 분리해버렸다. 이로써 아파넷은 민간의 영역으로 완전히 넘어오게 된다. 하지만 국립과학재단을 비롯한 학술단체와 기업들이 자체 네트워크를 개발함으로써 영향력이 오히려 줄어들었다. 결국 1990년 아파넷 서비스는 종료되었다. 다만 그 인프라를 민간 기업들이 이어받았고, 이것이 1990년대 인터넷이 폭발적으로 확대되는 기반이 되었다. 이후의 전개는 모두가 아는 바와 같다. 3차 산업혁명으로 거대 IT 기업들이 산업구조를 재편했고, 미국은 신경제의 대호황을 누렸으며, 온 세계가 네트워크로 연결되면서 삶의 양식도 바뀌었다. 여기서 끝이 아니다. 우리는 이 흐름이 다시 인공지능이라는 새로운 혁명으로 확산해 가는 모습을 목도하고 있다.

미국의 사회학자 로버트 머튼은 '의도하지 않은 결과unintended consequences'라는 개념을 제시했다. 이는 어떤 개인이나 집단의 사회적 행위가 예상하지 못한 결과를 초래할 때 주로 쓰인다. 머튼은 의도하지 않은 결과가 나타나는 이유 중 하나로 현실의 복잡성을 든다. 즉 현실을 구성하는 복잡다단한 요인들이 상호작용함으로써 예상치 못한 효과를 낸다는 설명이다. 오늘날 혁신적 연구조직의 대명사가 된 ARPA도 비슷한 논리로 이해될 수 있다. 그들 특유의 '한계를 두지 않는 전방위적 연구'가 다양한 사회적 요인과 결합하여 뜻밖의 결과를 만들어왔다는 점에서 그렇다. 200여 명에 불과한 이들이 앞으로 또 무엇을 개발할지 궁금해지는 이유이기도 하다.

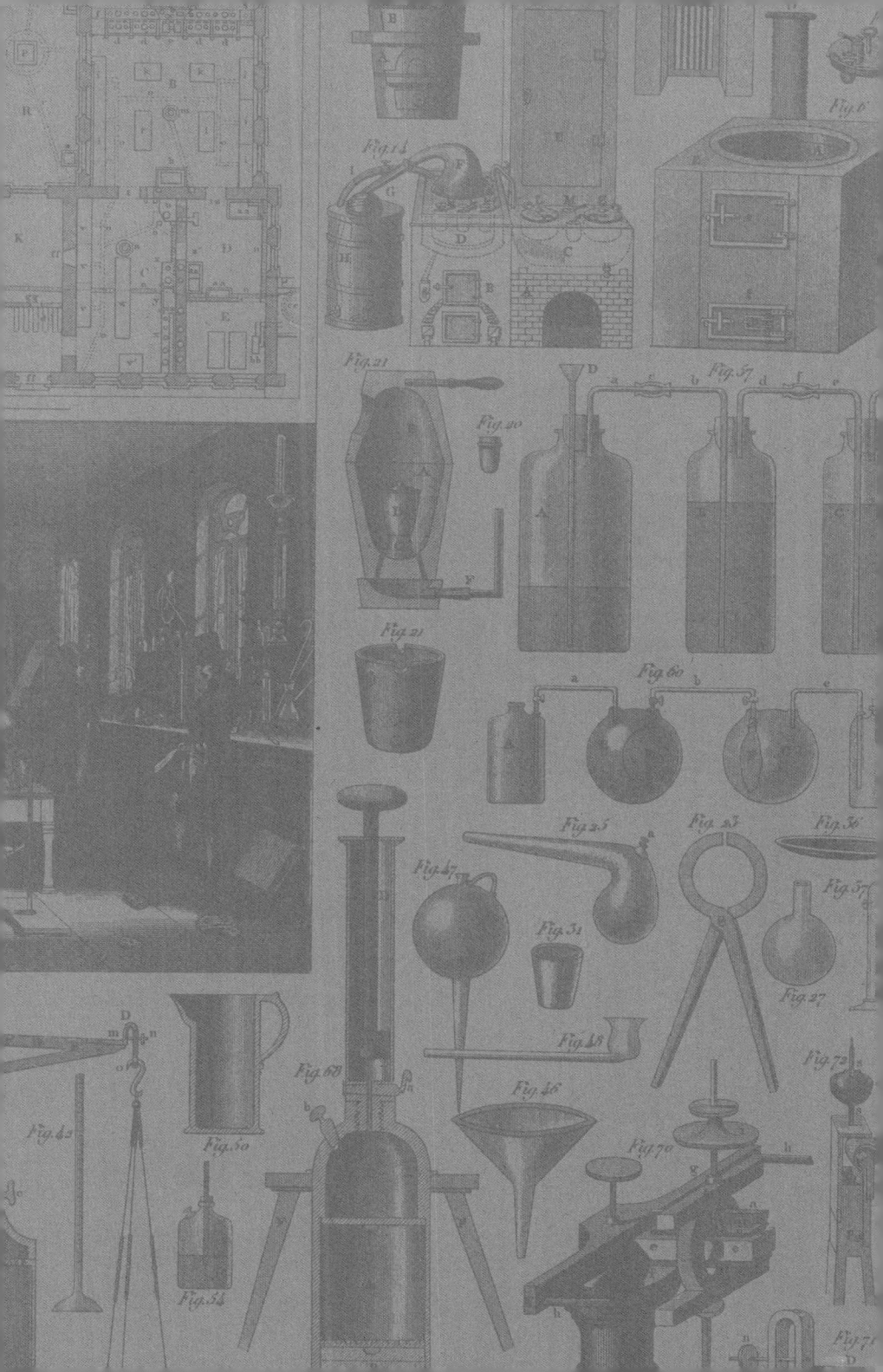

2부

기술이
만든
도약의 힘

The Rise

: 추격의 기술과
과학 강국의 부활

> "발명 연구는 학문의 이론에 기초해야 하고,
> 또 그것이 경제적으로 유익해야 한다.
> 일본은 결코 모방만 하는 나라가 아니다.
> 모방 위에 수많은 창조를 쌓아가고 있다."

다카미네 조키치 高峰讓吉

과학이 발휘한 '근대화의 엔진' 효과는 충분히 입증되었다. 그러자 뒤늦게 출발한 나라들도 그것을 장착하기를 원했다. 이미 앞선 국가들을 모방해, 조직을 설계하고 인재를 모으고 재원을 투자했다. 그 결과 일부 선진국의 전유물이었던 연구소가 세계 곳곳으로 퍼져 나갔다.

일본은 1917년 학계, 정계, 재계가 합심해 최초의 국가 연구소인 이화학연구소를 설립했다. 이화학연구소의 운영은 권위주의가 강했던 당시 사회 분위기와는 달랐다. 충분한 재정 지원은 물론, 자유로운 토론과 창의적 모험을 권장했다. 그래서 붙은 별명이 '과학자의 낙원'이었다. 이런 배경에서 동양 최초로 입자가속기를 만들어냈고, 원자폭탄 개발 경쟁에도 뛰어들었다. 그러다 제2차 세계대전에서 참패하면서 연구소도 해체 위기에 몰렸다. 그럼에도 수십 년 동안 축적한 과학 지식은 어디 가지 않았다. 일본은 패전 후 단 4년 만에 첫 노벨상을 받았다. 그렇게 과학의 힘을 재정비함으로써 강대국들을 다시 앞서기 시작했다.

한국은 훨씬 뒤늦게 추격전에 뛰어들었다. 그럴 수밖에 없던 것이, 1950~60년대 한국의 산업 기반은 아예 없다시피 했다. 무엇보다 밤에 불을 켤 전기조차 부족했다. 이 상황에서 정부는 과학기술 기반 수출주도 공업화라는 무모해 보이는 방향을 잡았다. 그리고 미국의 도움을 얻어 한국원자력연구소와 한국과학기술연구소KIST를 연달아 만들었다. 원자력연구소는 산업화에 필요한 인프라를 깔았고, KIST는 해외에 나가 있던 한국인 과학자들을 데려왔다. 특히 KIST에 쏟아진 정부의 지원과 혜택은 상상을 초월하는 것이었다. 풍부한 예산과 넉넉한 부지의 제공은 물론, 대통령보다도 많은 급여를 지급하며 연구원들을 우대했다. 그렇게 모인 인재들은 기계, 전자, 화학, 철강 등 거의 모든 분야에서 연구했고, 개발된 기술은 고스란히 기업들로 넘어갔다. 그렇게 불과 10년도 안 되어 산업발전의 기틀이 만들어졌다. 맨손으로 시작한 농업국가가 연구소 하나로 산업화의 꽃을 피운 셈이다.

서구 세계에서도 추격전은 전개되었다. 미국은 1930년대에 노벨상급 석학을 모으고자 독특한 연구소를 세웠다. 외딴 시골 프린스턴에 자리 잡은 고등연구소에는 학생도 강의도 없었다. 말 그대로 순수 연구의 이상향이었다. 이 철학에 이끌려 아인슈타인, 폰 노이만 등 유럽의 천재들이 건너왔다. 이렇게 '천재 클럽'을 만들어 세계의 두뇌를 흡수한 미국은 이론과학에서도 선두로 올라섰다. 한편 제2차 세계대전에 패전한 독일도 가만있지 않았다. 과거 카이저빌헬름협회를 막스플랑크협회로 재편하여 과학

부흥에 나섰다. 황제 대신 위대한 과학자의 이름을 내건 이 협회는 폐허 속에서도 높은 수준의 연구를 구현했다. 전국에 수십 개의 산하 연구소를 설치했고, 그 범위는 발전이 정체되었던 사회주의 동독까지 포괄했다. 유럽의 강대국으로 다시 올라선 독일의 성공에는, 이렇게 가장 기초에서 지식을 발견하고 사회와 나눈 연구소들이 있었다.

이렇듯 후발 국가들이 처한 상황은 달랐다. 그러나 목표는 다들 비슷했다. 앞서가는 나라를 흉내 내서 따라잡는 것. 자존심은 상했을지 몰라도 효과는 확실했다. 패전의 나락으로 떨어졌던 독일과 일본이 재기에 성공했고, 식민지배와 전쟁으로 폐허가 된 한국이 선진국으로 올라섰다. 그 반전의 드라마에 필요했던 것은 비전과 전략, 그리고 연구소였다.

서양을 추격하는 동양

1917년 일본 이화학연구소

1913년 6월 도쿄 츠키지의 한 레스토랑. 120여 명이나 되는 사람들이 모여 있었다. 사업가, 고위 관료, 지식인 등 소위 오피니언 리더들이었다. 일본에서 가장 바쁜 이들이 모인 이유는 누군가의 강연을 듣기 위해서였다. 잠시 후 강연자가 나타나자 관객은 일제히 환호했다. 당시 세계적 명성을 떨치던 과학자이자 사업가, 다카미네 조키치高峰讓吉였다. 1854년생으로 메이지유신 직후 영국에서 유학했던 그의 이력은 화려했다. 유학 중 습득한 기술로 도쿄인조비료회사를 창업했고, 미국으로 가서 기존보다 훨씬 강력한 소화 효소인 디아스타제를 발견해 '다카디아스타제'라는 소화제를 출시했다. 또한 의료 현장에서 다양한 치료제로 쓰이는 아드레날린(에피네프린)도 세계 최초로 추출했다. 다카미네는 이러한 발견으로 다수의 특허를 냈고, 미국에서도 손꼽히는 대부호가 되었다. 요즘 말로 하면 성공한 연구개발형 벤처사업가였던 셈이다.

이날 강연에서 다카미네는 의외의 이야기를 꺼냈다. "국민과학연구소를 만들자."라는 것이다. 단기간의 수익 창출에 연연하지 않는, 장기적 관점의 순수 기초연구가 필요하다는 이유에서였다. 본래 다카미네는 도쿄제국대학 공대를 졸업하고 기술 창업으로 성공한 엔지니어였다. 그런데도 본인의 성공 경로와는 다른 순수 과학 연구가 필요하다고 제안했다. 다카미네처럼 유명한 석학이 이런 주장을 한 데에는 그만한 배경이 있었다. 그것은 일본의 근대화 전략이 직면한 딜레마와 연관되었다.

따라잡기의 딜레마

일본은 1868년 메이지유신으로 근대국가의 초석을 다졌다. 이때 채택한 기본전략이 '따라잡기catch-up'다. 즉 서양의 발전 경로를 그대로, 빠르게 따라가서 근대화를 이룬다는 기획이다. 그래서 서양이 그러했듯 부국강병이 최우선 정책이 되었다. 여기에는 서양에 파견한 유학생들, 선진 문물 수입에 앞장선 지식인들의 역할이 컸다. 이들이 배워오고 번역한 지식과 기술은 근대 일본의 정신적 근간이 되었다. 이렇게 서구 사상으로 무장한 1세대

10 서양을 추격하는 동양

지식인들이 도쿄제국대학(1877년), 교토제국대학(1897년), 도호쿠제국대학(1907년) 등 교육 및 연구기관의 교수직을 맡았다. 이들의 지도를 통해 근대화를 이끌 엘리트들이 대거 양성될 수 있었다.

따라잡기의 성과는 금방 나타났다. 반세기 만에 열강에 진입하여 제국주의 전쟁에 뛰어들었기 때문이다. 일본은 청일전쟁과 러일전쟁에서 연달아 이기고, 제1차 세계대전에서도 승전국이 되었다. 이것은 산업혁명이 성숙하는 과정이기도 했다. 군수산업을 바탕으로 생산기술이 비약적으로 발전하면서, 제철과 기계공업 등을 중심으로 산업구조가 고도화되었다. 이러한 산업발전은 기업에 의해서만 이루어진 것은 아니었다. 일본 정부는 전기시험소(1891년), 도쿄공업시험소(1900년), 철도원총재관방연구소(1913년) 등을 설립해서 중화학공업화를 지원했다. 기업들은 이곳들을 통해 제조기술의 정확성과 품질 경쟁력을 높일 수 있었다.

하지만 한계도 점점 드러났다. 서양을 배워서 부국강병을 이루기는 했는데, 요즘 말로 킬러 콘텐츠나 와해성 기술이라고 할 만한 것은 없었다. 게다가 다이쇼 시대 들어 민주주의가 발달하고 자유분방한 사회 사조가 형성되었다. 그래서 서양 베끼기에 급급했던 메이지 시대에 비해 창조적 지식에 대한 수요도 함께 늘었다. 이러한 사정은 산업계에서도 마찬가지였다. 서구의 단순 모방을 넘어서는, 일본만의 독창적 제품을 개발해야 한다는 요구가 강해졌다. 이는 제1차 세계대전으로 불황이 닥치면서 국가적 문제가 되었다. 1914년 유럽에서 전쟁이 벌어지자 일본은 영일동맹을 구실로 참전했다. 열강의 다툼을 틈타 동양에서 세를 넓혀 보려는 목적이었다. 그러자 영국과 교전 중이던 독일이 대일본 수출을 끊어버렸는데, 수입의존도가 높았던 화학공업이 큰 타격을 입었다. 그래서 이참에 생산기술을 국산화하자는 주장이 제기되고 있었다.

유럽과 미국에서도 새로운 개념의 연구소가 생겨나고 있었다. 이전까지의 연구소는 산업기술의 지원 목적이 강했다. 예컨대 독일의 제국물리기술연구소는 전기와 조명업체가 필요로 하는 정밀 측정과 기술 표준의 확립을 수행했다. 반면 새로 생기는 연구소는 물리학, 화학, 의학 등 과학의 기초 분야, 원천 지식에 집중한다는 특징이 있었다. 미국의 록펠러의학연구소(1901년)와 카네기연구소(1902년), 독일의 카이저빌헬름협회(1911년) 등이 그랬다. 여기에는 연구와 강의를 병행하는 대학만으로는 과학 발전에 한계가 있다는 인식도 작용했다. 그래서 과학자를 연구에만 전념시키는 연구소 설립 붐이 일어났다. 서양이 하는 일이라면 뭐든 따라해 보면서 근대화에 성공한 일본이 이런 유행을 놓칠 리 없었다. 일본에도 서양의 연구환경을 경험해 본 과학자는 많이 있었다. 이들을 중심으로 일본에도 기초과학 연구소가 필요하다는 여론이 제기되었다.

학계, 재계, 정계의 협력

다카미네의 국민과학연구소 제안도 이러한 흐름을 대변했다. 원천기술로 큰돈을 번 그는 미래 산업은 기계공업보다는 물리학과 화학의 새로운 지식이 좌우할 것이라고 예상했다. 당시 일본의 산업혁명은 성공적이었으나, 서양에 우위를 점할 고유의 지식은 부족했다. 다카미네는 새로운 연구소를 세워 이 문제를 해결해야 산업발전이 지속 가능하다고 보았다. 그의 주장이다.

"공업은 그 면목을 일신했지만, 그것은 모방에 지나지 않는다. 서구 선진국들이 수백 년간 고생하여 생각해 낸 성과를 그대로 수입한 것이다. (……) 이는 우리나라 공업 발달에서 가장 유감스러운 일이며, 우리 국민성이 모방적이라는 비난을 받는 이유다. 처음부터 끝까지 모방품이다. 그래서 비록 그 제품이 정교하더라도 도저히 그 스승에게는 미치지 못한다. 우리가 모방하는 동안 그들은 매우 빠르게 앞으로 나아가 멈추지 않는다. 따라서 모방하는 동안에는 항상 수동적임을 면할 수 없다."

이렇듯 다카미네의 연구소 설립 주장은 논리정연했다. 다만 대부분 세상사가 그러하듯, 논리만으로 일이 되지는 않는다. 사실 그보다 더 중요한 문제는 역시 돈이었다. 다카미네가 추정한 연구소 설립 자금은 1000~2000만 엔 정도였다. 당시에 이는 해군 전함 1척을 건조하는 비용과 비슷했다. 이에 다카미네는 "전함은 오래 쓰면 폐기 처분해야 하지만, 연구소는 시간이 지날수록 세계를 압도하는 결과가 나온다."라며 연구소의 중요성을 강조했다.

이러한 비전이 다카미네만의 것은 아니었다. 경제관료 출신으로 재계의 큰손이었던 시부사와 에이이치도 동참했다. 그는 도쿄증권거래소, 제일국립은행, 히토쓰바시대학, 제국호텔 등 500개가 넘는 기업 설립에 관여한 원로였다. 이런 경력으로 인해 오늘날 '일본 자본주의의 아버지'라고 불린다. 2024년 40년 만에 바뀐 1만 엔 지폐의 주인공이 된 이유이기도 하다. 다카미네와는 1886년 도쿄인조비료회사를 창업하며 인연을 맺었다. 1913년 다카미네의 귀국에 맞춰 강연을 주선한 것도 그였다. 다카미네는 연구소 설립 자금 조달에 시부사와의 힘을 빌리고자 했다. 제안을 받아들인 시부사와는 연구소 규정 및 예산 조사회를 만들어 구체적인 설립 계획을 논의했다. 다만 거액의 설립 자금은 역시 부담이었다. 그래서 시부사와는 이 계획을 국가사업으로 추진하고자 제국의회에 청원서를 제출했다.

결국 정부의 최고 실력자인 오쿠마 시게노부 총리까지 참여하게 되었다. 학계와 재계에서 시작된 연구소 설립 논의가 정계까지 확대된 셈이다. 오쿠마는 정치인 이전에 와세다대학을 설립한 교육행정가이기도 했다. 그래서 누구보다 계획의 취지를 잘 이해했고, 다카미네와 시부사와에게 큰 힘을 실어주었다. 그는 총리의 권한으로 주요 부처 장관, 학자, 기업가들을 모아 설립위원회를 구성했고, 이 조직이 연구소 설립의 제반 실무를 총괄하게 했다. 이로써 도쿄의 한 레스토랑에서 시작된 국민과학연구소 아이디어는 정부와 민간의 협력을 통해 이루어지게 되었다.

일본 최초의 국가 연구소

1917년 마침내 제국의회가 연구소 설립을 의결했다. 예산은 다카미네의 안보다 더 줄어든 800만 엔으로 정해졌다. 총예산의 절반을 정부가 부담하고, 나머지는 민간에서 조달하기로 했다. 미쓰이와 미쓰비시 같은 대기업들이 50만 엔이 넘는 기부금을 내놓았다. 여기에 매년 10만 엔의 황실 하사금까지 받기로 했다. 이런 운영 방식은 국민과학연구소가 모델로 삼았던, 독일의 카이저빌헬름협회와도 유사했다. 다만 예산 규모가 계획보다 줄자 연구 범위도 축소할 필요성이 생겼다. 그래서 다카미네를 비롯한 설립위원들은 원래의 국민과학연구소를 '국민화학연구소'로 바꾸는 방안을 고려했다. 기초과학 중에서도 화학은 산업과의 연관성이 크고, 설립위원도 대부분 화학자였기 때문에, 이 대안은 꽤 현실성이 있었다.

그런데 물리학자 나가오카 한타로가 합류하면서 변수가 생겼다. 그는 일본 최초의 물리학 박사인 야마카와 겐지로의 제자로서, 독일 유학 후 도쿄제국대학 교수직을 맡고 있었다. 특히 원자의 미시세계를 탐구하는 양자역학의 태동에 중요한 공헌을 했다.

당시 나가오카가 제안한 토성형 원자 모델은 최초의 현대적 원자 모델이라고 할 만한 이론이었다. 다만 역학적 불안정성이라는 결함 때문에 중도 폐기될 수밖에 없었다. 이후 어니스트 러더퍼드가 제안하고 닐스 보어가 발전시킨 태양계 원자 모델이 공식화되는데, 이것과 토성형 모델의 유사성이 밝혀지면서 나가오카의 기여가 재평가되었다. 그는 또한 유카와 히데키를 노벨물리학상에 추천하여 수상하게 할 정도로 학계에 영향력이 컸다. 이런 세계적 석학이 들어오기로 했으니 물리학부를 만들지 않을 수 없었다.

결국 연구소의 이름은 물리학과 화학을 포함하는 이화학연구소理化學硏究所로 결정되었다. 1대 소장은 근대 수학을 일본에 들여온 수학자이자, 도쿄제국대학 총장과 문부성 장관을 지낸 기쿠치 다이로쿠가 맡았다. 오늘날 이화학연구소는 주로 일본어 줄임말 리켄理硏으로 불리며, 일본의 기초연구를 진두지휘하는 국가 연구소의 위상을 갖고 있다. 물론 학계, 재계, 정계로부터 십시일반의 도움을 얻어 겨우 연구소를 만들었을 때만 해도 몰랐을 것이다. 훗날 이곳에서 일본의 첫 노벨상 수상자가 나올 것이고, 동양 최초로 주기율표의 새로운 원소를 발견할 것이며, 100년이 넘는 역사를 이어가게 될 것을. 그건 아직 먼 이야기였다.

과학의 자력갱생

1921년 일본 이화학연구소

흔히 연구소를 꿈의 조직이라고 한다. 누구도 상상 못 할 지식의 새 지평을 개척한다는 점에서 그렇다. 그래서 처음 만들 때의 이상은 매우 진취적이다. 이미 누구나 아는 걸 찾겠다며 만들어지는 연구소란 세상에 없다. "한 알의 모래에서 우주를 본다."라는 윌리엄 블레이크의 시구처럼, 모든 연구소는 현실 너머의 먼 미래를 전망한다. 물론 이러한 이상을 현실에서 구현하는 일은 쉽지 않다. 문을 여는 그 순간부터, 연구소는 온갖 악재와 변수와 불운과 직면해야 한다.

학계, 재계, 정계가 힘을 모아 만든 리켄도 그랬다. 이 연구소가 겪은 첫 번째 악재는 리더의 부재였다. 1917년 8월, 초대 소장 기쿠치 다이로쿠가 임기 시작 5개월 만에 사망했기 때문이다.

1855년생인 그는 도쿠가와 막부와 메이지 정부가 두 번에 걸쳐 영국 유학을 보낼 정도로 뛰어난 인재였다. 케임브리지대학의 첫 동양인 졸업생이 된 기쿠치는 귀국 후 도쿄제국대학 교수가 되었다. 그러면서 서양의 수학도 일본에 들어왔다. 일본 최초의 근대적 수학자인 셈이다. 공직 경력도 화려했다. 도쿄제국대학 총장, 문부성 장관, 제국학사원 원장을 두루 지냈다. 그러니 갓 출범한 리켄의 소장에 그만큼 어울리는 사람도 없었다. 뒤이어 도쿄 지하철을 설계한 토목공학자 후루이치 코이가 2대 소장이 되었다. 하지만 그 또한 지병으로 4년밖에 임기를 채우지 못했다. 이제 막 조직을 키우고 연구에 집중해야 할 리켄으로서는 불운한 일이었다.

인재난, 조직난, 재정난

두 번째 악재는 내부 불화였다. 리켄을 구성한 두 거대 조직, 물리학부와 화학부는 틈만 나면 기싸움을 벌였다. 당시 두 조직의 수장은 일본 과학을 대표하는 석학들이었다. 물리학부장 나가오카 한타로는 독창적인 원자 모델을 제창하여 양자역학 태동에 기여한 이론물리학자였다. 또 화학부장 이케다 기쿠나에는 '감칠맛'으로 알려진 우마미를 내는 글루탐산나트륨을 조미료로 제품화했다. 즉 물리학부가 순수 기초연구의 성격이 강했다면, 화학부는 일상생활과 밀접한 산업기술을 주로 개발했다. 이러한 연구 성격의 차이 때문인지, 두 부서는 주요 의사결정에 좀처럼 합의점을 찾지 못했다. 따라서 조직이 안정되지 못하고 자주 파행을 겪었다.

세 번째이자 가장 심각한 악재는 재정난이었다. 리켄은 초기 예산을 800만 엔으로 확정하고 출범했다. 그러나 실제 확보된 금액은 518만 7천 엔*에 불과했다. 이렇듯 계획에 미치지 못하는 예산으로 인해 초기 사업이 상당한 차질을 빚었다. 가장 큰 문제는 건축 비용의 부족이었다. 그래서 4년간 연구소 건물도 없이 지내야 했다. 그나마 리켄은 대학의 교수들이 연구원을 겸직해서, 근무 중인 대학에 임시로 연구실을 꾸릴 수 있었다. 1921년 우여곡절 끝에 화학 연구동이 지어졌다. 하지만 계속되는 재정난으로 물리 연구동은 그보다 4년을 더 기다려야 했다. 다만 물리학부장 나가오카는 "연구에서 중요한 건 연구자이지 시설이 아니"라며 별 신경을 쓰지 않기는 했다.

이렇게 악재가 겹치자 새로운 소장을 임명하기가 쉽지 않았다. 일본 최초의 물리학 박사이자 3개 제국대학(도쿄, 교토, 규슈)의 총장을 지낸, 원로 중의 원로 야마카와 겐지로도 고사했다. 그러다 의외의 인물이 소장직에 응했다. 도쿄제국대학 물리학 교수였던 오코치 마사토시大河內正敏다. 당시 42세의 젊은 과학자였던

---

* 세부적으로는 정부 보조금 200만 엔, 황실 하사금 100만 엔, 민간 기부금 218만 7천 엔으로 구성되었다.

그는 리켄을 맡으며 이렇게 선언했다. "과학 연구와 실용을 결합해 발전시키고, 산업의 기반을 구축하겠다." 1921년, 설립 4년 만에 세 번째로 맞는 소장이었다.

과감한 구조개혁

보통 개혁이 혁명보다 어렵다고 한다. 기존 체제를 완전히 바꾸는 것보다, 유지하면서 개선하는 일이 더 많은 내부의 저항을 받기 때문이다. 젊은 소장 오코치가 직면한 문제도 그러했다. 그는 연구소의 여러 악재를 해결하지 않는 한 미래가 없다고 보고, 구성원들의 반발을 무릅쓰고 구조개혁을 단행했다. 그것은 크게 두 가지 방향으로 나타났다.

첫째로 주임연구원 제도를 도입하였다. 이것은 물리학부와 화학부의 고질적인 갈등을 해소하려는 조치였다. 이에 두 거대 부서를 해체하여 14개의 주임연구원실로 쪼갰다. 주임연구원은 리켄이 수행하는 각 프로젝트의 책임자다. 이들 자체가 조직의 기본 단위가 되게 함으로써 유연성과 책임성을 높인 것이다. 즉 소장은 주임연구원에게 연구에 관한 모든 권한을 일임하고, 주임연구원은 자율과 책임에 따라 연구를 수행하는 체제다. 후일 리켄의 명성을 높이는 과학자들 — 니시나 요시오, 유카와 히데키, 도모나가 신이치로 — 이 모두 주임연구원 출신이다. 이는 장인에 대한 존중과 도제식 교육이 보편적인 일본의 문화와도 잘 부합했다. 주임연구원 제도는 100년이 지난 지금도 리켄의 근간으로서 유지되고 있다.

둘째로 기술을 적극적으로 상품화했다. 리켄은 설립 4년 만에 파산 위기에 몰릴 정도로 자금난이 심각했다. 하지만 정부에 추가 예산을 요청할 수도, 민간 부문에서 더 이상의 기부를 기대하기도 어려웠다. 이에 오코치는 자체 개발한 기술을 산업계에 팔아서 운영자금을 확보한다는 자구책을 마련했다. 다만 직접 제품을 제조 및 판매하는 행위는 법적인 문제가 될 수 있었다. 리켄은 사단법인으로서 공익을 위해 운영되었기 때문이다. 이에 오코치가 묘안을 냈다. 1927년 연구소와는 별도로 이화학흥업이라는 회사를 설립한 것이다. 이 회사는 리켄의 기술을 판매하는 창구 역할을 했다. 그러니까 요즘 말로 하면 기술지주회사다. 처음에는 낯선 시도로 여겨졌지만, 기술의 품질이 워낙 좋아 사업이 크게 번창했다. 그 수익은 고스란히 리켄의 운영비로 환원되었음은 물론이다.

최초로 성공한 기술은 에어컨 제습제 아드솔adsole이었다. 화학부장 이케다의 발명품으로, 다공성 점토로 만들어 건조 효과를 높이는 기능을 했다. 마침 20세기 초 발명된 에어컨이 보급되던 때라 아드솔의 인기도 좋았다. 아드솔은 보존 기술로도 수요가 높았는데, 특히 전쟁 기간 중 군수물자나 의약품의 방습 보관에 아주 유용했다. 오코치는 일찌감치 이 기술의 사업화 가능성을 알아보고, 1922년 도요가스실험소라는 회사를 설립했다. 이 회사는 리켄에서 스핀오프한 첫 번째 회사로 기록된다. 이 밖에도 많은 신기술이 쏟아져 나왔다. 알루미늄의 부식을 막는 표면 코팅 기술인 알루마이트, 자동차의 엔진 효율을 높이는 균일한 피스톤 링, 고품질 사진 인화지 등이 그 예다. 이중 사진 인화지 제조 회사는 1936년 리켄에서 스핀오프했는데, 이 기업이 오늘날 카메라, 복사기, 프린터 등 사무기기로 유명한 리코다. 리코 RICOH라는 이름도 '리켄 광학공업주식회사 Riken Optical Company'에서 유래한 것이다.

히트상품 비타민

리켄의 최대 히트상품은 무엇보다 비타민이라고 할 수 있다. 비타민은 인체에서 거의 생성되지 않지만, 물질대사와 건강 유지에 필수적인 영양소다. 이것은 상업적으로 큰 성공을 거두었음은 물론 의학에서도 중요한 발견이었다. 이 발견을 주도한 이가 스즈키 우메타로다. 그는 이론물리학자 나가오카 한타로, 재료공학자 혼다 고타로와 함께 '리켄의 세 타로 理硏の三太郎'라고 불릴 정도로 초창기 리켄을 대표한 과학자였다. 다만 물리학과 화학으로 양분된 리켄에서는 비주류였는데, 그의 전공이 농학이었기 때문이다.

본래 스즈키는 일본인이 서양인보다 체격이 작은 이유를 연구했다. 일본인의 왜소한 체격은 근대화가 지상과제였던 메이지 시대의 화두이기도 했다. 당시 지식인들은 일본과 서양의 발전 정도가 신체적 차이에서도 기인하며, 따라서 서양을 추격하려면 영양 개선을 통해 국민의 덩치를 키워야 한다고 생각했기 때문이다. 스즈키는 그 원인이 쌀 중심의 식문화에 있다고 보았다. 그래서 쌀을 활용한 여러 실험을 했는데, 이 과정에서 쌀겨에서 나온 추출물이 각기병의 치료 효과가 있음을 발견했다. 20세기 초 각기병은 아시아에서만 매년 수십만 명의 사망자를 내는 무서운 질환이었다. 스즈키는 이 추출물을 벼의 학명(오리자 사티바)을 따서 '오리자닌Oryzanin'이라고 명명하고, 각기병 치료 효과는 물론 이제껏 알려지지 않은 미지의 영양소라고 확신했다. 이것이 오늘날의 비타민 B1이다.

다만 스즈키의 발견은 널리 알려지지 않았다. 과학사에 기록된 비타민의 발견자는 네덜란드의 크리스티안 에이크만이다. 그런데 에이크만은 이론적 예측만 했을 뿐, 1910년 실제 추출에 성공한 건 스즈키다. 그럼에도 스즈키의 공로가 제대로 인정받지 못한 이유는 임상 실험 데이터가 부족했다는 데 있다. 일본 최고의 병원이 있던 도쿄제국대학 의학부가 스즈키의 임상 실험에 비협조적이어서였는데, 그 이유가 황당하다. 스즈키는 도쿄제국대학 농학부 출신이었기 때문이다. 당시 의학부 교수들은 각기병이 감염병이라고 했고, 그래서 (의사도 아닌) 스즈키의 연구는 엉터

리라고 비난했다. 노벨생리의학상 후보로도 스즈키의 라이벌인 영국의 프레데릭 홉킨스를 추천했다. 아마도 의학부는 차라리 일본이 노벨상을 못 받으면 못 받았지, 농학부가 의학부보다 먼저 받는 상황을 용납할 수 없었을 것이다. 이런 파벌 문제가 없었다면, 스즈키가 이미 1920년대에 일본의 첫 노벨상을 받았을지도 모를 일이다.

비타민 B1에 이어 비타민 A도 스즈키의 연구실에서 발견했다. 스즈키와 함께 연구한 다카하시 가쓰미가 대구의 간유에서 추출하는 데 성공했다. 이로써 현대 영양학이 크게 발전할 수 있었다. 오코치는 현대인의 영양 개선에 한 획을 그은 이 성과들도 재빨리 사업화했다. 그렇게 설립된 회사가 리켄 비타민이다. 이 회사는 오늘날에도 일본을 대표하는 식품 첨가물 제조사로 유명하다. 쌀을 화학적으로 활용한 스즈키의 연구는 비타민 외에도 다방면에 걸쳐 있었다. 대표적인 분야가 일본 전통주인 사케다. 1918년 일본에서는 주식인 쌀의 가격이 폭등해서 사회 문제로 비화했다. 이 일대 혼란 속에서 스즈키는 쌀 없이도 사케를 제조할 수 있는 합성법을 고안했다. 저렴한 알코올에 아미노산과 향료를 첨가해 전통적인 사케 맛을 내는, 서민들의 식생활에 혁명을 가져온 기술이었다.

발명의 공업화

이렇듯 리켄은 국민의 일상에 유용한 신기술을 앞세워 큰 성공을 거두었다. 이것은 오코치 소장이 핵심 연구사업으로 장려한 결과이기도 했다. 리켄으로부터 기술 사용권을 이전받은 기업들도 우후죽순으로 생겨났다. 이 기업집단을 '리켄 콘체른理研コンツェルン'이라고 했다. 그 1호 기업이 1927년 설립된 이화학흥업이다. 이후 리켄 콘체른 기업들은 식품, 의약품, 금속, 기계 등 다양한 업종에서 급증했다. 이들은 1939년 63개까지 늘어났고, 생산 공장만 전국 121개에 이르렀다. 즉 리켄을 중심으로 일종의 재벌 그룹이 형성된 셈이다. 덕분에 파산 위기에 몰렸던 리켄은 금전적으로 풍족해질 수 있었다. 전체 예산의 75퍼센트를 이 기술료 수입으로 충당할 정도였다.

리켄의 재벌화는 일본의 산업에도 지대한 영향을 미쳤다. 리켄이 급성장한 1930년대는 일본 중화학공업이 고도화하는 시기이기도 하다. 닛산, 모리, 닛치츠 등의 신흥재벌들이 바로 이 시절 등장했다. 리켄 콘체른 역시 지주회사를 중심으로 한 기업집단이라는 점에서 이들과 비슷했다. 그리고 일본이 군국주의로 경도되면서 군수산업이 중시되자, 중화학공업 기반의 이 재벌들도 일대 호황을 맞게 되었다.

오코치는 이러한 경영 기조를 '발명의 공업화'라고 했다. 즉 연구소만의 기술 개발을 넘어 국가의 산업에도 공헌한다는 의미다.

일례로 리켄의 주력 제품이었던 피스톤 링과 특수철강은 항공기와 탱크 등의 핵심 부품으로써 육군에 대량 납품되었다. 이렇게 군수산업을 매개로 한 리켄과 군의 협력은 제2차 세계대전 참전과 함께 돌이킬 수 없는 상황을 맞게 되었다. 리켄은 일본 전시 경제의 브레인이 되었고, 결국 원자폭탄 개발 임무까지 맡게 되었기 때문이다. 따라서 1945년 일본의 패전은 리켄에도 심각한 타격이 되었다. 미군은 리켄 콘체른을 전시 군수산업의 핵심 재벌로 간주하여, 다른 기업들과 함께 해체하도록 명령했다. 리켄 역시 폐쇄되었음은 물론이다.

다만 그러면서도 미국은 리켄을 높이 평가한 듯하다. 제2차 세계대전 이후 연합국 점령기 일본 과학기술을 연구한 보웬 디즈는 리켄에 대해 이렇게 평했다. "미국의 비슷한 연구소들이 더 오래 존재했지만, 제2차 세계대전이 끝나기 전까지 약 30년 동안 리켄이 이룬 성과에 비견할만한 곳은 단 하나도 없다." 실제로 20세기 초반 많은 국가가 연구소를 설립했지만, 리켄처럼 자체 수익 모델을 갖고 있던 곳은 거의 없었다. 이러한 전통은 전쟁 후에도 지속되어 일본의 고도성장을 뒷받침한 원동력이 되었다. 오늘날에도 일본의 과학 연구는 연구소와 기업 간의 긴밀한 연계, 즉 '산업화된 과학'에 기반을 두고 있다. 기업 연구소 출신 노벨상 수상자가 다른 나라보다 유독 많은 이유이기도 하다.

12 새로운 기회의 땅

1933년 미국 프린스턴 고등연구소

1940년 10월, 미국 뉴저지주의 한 법정. 알베르트 아인슈타인은 엄숙한 표정으로 손을 들어 선서했다. 1932년 나치를 피해 독일을 떠난 그가 미국 시민권을 얻는 순간이었다. 노벨상 수상자이자 20세기 과학의 상징이었던 그는 미국 이민법상 특수 자격자로서 입국할 수 있었다. 요즘으로 치면 극소수만 받을 수 있다는 '특별한 재능을 가진 외국인용 비자(EB-1A)*'를 얻은 셈이다. 다만 그런 아인슈타인도 시민권 취득은 쉽지 않았다. 공산주의자

---

* 미국 이민국이 운영하는 이민 비자 프로그램 중 하나로, 탁월한 능력을 가진 외국인을 위한 제도다. 과학, 예술, 교육, 사업, 체육 등에서 국제적으로 인정받는 성취를 입증해야 하며, 승인율이 전체 이민자의 1% 이하에 불과할 만큼 까다롭다. 아인슈타인도 1933년 미국으로 망명할 당시 학문적 업적을 인정받아 비자 발급을 받았다. 이러한 그의 사례가 모티브가 되어 오늘날 EB-1A는 '아인슈타인 비자'라는 별칭으로 불린다.

라는 의심이 늘 따라다녔기 때문이다. 실제로 존 에드거 후버 FBI 국장은 아인슈타인을 몇 년 동안 감시·도청하며 1400페이지가 넘는 파일을 작성했다. 이러한 정치적 긴장 속에서 아인슈타인은 여러 해의 까다로운 심사를 거쳐 미국 시민이 되었다.

아인슈타인이 독일을 떠나자 당연하게도 많은 대학이 교수직을 제안했다. 강의든 연구든 안 해도 좋으니, 적만 두고 학교의 권위를 높여달라고 한 곳도 있었다. 하지만 아인슈타인의 선택은 이제 막 문을 연 미국의 프린스턴 고등연구소였다. 이 연구소가 내세운 '무한한 학문의 자유'라는 철학에 매료되었기 때문이다. 그곳에서는 연구 말고는 해야 할 것들이 없었다. 교수의 의무인 강의, 논문지도, 행정업무 등은 죄다 면제되었다. 그저 호기심이 생기고 탐구하고 싶은 주제가 있다면, 그걸 연구하는 것만으로 월급을 받았다. 그래서 아인슈타인은 미국에 온 직후인 1933년 10월, 프린스턴 고등연구소의 첫 번째 종신교수로 이직했다. 이 소식을 접한 프랑스 물리학자 폴 랑주뱅은 이렇게 평했다. "바티칸 궁이 로마에서 신세계로 옮겨온 것과 다름없다. 물리학의 교황이 미국으로 온 것이다. 이제 자연과학의 중심은 미국이 될 것이다."

기부의 전통이 만든 연구소

초창기 미국의 과학 발전은 주로 기부를 통해 이루어졌다. 당시 미국인들은 세금으로 과학 연구를 지원한다는 인식이 희박했고, 개인 비용 또는 자선사업으로 하는 것이 상식으로 받아들여졌다. 실제로 많은 연구기관이 부호들의 기부금으로 만들어졌다. 석유왕 존 D. 록펠러는 1890년 시카고대학(3500만 달러)과 1901년 록펠러의학연구소(6100만 달러)에 거액을 댔고, 철강왕 앤드루 카네기도 1902년 카네기연구소에 1000만 달러를 투자했다. 이것은 19세기부터 국가가 과학을 육성하는 체제를 확립한 독일, 프랑스와는 대조적이었다.

프린스턴 고등연구소도 이러한 기부 문화의 산물이었다. 1929년 뉴저지주 뉴어크의 사업가 남매, 루이스 뱀버거와 캐롤라인 뱀버거 펄드는 대공황 직전 운영하던 백화점을 매각했다. 이 기막힌 타이밍은 본인은 물론 미국 과학에 큰 행운이 되었다. 이들이 막대한 수익을 사회에 환원하려고 처음 떠올린 아이디어는 의과대학이었다. 유대인이었던 뱀버거 남매는 미국의 의과대학들이 유대인의 입학을 암묵적으로 제한한다고 생각했고, 인종 차별이 없는 학교를 만들고자 했다. 하지만 평생 사업만 해서 의과대학을 모른다는 점이 문제였다. 그래서 세상에서 의과대학을 가장 잘 아는 전문가를 찾아갔다. 그가 바로 에이브러햄 플렉스너였다.

플렉스너는 교육개혁가이자 사상가로서 전국적 유명인사였다. 1910년 카네기재단의 의뢰를 받아 미국과 캐나다의 155개 의과대학을 점검하고 작성한 《플렉스너 보고서 Flexner Report》가 결정적 계기였다. 엄격한 의사 선발과 과학적 연구방법의 도입을 강조한 이 보고서는 현대 의료 교육체계의 중요한 전환점으로 꼽힌다. 또한 모교인 존스홉킨스대학을 모델로 삼아 기숙학교를 운영해서 큰 성공을 거뒀다. 플렉스너는 이러한 성과들을 바탕으로 플렉스너주의로 불리는 교육철학을 확립했다. 그것은 "의무는 없고 기회만 준다."로 요약된다. 즉 인간의 창의성은 절대적으로 자유로운 환경에서 나온다는 지론이다. 플렉스너의 사상은 당시 고등교육환경에서 일대 혁신으로 받아들여졌으니, 뱀버거 남매의 자문역으로 적격이었다.

그런데 의외로 플렉스너는 의과대학 설립에 부정적이었다. 그도 유대인이었지만, 유대인 차별을 없애자는 뱀버거의 주장에 별로 공감하지 않았다. 대학의 학생 선발 기준은 우수성 외에 그 어떤 것도 될 수 없다고 보았기 때문이다. 무엇보다 뉴어크는 의과대학에 필수인 좋은 병원도, 연구환경도 부족하다는 것이 그의 판단이었다. 물론 그렇다고 3000만 달러의 기부금을 상의하러 온 고객을 돌려보낼 수는 없었다. 그래서 의과대학이 아닌 연구소 설립을 역제안했다. 플렉스너는 오랫동안 대학의 개혁을 이끌었지만, 대학만으로는 고급 지식의 생산에 한계가 있음을 깨달았다. 대학의 역할을 보완하고 또 넘어서는 연구 조직이 필요했다. 학생과 수업도 없고, 오직 연구자만 모인 학문 공동체. 이미 충분한 역량을 갖춘 인재들이 난제에 매진할 수 있는 자유로운 공간. 플렉스너는 그것을 '순수 연구의 성역'이라 불렀다.

플렉스너의 제안은 뱀버거 남매를 사로잡았다. 그들은 의과대학 계획을 접고 더 과감하고 새로운 형태의 조직, 고등학술 연구소 설립에 나섰다. 1930년 5월 두 사람은 5백만 달러를 기탁하여 뉴저지주에 비영리 독립기관 설립을 신청했다. 다만 연구소 입지에는 이견이 있었다. 뱀버거 남매는 사업 근거지였던 뉴어크를 원했지만, 플렉스너는 그곳에는 연구자를 유인할 요소가 부족하다고 판단했다. 실제로 뉴어크에는 대학과 도서관 대신 페인트와 니스 공장만 가득했다. 플렉스너는 새로운 후보지를 물색하다가 뉴저지주의 또 다른 도시인 프린스턴을 낙점했다. 프린스턴은 동부의 대도시이자 학문 중심지인 뉴욕, 필라델피아, 워싱턴 DC와 가까웠다. 그리고 세계 최고의 수학부를 갖춘 프린스턴대학도 있었다. 최고의 대학 옆에 최고의 연구소를 세운다는, 학문 세계의 가장 이상적인 목표였던 셈이다.

순수학문연구의 이상향

초대 소장을 맡은 플렉스너가 가장 중요하게 생각한 요소는 제도와 문화였다. 그에 따르면 연구소는 이러해야 했다. "작고 유연해야 하며, 조용하되 수도원처럼 고립되어서는 안 되고, 누구도 아이디어를 두려워하지 않는 공간." 이를 구현하려면 몇 가지 조건이 필요했다. 우선 연구자는 연구 이외의 모든 의무에서 면제되어야 한다. 또한 실용적 성과나 연구비에 얽매이지 않고, 자유롭게 지적 탐구에만 몰입해야 한다. 그래서 플렉스너는 설립 보고서에서 이렇게 강조했다. "이 연구소는 학위 수여 기관이 아니다. 교육이 아니라 연구를 위한 곳이다. 이미 충분한 수준의 학문을 이룬 이들이 그 이상을 향해 나아가는 장소다."

그런데 이것은 주류 학계의 흐름과는 배치되었다. 당시 미국의 대학은 실용적 지식, 대규모 강의, 산학협력에 집중했기 때문이다. 플렉스너는 이러한 경향이 오히려 학문의 본질에서 멀어지는, 지적 긴장의 상실이라며 우려했다. 그래서 역으로 갔다. 당장 산업에 응용할 지식보다는, 학문적 모험을 보호하고 장려하는 방향으로. 덕분에 프린스턴 고등연구소에서는 대학에서 상상하기 어려운 연구의 자유가 가능했다. 강의는 물론 논문 심사, 학사 운영, 시험 채점 등 잡다한 행정업무가 없었기 때문이다. 이렇게 확보된 시간은 온전히 연구에만 쓰였다. 연구소는 전일제로 운영되어서 외부 강의나 겸직은 제한되었다. 연구자들은 내부 연구에만 전념해야 했다. 물론 이러한 활동은 연구소에서 지급하는 충분한 연구비로 뒷받침되었다.

그 무렵 대학의 교수들은 정부, 재단, 기업 등에서 주는 연구비를 확보하기 위해 백방으로 노력하고 있었다. 그러려면 수시로 관계자들을 만나 자기 연구가 갖는 가치를 설명하고 또 설득해야 했다. 연구비는 한정되어 있는데 받으려는 교수들은 많았으니, 경쟁이 과열되었음은 물론이다. 프린스턴 고등연구소에서는 이런 일들이 필요 없었다. 플렉스너의 철학은 재정적 측면에서도 확고했다. 우수한 연구자들에게는 풍족한 급여와 금전적 자유를 보장했다. 그래야 연구에만 집중할 수 있다는 이유에서다. 첫 연봉 협상에서 3천 달러를 적어낸 아인슈타인에게, "그 정도로 생활이 되겠냐?"며 1만 달러를 지급한 일화는 특히 유명하다. 초기에는 뱀버거 남매의 자금으로 운영되었지만, 이후 록펠러재단, 카네기재단 등의 후원도 받게 되었다. 이런 탄탄한 재정 덕분에 안정적인 연구가 가능했다. 물론 과학에서 돈이 많다고 다 좋은 성과가 나오지는 않는다. 하지만 적어도 연구에 몰입할 수 있게 하는 필수 조건인 것은 확실하다.

프린스턴 고등연구소의 독특한 운영 방식은 단지 조직관리만을 의미하지 않았다. 그것은 "지식은 어떻게 진보하는가?"라는 철학적 질문과 연결되어 있었다. 플렉스너는 이에 대해 이렇게 답했다. "가장 위대한 발견들은 당장은 쓸모없어 보이는 호기심 기반의 탐구에서 나왔다. 연구자는 쓸모를 증명하려 하지 않아야 하며, 오히려 그 쓸모를 모르는 채로 탐구에 몰입해야 한다." 일례로 마이클 패러데이의 전자기학은 실용성과 무관한 순수 이론으로 시작되었지만, 후일 전화와 라디오를 발명했다. 그리고 고드프리 해럴드 하디의 정수론은 컴퓨터 암호기술의 기초가 되었다. 이렇듯 '쓸모없는 지식'이야말로 오랜 시간을 지나 가장 근본적인 쓸모를 발휘한다는 믿음이 프린스턴 고등연구소의 밑바탕에 깔려 있었다.

이러한 철학에 따라 제일 먼저 구성된 조직이 수학부였다.

1933년 오즈월드 베블런이 주도하여 수학과 이론물리학의 세계적 석학들을 초빙했다. 1935년에는 인문학부와 정치경제학부가, 제2차 세계대전이 끝난 뒤에는 자연과학부가 개설되었다. 이렇듯 연구분야는 늘었지만, 조직은 소규모로 유지되었다. 학생과 교육업무가 없어서 행정 인력이 많이 필요하지 않았기 때문이다. 교수진도 1940년대까지 10명도 되지 않았다. 프린스턴 고등연구소의 종신교수직은 세계 최고의 권위자만 가질 수 있는 직책으로 그 수가 엄격히 제한되었다. 여기에 전 세계에서 선발된 수십 명의 방문연구원도 있었다. 이들은 국적과 소속에 상관없이 학문적 역량에 의해서만 초청되었고, 머무는 동안 순수 연구에 몰두할 수 있는 환경을 보장받았다. 이렇게 모인 연구자들의 자율적 토론과 상호 교류를 중심으로 창의적 연구가 이루어졌다. 바로 옆의 프린스턴대학도 중요한 협력 파트너였다. 흔히 프린스턴 고등연구소가 프린스턴대학의 부설 연구기관이라는 오해가 있지만, 두 기관은 예나 지금이나 독립적으로 운영된다. 1939년 연구소 본관인 펄드홀이 완공될 때까지, 프린스턴대학 수학부에 몇 년간 세 들어 살았을 뿐이다.

요컨대 프린스턴 고등연구소는 새로운 형태의 지적 실험장이라고 할 만했다. 자선과 교육이 결합한 미국 과학의 전통에, 유럽식 학문 자유의 이상이 이식된, 독특한 공간이었다. 초창기 실험적으로 여겨졌던 이러한 시도는 오래지 않아 실질적인 성과로 이어지게 된다. 그 결정적 계기는 역시 물리학의 교황, 아인슈타인의 합류였다.

고독한 이론가, 아인슈타인

1930년대 프린스턴에는 약 5천 명이 살고 있었다. 뉴욕에는 7백만 명, 바로 옆 트렌턴도 12만 명이 살던 시절이었다. 그러니까 프린스턴은 소도시도 아닌 마을에 가까웠다. 이곳에 자리 잡은 프린스턴 고등연구소는 국가의 지원을 받지도 않았고, 이론연구 중심이라 시설 규모도 작았다. 그럼에도 학문의 자유라는 이상에 매료된 전 세계의 석학들이 연구하러 왔다. 그중에서도 알베르트 아인슈타인, 존 폰 노이만, 줄리우스 로버트 오펜하이머는 상징적이다. 세 사람은 유대인 과학자로서 나치 반대 운동의 최전선에 섰다는 공통점이 있다. 그래서 20세기 세계사와 과학사를 이 세 사람 없이 쓰는 일은 불가능하다. 그런 이들이 함께 있었다는 것만으로 프린스턴 고등연구소의 위상을 가늠할 수 있다.

1933년 합류한 아인슈타인은 당대의 슈퍼스타였다. 그의 미국행이 과학계는 물론 온 세계의 톱뉴스가 되었던 이유다. 다만 프린스턴에서는 주류 물리학계와는 대립각을 세우고 독자 노선을 걸었다. 그는 당시 물리학을 석권한 양자역학에 비판적이었기 때문이다. 1927년 제5차 솔베이 회의에서 닐스 보어를 위시한 코펜하겐 학파에 "신은 주사위 놀이를 하지 않는다."라고 일갈한 후, 아인슈타인에게 양자역학은 일종의 강박관념이 되었다. 맥스웰의 계승자이자 물리학에서 '자연법칙의 보편성' 계보의 정점이었던 아인슈타인은 양자역학의 비결정론적 함의를 끝내 받아들일 수 없었다.

이러한 문제의식은 1935년 연구소 동료인 보리스 포돌스키, 네이선 로젠과 발표한 논문에서 극명히 드러난다. 4페이지에 불과한 이 논문은 흔히 'EPR* 역설'이라고 불린다. EPR 역설은 양자역학의 이론적 결함을 논증하는 사고실험이었다. 물리학의 주류에 반기를 든 이 논문은 엄청난 반향을 일으켰고, 아인슈타인이 실수했다는 반론의 편지가 프린스턴으로 쇄도했다. 하지만 정확히 뭘 실수했는지 지적한 사람은 없었으니, 아인슈타인에게는 아무런 타격이 되지 않았다. 다만 양자 얽힘의 문제를 비판한 EPR 역설은 1960년대 벨의 부등식을 거쳐 오늘날 양자정보이론의 기초가 되는 결과를 낳게 된다. 즉 양자역학을 무너뜨리려 했지만 되려 그것의 현대화를 촉진한, 'EPR 역설의 역설'이 되어버린 셈이다.

이후 아인슈타인은 통일장 이론을 연구했다. 이름부터 웅장하기 짝이 없는 이 이론은 지금까지 인류가 알아낸 모든 자연의 힘을 하나의 수학적 틀로 통합하려는 시도였다. 아인슈타인은 우주를 구성하는 여러 힘이나 입자를 일관된 원리로 이해할 수 있음

---

* 이 논문의 세 공저자 — 아인슈타인Einstein, 포돌스키Podolsky, 로젠Rosen — 의 이름 첫 글자를 딴 약어다.

을 보이고 싶었다. 물론 그에 대한 증거는 부족했다. 동시대 학자들이 양자장 이론, 핵물리학, 입자이론 등으로 분화할 때도, 아인슈타인은 꿋꿋이 자신의 길을 걸었다. 그래서 동료들은 말년의 그를 "시대에 뒤떨어진 거인"이라고 혹평하기도 했다. 하지만 프린스턴 고등연구소는 학문적 자유의 원칙에 따라 어떠한 제약도 가하지 않았다. 비주류의 고독함을 감수하면서도 아인슈타인은 1955년 타계하는 순간까지 통일장 이론에 매진했다.

경계를 넘나든 천재, 폰 노이만

헝가리 출신의 존 폰 노이만은 프린스턴 고등연구소를 대표한 또 한 명의 천재였다. 1930년대 중반 연구소에 합류한 그는 수학, 물리학, 경제학, 컴퓨터과학을 아우르는 다학제 연구로 명성을 날렸다. 그러니까 서양 지성사의 시조로서 '학문의 왕'이라 불렸던 아리스토텔레스와도 비슷하다. 아리스토텔레스는 학문의 체계가 정립되지 않았던 고대의 인물이라지만, 지식의 전문화가 진전된 20세기에 한 명이 여러 학문을 소화하는 작업은 쉽지 않은 일이다. 이런 이유에서 영국의 저널리스트 노먼 맥레이는 폰 노이만을 '20세기의 아리스토텔레스'라고 불렀다.

폰 노이만의 천재적 면모를 한번 보자. 일단 수학에서는 집합론, 함수해석학, 연산자 대수 등에서 선구적 업적을 남겼다. 물리학에서는 맨해튼 계획에 참여하여 플루토늄 폭탄의 기폭장치인 폭축렌즈를 개발했다. 이론적 통찰도 뛰어나서 양자역학의 수학적 해석에도 기여했다. 특히 1932년에 발표한 《양자역학의 수학적 기초》는 에르빈 슈뢰딩거와 베르너 하이젠베르크라는 두 대가의 이론을 엄밀한 수학적 틀로 정식화한 획기적 저작이었다. 또 경제학에서는 오스카르 모르겐슈테른과 함께 게임이론의 창시자로 불린다. 1944년 발표한 《게임이론과 경제행동》은 냉전 시대의 전략이론에 도움을 주었음은 물론, 인공지능과 정보과학에도 큰 영향을 미쳤다. 이들이 창안한 게임이론은 현대경제학의 핵심 주제이며, 이걸로 노벨경제학상을 받은 사람만 8명에 달한다.

그러나 폰 노이만의 가장 혁신적인 업적은 컴퓨터과학의 창시였다. 제2차 세계대전 동안 그는 플루토늄 폭탄이라는 난제와 씨름하며 계산의 자동화 필요성을 절감했다. 그래서 프린스턴 고등연구소로 돌아와 프로그램 내장식 만능 컴퓨터 개발 프로젝트를 제안하게 된다. 그런데 이 제안은 연구소 교수회의 반발에 부딪혔다. 순수이론연구의 상아탑이었던 이 연구소에는 기계란 것을 찾아볼 수 없었기 때문이다. 연구에 쓰이는 장비(?)라고 해봐야 분필과 칠판이 고작이었다. 그나마 수학부 교수들은 컴퓨터 개발이 수학의 진보와 연관이 있음을 인정했지만, 인문학부 교수들의 반응은 싸늘했다. 결국 2대 소장 프랭크 에이델로트가 중재에 나섰고, 폰 노이만은 10만 달러의 연구비를 확보할 수 있었다. 다만 이 금액은 일부에 불과했다. 육군, 해군, 원자력위원회 등 여러 정부 기구가 앞다퉈 폰 노이만을 지원했기 때문이다. 교수들과 달리 이 프로젝트의 혁신성을 알아본 결과라고 할 수 있다. 그럼에도 폰 노이만은 교수들의 반발을 피해 펄드홀의 지하 공간을 활용해 컴퓨터를 조립해야 했다.

1952년 폰 노이만은 마침내 저장 프로그램 방식 컴퓨터를 완성했다. 이 컴퓨터는 이후 '폰 노이만 구조'라 불리는 현대 디지털 컴퓨터의 기본 설계를 제시하게 된다. 성능도 어마어마했는데, 수학과 물리학의 복잡한 계산은 물론, 기상 예측과 별의 구조 규명에도 이용되었다. 이름 그대로 만능이었던 셈이다. 다만 순수학문의 천국인 프린스턴에서 이 기계는 끝내 환영받지 못했다. 대부분의 수학 교수가 "그렇게까지 많은 계산을 할 필요가 없다."라며 외면했기 때문이다. 외부에서는 돈을 내고서라도 컴퓨터를 쓰겠다는 사람들이 있었지만, 교수들은 신성한 연구소에 그런 돈벌이를 허용할 수는 없었다. 결국 폰 노이만 사후에 이 컴퓨터는 철거되었고, 스미소니언연구소로 옮겨 가 일반인에게 전시되는 신세가 되었다.

폰 노이만은 동시대의 또 다른 천재였던 아인슈타인과 여러모로 비교된다. 아인슈타인이 물리학의 궁극을 탐구했다면, 폰 노이만은 여러 학문을 넘나들며 천재성을 발휘했다. 아인슈타인은 학문적 신념을 지키고자 비주류의 고독한 삶도 불사했지만, 폰 노이만은 파티를 즐기고 동료들과 어울리기 좋아하는 호인이었다. 하다못해 둘은 라이프 스타일도 달랐다. 아인슈타인이 자전거로 프린스턴을 유유자적 다녔다면, 폰 노이만은 명품 정장을 즐겨 입고 페라리의 스포츠카를 모으는 취미가 있었다.

자유로운 공동체의 리더, 오펜하이머

오펜하이머는 1945년 맨해튼 계획을 성공시키며 국민적 영웅으로 떠올랐다. 모든 미국인이 그를 알았고, 제2차 세계대전 승리를 이끈 천재로 존경받았다. 하지만 이러한 명성은 과학의 고위 관료로서 얻은 것이었다. 연구자로서의 정체성은 갈수록 희미해져 갔다. 실제로 그는 35개나 되는 정부 위원회의 위원이었지만, 1943년부터 1953년까지 별 영향력이 없는 논문 5편을 쓰는 데 그쳤다.

그런 오펜하이머에게 프린스턴은 새로운 기회의 땅이 되었다. 1947년 그는 3대 소장으로 임명되어 1966년까지 프린스턴 고등연구소를 이끌었다. 오펜하이머는 전쟁이라는 극한의 환경에서도 로스앨러모스연구소를 최고의 두뇌들이 자유롭게 협업하는 공동체로 만든 전력이 있었다. 이러한 과학 관리자의 리더십을 프린스턴으로 그대로 가지고 왔다. 오펜하이머는 프린스턴 고등연구소를 '지식인의 호텔'이라고 불렀다. 그러니까 연구자들이 잡다한 일은 다른 사람에게 맡기고, 학문 삼매경에만 몰입할 수 있는 공간이라는 의미일 것이다. 그는 소장으로서 이 비유를 그대로 실천했다. 이에 물리학자, 수학자, 인문학자들이 수평적으로 토론하고 공동연구하는 문화를 적극 장려했다.

오펜하이머가 재임한 19년 동안 프린스턴 고등연구소는 양자장론과 입자물리학의 세계적 중심지로 성장했다. 뛰어난 교수이기도 했던 그는 프리먼 다이슨, 양전닝, 리정다오 같은 신성들을 발굴하고 키워냈다. 그러자 유럽에서 프린스턴 고등연구소의 성공 모델을 수입하려는 움직임도 생겨났다. 플렉스너가 최초에 도입한 학문적 자유의 본산이 유럽이었음을 고려하면, 수십 년 만에 역수출이 이루어진 셈이다. 1958년 오펜하이머는 수학자 레옹 모차네를 도와 프랑스 고등과학연구소 설립에 참여했다. 프린스턴 고등연구소가 유럽의 과학자를 데려와 성장했다면, 이 연구소는 반대로 프랑스 과학자들이 미국으로 유출되는 것을 막으려 했다. 여기에 프린스턴 고등연구소로부터 배운 운영 방식이 큰 효과를 발휘했다.

오펜하이머는 매카시즘 광풍 속에서 명예에 큰 손상을 입었다. 1954년 미국 원자력위원회가 과거의 공산주의 이력을 문제 삼아 보안 인가를 박탈했기 때문이다. 그 결과 정부 관련 일은 두 번 다시 맡지 못하게 되었다. 다만 오펜하이머는 자신의 영예가 끝없이 추락하는 와중에도 연구소의 학문적 독립성은 지키고자 했다. 그래서 육군의 군사 프로젝트와는 거리를 두었고, 쿠르트 괴델처럼 매카시즘에 반발하는 예민한 연구원들을 보호했다. 이러한 노력 덕분에 프린스턴 고등연구소는 정치적 논란에 휘말리지 않고, 학문적 명성을 지켜나갈 수 있었다.

지적 망명지에서 세계 과학의 중심지로

프린스턴 고등연구소의 역사를 살펴보면 흥미로운 사실이 눈에 띈다. 그것은 연구소를 대표한 석학들이 대부분 유럽 출신의 유대인 과학자였다는 점이다. 실제로 초창기부터 프린스턴 고등연구소는 유럽의 전체주의를 피해 미국으로 이주한 지적 난민들의 안식처가 되어주었다. 여기에는 그럴 만한 이유가 있었다. 프린스턴 고등연구소의 설립 자체가 유대인과 무관하지 않았기 때문이다. 창립자 뱀버거 남매, 초대 소장 플렉스너가 모두 유대인이었다. 물론 같은 혈통이라는 단순한 이유에서 이런 일을 한 것은 아니다. 플렉스너는 유대인 이전에 인본주의자였고, 양심에 따라 피난에 나선 학자들의 망명을 돕고자 했다. 실제로 그는 수학부 주임 교수 베블런과 함께 '추방된 독일 학자를 위한 긴급위원회' 등의 활동에 깊이 개입했다.

그러다 보니 프린스턴 고등연구소는 유럽의 학문적 전통을 그대로 옮겨 놓은 공간이 되었다. 아인슈타인, 폰 노이만, 오펜하이머는 물론, 쿠르트 괴델, 헤르만 바일, 볼프강 파노프스키 등 수많은 유럽 출신 석학들이 프린스턴에 모여들었다. 이들 덕분에 프린스턴 고등연구소는 과거 유럽의 대학들이 그랬듯 자유로운 학문적 이상향의 모습을 갖추게 되었다. 플렉스너는 이를 다음과 같이 회고했다. "이것이야말로 문명이고 문화다. 구대륙에서 쫓겨난 위대한 사상가들이 신대륙에서 새출발하도록 허용하는 것이야말로, 미국이 가진 진정한 힘이다."

이로써 미국은 세계 지성의 새로운 중심지로 떠올랐다. 즉 프린스턴에 모인 학자들은 단순한 피난민이 아니라, 미국의 과학을 재설계한 주역이었다. 1930년대까지만 해도 미국은 유럽에 비해 이론과학 분야에서 한참 뒤처졌다고 평가되었다. 그러나 프린스턴 고등연구소를 비롯한 연구기관들의 등장은 이러한 상황을 뒤바꾸는 데 결정적 역할을 했다. 이는 단순한 물리적 이전이 아니라, 철학적 중심축의 변화였다. 학문 간 장벽을 허무는 문화, 과학자들의 자율성, 순수학문에 대한 적극적 투자 등은 모두 프린스턴 고등연구소로부터 촉발되었다고 해도 과언이 아니다. 과학기술 강국 미국은 그 결과로 출현할 수 있었다.

패전국에서 부활한 과학

1948년 독일 막스플랑크협회

　제2차 세계대전 패배로 독일의 국토는 물론 과학도 폐허가 되었다. 뛰어난 과학자들은 해외로 망명했거나 전범으로 체포되었다. 카이저빌헬름협회의 4대 회장 알베르트 푀글러는 체포 직전에 자살했다. 베를린을 비롯한 각 지역의 연구소 시설이 파괴되었다. 과학자들의 연구는 전면 금지되었다. 20세기 독일 과학의 황금기를 이끈 카이저빌헬름협회는 그렇게 파국을 맞았다. 협회의 최종 운명은 독일을 점령한 연합국의 손에 쥐어졌다.
　다만 연합국 사이에서도 의견 차이는 있었다. 미국은 강경하게 폐쇄를 주장했다. 원자폭탄까지 만들려 한 이 연구소를 그냥 둘 수는 없었다. 반면 영국의 입장은 달랐다. 비록 적국이었지만, 독일 과학의 잠재력과 전통만큼은 높이 샀기 때문이다. 그래서 카이저빌헬름협회를 군사 연구로부터 단절시키고, 기초과학 중심의 연구소로 재편하는 방안을 모색했다. 이를 주도한 인물이 영국군 과학담당관 버티 블라운트다. 평소 독일 과학에 대해 잘 알고 있던 블라운트는 카이저빌헬름협회 고위 인사들과의 관계도 긴밀했는데, 특히 사무총장 에른스트 텔쇼와 협회의 존속 방안에 공감대를 형성했다. 블라운트의 노력으로 영국은 카이저빌헬름협회 유지를 지지했고, 연합국 차원에서도 그렇게 결론이 났다.

결국 1945년 막스 플랑크가 임시 회장직을 맡았다. 사실 플랑크 외에는 이 일을 할 만한 사람도 없었다. 전임 회장 중 유일한 생존자였고, 원로 과학자로서 여전히 존경받았기 때문이다. 87세의 플랑크도 이것이 과학자로서 해야 할 마지막 임무임을 알았다. 그래서 후배들에게 편지를 써서 카이저빌헬름협회의 재건에 동참하자고 호소했다. 이미 많은 과학자가 독일을 떠났지만, 그래도 플랑크의 호소에 응답한 이들도 있었다. 오토 한, 막스 폰 라우에, 베르너 하이젠베르크, 아돌프 부테난트 등이 그렇게 다시 모였다. 이들은 모두 노벨상 수상자였지만 나치 집권기에 엇갈린 행보를 보였다. 한과 하이젠베르크는 나치의 비밀 핵개발 계획인 우란프로젝트에 참여했다. 부테난트는 나치당원이었지만 전쟁 부역의 이력은 모호했다. 반면 폰 라우에는 끝까지 나치에 반기를 들었다. 이러한 차이에도 불구하고 협회 재건에 대한 뜻은 같았다. 플랑크는 1946년까지 회장직을 수행하다가 오토 한에게 임무를 넘겼다. 지병인 관절질환이 심해진 그는 침대에서 쉬는 것조차 버거웠다. 그리고 다음 해인 1947년, 비로소 임무를 다했다는 듯 조용히 세상을 떠났다.

새로운 이름

1946년 신임 회장 한은 조직의 새 이름부터 정해야 했다. 연합국은 협회를 유지하는 대신 그 역할을 기초연구로만 제한하고 명칭 변경을 요구했다. 이제 협회는 '카이저 빌헬름'으로 상징되는 제국주의 역사를 청산하고, 인류의 평화와 복지를 위한 연구를 지향해야 할 터였다. 그러려면 우선 그에 맞는 이름을 갖춰야 했다. 한을 비롯한 과학자들은 거기에 '막스 플랑크'만큼 적절한 이름도 없다고 생각했다. 플랑크는 나치에 맞서 자율적 연구의 원칙과 과학자들을 지키고자 했다. 덕분에 카이저빌헬름협회는 분열을 모면하고 나치 이후의 미래를 기약할 수 있었다. 많은 후배가 노학자의 이러한 노력에 경의를 표했고, 막스 플랑크는 위대한 이론물리학자이자 과학행정가로서 역사에 이름을 남겼다. 새로운 협회는 바로 그 정신을 이어받고자 했다.

1948년 막스플랑크협회Max-Planck-Gesellschaft가 괴팅겐에서 출범했다. 카이저빌헬름협회의 마지막 회장이었던 오토 한이 그대로 첫 회장이 되었다. 처음에는 영국군 점령 지역에서만 활동할 수

13 패전국에서 부활한 과학

있었지만, 그 제한은 곧 폐지되었다. 남아 있던 카이저빌헬름협회 산하 연구소들은 1953년까지 막스플랑크협회로 편입되었다. 이와 함께 전쟁 포로로 붙잡혔던 직원들이 복귀하고, 서독의 경제가 부흥하면서 지원 예산도 늘었다. 그리고 무엇보다 과학자들의 리더십이 빠른 재건을 견인했다.

막스 폰 라우에는 플랑크의 제자이자 카이저빌헬름물리학연구소의 부소장이었다. 그런 그가 전쟁 후에는 카이저빌헬름물리화학·전기화학연구소장을 맡았다. 바로 프리츠 하버가 소장이었던, 독가스 개발에 앞장선 그 연구소다. 폰 라우에는 물리화학에 국한되었던 연구소에 여러 인재를 끌어들였고, 엑스선, 표면과학, 전자현미경 등으로 분야를 넓혀 나갔다. 1953년에는 막스플랑크협회에 가입하면서 이름을 프리츠하버연구소로 바꿨다. 이 연구소 이름은 지금도 그대로 쓰이고 있다. 80개가 넘는 막스플랑크협회 산하 연구소 중에 유일하게 분야가 아닌 과학자의 이름을 쓰는 연구소다. 폰 라우에는 비록 역사에 죄(독가스 개발)도 지었지만, 조국의 영광과 인류의 복지에 공헌했던 하버를 그렇게라도 기리고자 했다.

베르너 하이젠베르크의 복귀도 극적이었다. 우란프로젝트를 총괄한 그는 당연히 전범으로 의심받았다. 그런데 핵 개발을 막으려고 일부러 태업했다는 그의 주장이 연합국에 받아들여졌다. 그래서 아인슈타인이 소장으로 있었던 물리학연구소를 이끌게 되었다. 이 연구소도 본래 이론물리학이 주축이었으나, 하이젠베르크의 주도로 핵융합, 천문학으로 연구를 확장했다. 특히 천체물리학자 루트비히 비어만의 합류가 큰 힘이 되었다. 비어만은 태양의 강력한 자기장에 의해 대기층에서 이온 입자들이 플라즈마 형태로 고속 방출되는, 태양풍 현상을 예측했다. 비어만이 주축이 된 천체물리학 부서는 막스플랑크천체물리학연구소로 독립하게 된다. 또한 막스플랑크외계물리학연구소도 비슷한 과정을 거쳐 스핀오프했다. 1970년 하이젠베르크의 은퇴 이후 막스플랑크물리학연구소는 베르너하이젠베르크연구소라는 별명으로 불렸다.

핵물리, 생화학, 인문학으로의 확장

1954년 발터 보테의 노벨물리학상 수상은 상징적이었다. 카이저빌헬름의학연구소에서 방사선을 연구하던 물리학자 보테는 동시계수기를 발명했다. 이로써 1905년 아인슈타인이 제안한 광양자가설의 입증에 결정적 역할을 했다. 핵물리와 방사능은 현대물리학의 핵심 분야로 부상하고 있었다. 보테는 여기에 중요한 측정 방법을 제공한 공로를 인정받았다. 보테의 노벨상 수상이 계기가 되어 막스플랑크핵물리학연구소가 만들어졌다. 막스플랑크협회로서는 처음이자, 카이저빌헬름협회 시절부터 따져도 1932년 하이젠베르크 이후 22년 만의 노벨물리학상 수상이었다. 한때 세계 물리학의 중심지였던 독일은 과학자들의 이탈과 정치적 동원으로 침체를 겪었다. 보테의 수상은 그 암흑기가 끝나고 새로운 전성기가 시작됨을 알리는 신호탄과도 같았다. 카이저빌헬름협회의 주력 분야였던 물리학은 플랑크, 아인슈타인, 폰 라우에, 하이젠베르크로 이어져 온 이론물리학적 전통이 강했다. 이것이 막스플랑크협회 시대를 맞아 핵융합, 천체물리, 입자물리 등으로 확대되어 화려하게 꽃 피우게 되었다.

새로운 분야로의 확장은 물리학에서만 일어나지 않았다. 제2차 세계대전 이후 과학의 중요한 특징은 삶의 질 향상에 눈부신 진전이 있었다는 것이다. 전쟁 후 평화의 시대가 도래하면서, 인류의 관심은 건강과 복지 등의 의제로 옮겨갔고, 과학에서도 이를 반영하는 발견이 쏟아져 나왔다. 페니실린 등 항생제의 개발, DNA 구조 규명을 통한 생명현상의 이해가 대표적이다. 20세기 초반 과학을 상대성이론, 양자역학, 핵물리 등 물리학이 이끌어왔다면, 중반부터는 생명과학과 생화학 등이 그 주도권을 이어받았다.

막스플랑크협회에도 실용적 경향의 연구소들이 생겨났다. 1939년 노벨화학상 수상자 아돌프 부테난트가 이끈 생화학연구소가 대표적이다. 부테난트는 성호르몬의 권위자로, 남성 호르몬인 안드로스테론과 여성의 생식 주기에 중요한 역할을 하는 프로게스테론을 최초로 분리했다. 이 발견은 후일 피임약 개발로 이어진다. 이렇듯 여성의 사회적 진출과 여권 신장에 중요한 역할을 한 피임약도 기초연구의 산물이었다. 1964년에는 같은 연구소에서 막스플랑크협회의 첫 노벨생리의학상이 배출되었다. 페오도르 리넨은 콜레스테롤 및 지방산 대사의 메커니즘을 밝혀, 대사질환 연구의 기반 지식을 확립한 공로로 수상했다.

  막스플랑크협회는 과학만을 위한 연구소가 아니었다. 기초학문의 넓은 영역에서 인문학과 사회과학도 함께 연구했다. 유럽의 1960~70년대는 68운동으로 상징되는 반체제 학생운동이 휩쓴 '혁명의 시대'였다. 이것은 베트남 전쟁 반대, 페미니즘, 생태주의의 구호를 내세우며 급진적 양상을 띠었다. 철학적으로도 인간 이성의 도구화를 비판하고, 과학기술의 효율화 논리가 사회를 지배하는 것에 대한 반론이 제기되었다. 이러한 비판적 사회이론을 대표하는 철학자가 위르겐 하버마스다. 프랑크푸르트 대학 교수였던 그는 1971년 막스플랑크협회로 이직하여 과학기술세계·생활조건연구소의 소장이 되었다. 이름에서 알 수 있듯이 연구소는 사회과학과 철학, 과학기술사, 정책학의 융합 연구를 지향했다. 이에 후기자본주의의 위기, 청년세대의 저항과 도덕, 국가의 위기 대응 등 사회학적 주제들을 탐구했다. 이는 학문이 사회 개혁에 개입해야 한다는 68운동의 진보적 요구를 반영한 것이었다.

  하버마스는 학문에서만 진보주의를 지향하지 않았다. 연구소장으로서도 민주적 참여를 강조했으며, 과학자가 아닌 행정직원들의 의사결정 참여까지 보장하려 했다. 다만 이는 막스플랑크협회의 철학인 하르나크 원칙(과학자의 자율성 보장)을 흔드는 문제적 실험이었다. 그래서 협회 본부와 갈등을 빚게 되었다. 결국 하버마스는 정치색 논란, 논문 실적 부족, 내부 갈등 등의 이유로 1981년 소장직을 사임했고, 연구소도 해체되었다. 그럼에도 이 실험은 과학의 자기 성찰과 사회와의 관계 설정에 대한 독특한 시도로 조명되었다.

이 밖에도 교육, 복지, 환경 등 당시 서독 사회의 뜨거운 감자였던 이슈들도 연구주제로 흡수되었다. 1974년 베를린에 들어선 막스플랑크인간개발연구소가 대표적 사례다. 이 연구소의 복잡한 별 모양 건축 양식은 과학자의 요구와 구성원의 토론을 촉진하는 구조를 상징했다. 연구소의 주제인 '사회에 유용한 지식 습득의 조건'을 탐구하기 위한 개방적 인프라였던 셈이다. 이러한 경향은 과학이 기술 발전뿐 아니라, 공론 형성의 주체로 변화하는 중요한 전환점이었다.

황금시대를 이끈 두 리더

모든 조직이 그러하듯 막스플랑크협회의 부흥도 뛰어난 리더들이 주도했다. 막스플랑크협회로의 전환 후 연달아 회장을 맡은 오토 한과 아돌프 부테난트가 그 주역들이다. 두 회장은 막스플랑크협회 역사를 통틀어 가장 긴 임기를 지냈다. 이 시대는 전후 복구, 경제성장, 사회운동 등 현대사의 굵직한 사건들로 점철되었다. 한과 부테난트는 세계에서 가장 뛰어난 과학자들의 리더로서, 시대의 변화에 부응하는 연구소의 역할을 정립하고 개혁을 단행했다.

한의 회장 재임기(1948~1960년)는 서독이 재건과 성장의 에너지로 넘치던 시기였다. 이른바 '라인강의 기적'으로 불린 경제 부흥이 이 시대를 관통했다. 제조업의 혁신과 미국의 지원이 결합하며 유례없는 호황이 도래했다. 막스플랑크협회는 이를 떠받친 과학 인프라로서 주요한 역할을 했다. 특히 재료, 화학, 생화학의 기초연구는 기술 혁신의 원천으로서 독일 기업의 국제 경쟁력을 크게 높여주었다. 물론 막스플랑크연구소가 직접적인 기술 개발을 한 것은 아니다. 그러나 독일 특유의 산학협력 시스템을 통해 응용 가능성이 높은 연구 결과를 기업으로 이전하는, '조용한 기초'의 역할을 했다. 이로써 서독은 단숨에 선진산업국가로서 위상을 높일 수 있었다.

1950년대의 성장 국면에서 서독 정부는 과학기술 투자를 더욱 확대했다. 막스플랑크협회도 정부 지원으로 새로운 연구소들을 설립하면서 조직의 규모를 크게 키웠다. 1955년 23개였던 연구소는 1970년대 초 60개를 넘어섰고, 예산도 4배 이상 늘었다. 1960년 본부가 뮌헨으로 이전했을 때 전체 직원은 3000명에 이르렀고, 그중 840명이 과학자였다. 이로써 막스플랑크협회는 전국적 규모의 '기초연구 빅텐트'가 되었다. 이러한 성장을 이끈 회장 오토 한의 이력도 흥미롭다. 그는 제2차 세계대전 중에 우란프로젝트에 참여한 이력 때문에 전쟁 직후 연합국의 강도 높은 조사를 받아야 했다. 그러나 막스 플랑크의 추천으로 연구 현장에 복귀할 수 있었고, 이후 유능한 과학행정가로 변신했다. 1960년 81세로 회장 임기를 마칠 때는 명예 회장에 추대됨으로써 영예롭게 은퇴했다.

부테난트는 회장으로 재임(1961~1972년)하는 동안 68운동이 낳은 진보적 경향에 호응했다. 학생운동의 여파로 연구 현장에서도 자율성과 참여에 관심이 커졌고, 젊은 과학자들도 발언권 확대를 요구했기 때문이다. 1972년 협회 본부는 정관 개정을 통해 이러한 요구를 일부 수용하였다. 그 결과 연구소장의 권한이 분산되었고, 내부 의견 조정 기구가 만들어지는 등 조직의 민주화가 이루어졌다. 그리고 1969년 튀빙겐에 세워진 프리드리히미셔 연구소는 젊은 과학자를 위한 실험 공간을 제공했다. 오늘날 막스플랑크협회의 자랑인 젊은 과학자 육성 프로그램은 이때부터 보편화하기 시작했다. 덕분에 박사과정을 갓 마친 젊은이들이 독립적인 연구를 펼칠 수 있게 되었다. 설립 초기 하르나크가 세웠던 연구자 자율의 원칙이 더욱 굳건한 토대를 얻은 셈이다.

한때 해체 위기에 몰렸던 막스플랑크협회는 이렇듯 반전의 주인공이 되었다. 원래는 제국주의와 파시즘의 유산으로서 역사의 뒤안길로 사라져야 할 운명이었다. 그러나 냉전이라는 세계사적 전환으로 인해 새로운 황금시대를 맞았다. 소련과 공산주의로부터 서유럽을 방어하려는 미국의 전략 덕분에, 패전국 독일이 부활했기 때문이다. 여기에 독일의 유구한 지적 전통에 대한 영국 과학자들의 존중도 한몫했다. 이렇듯 전쟁 이후에 전개된 세계의 상황은 대부분 독일에 유리했다. 물론 그렇다고 해서 모든 결과를 우연과 행운으로 돌릴 수는 없다. 외부 변화를 조직 재건에 적절하게 이용한 막스플랑크협회 리더들의 통찰도 중요하게 기여했기 때문이다. 인텔의 CEO를 지낸 앤드루 그로브는 1996년에 펴낸 《오직 편집광만이 살아남는다》에서 환경 변화에 기민하게 반응해 조직 내부를 신속히 혁신하는 능력이 기업의 생존 조건이라고 했다. 현대 기업경영의 바이블로 통하는 이 책의 가르침은, 어쩌면 수십 년 전 독일 과학에 그 연원이 있을지도 모른다.

축적의 시간
78년

1949년 일본 이화학연구소

1949년 11월, 온 일본이 흥분에 휩싸였다. 일본 최초의 노벨 물리학상 수상 소식이 전해졌기 때문이다. 수상자는 교토대학 교수이자 리켄 주임연구원인 유카와 히데키湯川秀樹. 14년 전 오사카제국대학 강사 시절에 발표한 중간자 이론이 수상의 근거였다.

중간자는 당시 물리학의 최대 수수께끼 중 하나를 푼 결과였다. 더 이상 쪼개지지 않을 줄 알았던 원자핵 안에 양성자와 중성자가 있음이 알려지자, 원자핵을 유지하는 힘에 대한 의문이 생겼다. 같은 양전하를 띠는 양성자들은 서로 밀어내는 전기적 반발력이 작용한다. 따라서 어떻게 반발력을 극복하면서 원자핵이 안정적으로 존재하는지 설명이 필요했다. 이에 유카와는 "양성자와 중성자 사이에 작용하는 새로운 힘이 존재하며, 이는 특정 입자의 교환에 의해 매개된다."라는 해답을 내놓았다. 그는 이 입자를 중간자라 했고, 불확정성 원리에 따라 그 질량이 약 1억 전자볼트($100~\mathrm{MeV}/c^2$)라고 예측했다. 1949년의 노벨물리학상은 이러한 이론적 예측이 실제로 검증된 결과였다. 이는 자연계의 4가지 기본 힘 중 하나인 강력(강한 상호작용)의 원인을 설명한 것이기도 했다.

유카와의 노벨상은 아시아에서는 두 번째였다. 1930년 노벨물리학상을 받은 인도의 찬드라세카라 벵카타 라만이 첫 번째다. 그런데 라만은 영국령 인도제국 출신으로서 영국 과학계의 일원으로 분류된다. 반면 유카와는 일본에서 학·석·박사 학위를 받았고, 중간자 이론으로 유명해지기 전까지 해외 체류 경험도 없었다. 그랬기에 유카와는 미군정의 통치를 받던 일본의 자긍심과도 같았다. 패전 직후라서 사회는 혼란하고 사람들은 무력하던 시기였다. 이때 전해진 노벨상 수상 소식이 국민적 자존심을 다시 높여주었다. 1949년 12월 12일 자 《아사히신문》의 보도다. "패전 일본은 문명의 파괴자라 불렸으나, 유카와 박사의 노벨상 수상은 일본이 세계 문화를 위해 아름다운 첫발을 내디뎠음을 보여준다."

하지만 유카와의 수상을 기뻐할 수만은 없었던 사람도 있었다. 친구이자 연구소 동료인 도모나가 신이치로朝永振一郎다. 그는 내심 한 수 아래로 여겼던 유카와가 세계의 주목을 받자 깊이 좌절했다. 당시 그의 회고다. "정말 기쁘면서도, 내 안의 초라함을 느꼈다. 내가 걸어온 길은 과연 옳았을까?" 절치부심한 그는 이후 연구에 몰두했고, 양자전기역학에서 무한대 문제를 해결하는 재규격화 이론으로 1965년 일본인으로 두 번째 노벨물리학상을 받았다. 이때 공동 수상자가 저 유명한 리처드 파인먼이다. 파인먼은 선구적 이론을 제창한 도모나가에 경의를 표하면서, 그를 수상 명단의 가장 앞에 올리게 했다. 이로써 리켄은 노벨상 수상자이자 양자역학의 핵심 공로자 2명을 배출하게 됐다. 오랫동안 변방이었던 일본 과학이 세계의 중심으로 올라서는 순간이기도 했다.

모방에서 태동한 과학

유카와와 도모나가가 거둔 성공은 몇 세대에 걸친 노력의 산물이었다. 그 기원은 19세기 후반으로 거슬러 올라간다. 수백 년 동안 일본을 통치한 막부 체제를 무너뜨린 메이지 정부는 근대화 개혁을 최우선 과제로 내세웠다. 서양을 배우고 따라 하는 것은 곧 국가의 생존 전략이었고, 모방의 대상은 정치제도부터 산업, 학문, 심지어 식생활에 이르기까지 전방위적이었다. 서양 최고의 발명품인 과학도 예외일 수 없었다. 일본의 근대과학은 서양에 파견한 유학생들이 지식과 기술을 배워오면서 뿌리를 내릴 수 있었다.

야마카와 겐지로는 그 시초격 인물이다. 그는 아이즈번의 몰락한 사무라이 집안 출신이었다. 15세 때 메이지 신정부와 막부 세력 간 보신전쟁이 일어나자 군에 입대했지만, 결국 학문으로 선회하여 물리학을 공부하기로 했다. 여기에 영향을 미친 인물이 후쿠자와 유키치다. 본래 일본 과학의 뿌리는 네덜란드에서 들어온 난학이었고, 그것은 의학과 화학이 주를 이루었다. 하지만 후쿠자와는 물질의 이치를 해명해 삼라만상의 법칙성을 규명하는 물리학이야말로 서양 학문의 왕이라고 했다. "화학은 귀중하고 의학은 유용하다. 그러나 자연법칙 전체를 다루는 물리학은 이 모두를 아우르는 왕이다." 후쿠자와에 의하면 물리는 물질뿐만 아니라 사회에도 영향을 미친다. 물리의 세계에서는 신분의 상하와 무관하게 누구나 평등하기 때문이다.

후쿠자와에 감명받은 야마카와는 1871년 미국 유학을 떠났다. 막부 편에 가담하여 신정부와 싸웠던 그였던 만큼, 서양이 마냥 달갑지는 않았다. 그런데 생각이 바뀐 계기가 있었다. 그가 탄 배는 태평양에서 다른 배와 만나 일본으로 보낼 우편물을 교환했는데, 야마카와는 이 광경을 보고 서양 과학의 힘을 절감했다. 드넓은 바다 한가운데에서 배 두 척이 정해진 시간에 만난다는 사실이 충격적이었기 때문이다. 야마카와는 이를 통해 "서양 과학은 기계가 아니라, 시간과 약속을 통제하는 힘"이라는 깨달음을 얻었다.

예일대학에서 공부한 야마카와는 1875년 귀국해서 도쿄대학

조교수가 되었다. 그의 나이 21세의 일이다. 당시 조교수의 역할은 정교수를 보좌하는 것으로, 야마카와는 물리학 담당 교수였던 미국인 윌리엄 비더의 조수를 맡았다. 1879년에는 마침내 정교수가 되었다. 이는 서양인들에게 과학을 배웠던 일본인들이 비로소 인재를 키우게 되었음을 의미한다. 1888년 메이지 정부는 각 분야를 대표하는 석학 25명에게 박사학위를 수여했다. 물리학에서는 야마카와가 선발되었다. 야마카와는 일본 최초의 물리학 교수이자 물리학 박사인 셈이다.

야마카와의 제자 중에 가장 뛰어났던 이는 나가오카 한타로다. 그도 스승처럼 사무라이 집안 출신이었다. 메이지유신 이후 사무라이 계급은 해체되었으나, 많은 이들이 학문, 정치, 산업 등으로 눈을 돌렸다. 그래서 사무라이 출신들은 메이지 시대의 새로운 근대 지식인으로 거듭나게 된다. 야마카와는 물리학과 어학에 뛰어났으며, 자신과 비슷한 출신인 나가오카를 누구보다도 아꼈다. 그래서 서양에 유학을 보내서 통계역학의 창시자이자 원자의 존재를 예견한 루트비히 볼츠만을 사사하게 했다. 그 영향인지 나가오카도 원자를 연구했고, 이후 토성형 원자모델을 제안했다. 이는 양자역학 등장 이전의 과도기적 원자모형이었다. 현대 기준으로는 정확하지 않았지만, 일본인이 세계 학계에 독자적 이론을 낸 첫 사례라고 할 수 있다. 1896년 유럽에서 돌아온 나가오카는 곧바로 도쿄제국대학 교수가 되었고, 1917년에는 리켄의 초대 물리학부장으로 취임했다.

학문의 전통과 축적

　니시나 요시오는 야마카와와 나가오카를 잇는 3세대 물리학자다. 그리고 그의 대에 이르러 일본 물리학은 명실상부한 세계 수준에 올랐다. 니시나도 스승들이 그랬듯 서양에서 물리학을 공부했다. 그러나 세계의 석학들로부터 인정받았으며, 그들과 동등한 지위에서 연구했다는 차이가 있다.
　본래 니시나의 전공은 전기공학이었다. 도쿄제국대학 전기공학과를 졸업한 그는 대기업인 도시바로 취업이 내정되어 있었다. 하지만 독창적인 일을 원해서 취직을 포기했고, 리켄에 연구생으로 들어갔다. 그리고 모교 대학원의 물리학과에 진학해 나가오카 한타로의 제자가 되었다. 나가오카 역시 될성부른 떡잎인 니시나를 알아보아 서양에 유학을 보냈음은 물론이다.
　그 무렵 유학을 떠난 과학자들은 2년이면 대부분 돌아왔다. 일본 국립대학은 교수들의 해외 유학을 출장으로 인정해서 2년간 급여를 지급했기 때문이다. 국립대학보다 위상이 높았던 리켄도 마찬가지였다. 하지만 니시나는 스승 나가오카의 지원으로 유학을 계속했고, 8년 동안이나 유럽에 있었다. 이때 사사한 학자들이 20세기 물리학의 거장들인 어니스트 러더퍼드와 닐스 보어다. 보어를 중심으로 한 코펜하겐 학파는 아인슈타인과 논쟁하며 양자역학을 발전시켰는데, 니시나도 그 일원이었다. 보어의 연구소에서 그는 스웨덴의 오스카 클라인과 함께 클라인-니시나 공식을 만들었다. 이 공식은 지금도 전자기학과 양자역학 교과서에 실리고 있다. 이러한 우수성을 인정한 보어는 직접 여기저기 추천서를 써줄 정도로 니시나를 신임했다.

덕분에 41세의 나이로 리켄의 최연소 주임연구원이 되었다. 이후 1931년 교토제국대학의 양자역학 특별강의에서 대학원생이었던 유카와 히데키, 도모나가 신이치로와 처음 만났다. 강연을 맡은 니시나는 핵력을 설명하려는 유카와의 착상에 공감하며 조언을 아끼지 않았다. 이 만남을 계기로 그의 연구실에 훗날 일본의 노벨상 1, 2호가 되는 두 사람이 들어오게 되었다.

연구책임자로서 니시나는 유럽을 풍미했던 양자역학을 일본의 물리학도들도 배우기를 바랐다. 그래서 유럽에서 함께 연구했던 하이젠베르크, 디랙, 보어를 일본으로 초청했다. 세 사람은 양자역학 성립의 주역들로 노벨상을 받았다는 공통점이 있다. 그러니까 유카와와 도모나가는 굳이 해외로 나갈 필요가 없이, 도쿄의 강의실에 앉아 석학들이 펼치는 '저자 직강'을 들을 수 있었던 셈이다. 그래서 니시나의 제자들은 세계 물리학의 변방이라는 콤플렉스가 없었다. 이를 대변하는 니시나의 한 마디다. "학문은 인종이나 유전의 문제가 아니다. 단지 전통의 차이일 뿐이다."

니고연구의 실패

니시나의 시대에 일본 물리학이 서양과 동등한 수준이었음은 다른 측면에서도 드러난다. 원자폭탄의 독자 개발에 착수했다는 점에서 그렇다. 1939년 핵분열이 이론적으로 규명되면서 전 세계는 충격과 공포에 휩싸였다. 그러나 그 원리를 온전히 이해하고 현실화할 수 있는 학자들은 극소수에 불과했다. 니시나를 비롯한 일본의 물리학자들도 그중 일부였다. 원자폭탄의 재료로는 지구상 우라늄의 약 0.7퍼센트만을 차지하는 방사성 동위원소 우라늄-235나 플루토늄이 쓰인다. 이것들을 생성하려면 두 핵자가 높은 에너지로 충돌해야 하는데, 그래서 입자를 가속 및 충돌시키는 최첨단 장비인 사이클로트론이 필요했다. 1937년 니시나는 동양 최초의 사이클로트론을 개발했다. 직경 26인치 규모로서 1932년 로런스가 개량한 27인치 사이클로트론과 거의 같은 수준이었다. 이것이 1944년에는 60인치로 더욱 대형화되었다. 1930년대 후반의 이러한 학문적 진보 덕분에, 일본은 핵분열 발견 직후의 경쟁에 곧바로 뛰어들 수 있었다.

이러한 배경에서 니시나가 육군의 원자폭탄 개발 계획의 책임자로 낙점되었다. 세계적 핵물리학자이자 사이클로트론까지 직접 제작한 그만큼 이 일에 어울리는 사람도 없었다. 다만 제2차 세계대전에 대한 니시나의 개인적 전망은 비관적이었다. 오랫동안 서양에서 유학해서 미국을 잘 알았던 그는 "일본의 참전은 미친 짓"

1943년 완성된 리켄의 두 번째 사이클로트론
(仁科加速器科学研究センタ)

이라며 패배를 확신했다. 물론 그렇다고 해서 정부 방침을 거스를 수는 없었다. 니시나는 육군의 의뢰를 받아 100여 명의 연구원을 데리고 원자폭탄 개발에 착수했다. 즉 미국에 오펜하이머가, 독일에 하이젠베르크가 있었다면, 일본에는 니시나가 있었던 셈이다.

육군에서는 이 비밀 프로젝트를 '니고연구二号研究[*]'라고 불렀다. 니시나는 연구원들을 아홉 팀으로 나누어 리켄, 육군항공본부, 오사카제국대학에 배치했다. 처음부터 끝까지 난관의 연속이었다. 가장 큰 문제는 역시 폭탄의 재료인 우라늄-235를 충분히 분리하는 것이었다. 일본은 그만큼의 우라늄을 확보하지도 못했고, 거기서 0.7퍼센트에 불과한 우라늄-235를 농축하는 건 더욱 어려웠다. 이제 막 존재가 알려진 플루토늄의 생산 역시 쉽지 않았다. 니시나의 팀은 이론 검토 끝에 열 확산법을 사용해 우라늄-235를 분리한다는 계획을 세웠다. 물론 다른 방법들도 있었지만, 리켄 과학자들이 할 줄 아는 건 이것뿐이었다. 다만 이 방법만으로는 폭탄에 필요한 임계 규모의 우라늄-235에 턱없이 부족했다. 연구팀은 1945년 2월이 되어서야 겨우 극소량만 분리할 수 있었다.

그 사이 미국이 앞서나갔다. 미국은 1942년 맨해튼 계획에 착수해서 단 3년 만에 원자폭탄을 만들어냈다. 그 결과 우라늄-235와 플루토늄으로 만든 폭탄 2개가 히로시마와 나가사키에 떨어

---

[*] 일본어에서 '니ニ'는 숫자 2를 뜻하는데, 니시나 요시오仁科芳雄의 성 앞글자 '니仁'와도 발음이 같다. 그래서 이 암호는 '2호 연구'라는 뜻과 함께 니시나를 상징하는 중의적 의미를 담고 있다. 일본 육군에서는 무기 개발 계획을 'O호 연구'로 부르던 관례가 있었다.

져 인류 역사상 최악의 지옥도를 만들어냈다. 일본 군부는 그 강한 섬광을 보고 처음에는 마그네슘 폭탄이라고 생각했다. 설마 미국이 그렇게 빨리 원자폭탄을 만들었을 줄은 몰랐던 것이다. 그러나 현장 조사에서 강력한 방사선을 확인한 니시나가 원자폭탄임을 보고했다. 이것은 일본이 항복하는 결정적 계기가 되었다.

니고연구의 실패는 예견된 것이었다. 투입된 자원의 규모부터 맨해튼 계획과 비교가 되지 않았다. 니고연구의 수행 인력은 리켄 니시나 연구실의 100여 명이 전부였다. 반면 맨해튼 계획은 박사급 인력 4000여 명을 비롯해 총 10만여 명을 투입했으며, 20억 달러가 넘는 예산을 썼다. 이는 양뿐만 아니라 질적으로도 어마어마했다. 나치를 피해 건너온 유대인 과학자를 비롯해 노벨상 수상자만 20명 넘게 참여했기 때문이다. 이런 역대급 천재들이 미국 전역에 실험 시설을 짓고 물량을 쏟아부었으니, 일본이 당해낼 재간은 애초에 없었다. 일례로 우라늄-235의 분리·농축만 해도 그렇다. 일본은 열 확산법 한 가지만 시도했지만, 미국에서는 전자기 분리법, 기체 확산법까지 가능한 모든 수단이 동원되었다. 거기에 새로운 원소인 플루토늄까지 생산했으니, 일본으로서는 상상할 수도 없는 일이었다.

다만 니고연구의 실체는 아직도 불분명하다. 특히 논란이 되는 부분은 니시나를 비롯한 연구진이 폭탄 개발에 소극적이었거나, 의도적으로 지연시켰다는 의혹이다. 이 문제를 제기한 야마자키 마사카츠 도쿄공업대학 교수에 따르면, 니시나의 핵분열 연쇄반응 계산 결과는 폭탄 개발에 충분치 않았다. 야마자키는 이를 근거로 니시나가 니고연구를 연구소와 후학들을 보호하는 수단으로 이용했을 가능성을 지적한다. 즉 계산 오차는 폭탄 개발을 지연시키려는 고의적인 오류였다는 설명이다.

여기에는 그만한 근거가 있다. 니시나는 시종일관 일본의 참전에 부정적이었으며, 연구원들이 징병 검사에서 탈락하도록 은밀히 조치했다는 점에서 그렇다. 니시나의 지도로 열 확산 작업을 했던 다케우치 마사와 기고시 후니히코의 회고도 이와 일치한다. 이들에 의하면 처음부터 니시나를 비롯한 리켄 과학자들은 원자폭탄에 회의적이었으며, 핵심 인력인 유카와와 도모나가는 처음부터 연구에서 배제되었다.

물론 이러한 해석들이 전후 도의적 책임을 피하기 위한 자기 정당화일 가능성도 있다. 모든 국가에서 원자폭탄 개발 계획은 존재 자체가 기밀이다. 따라서 당사자의 증언만으로는 어떤 역할을 했는지 입증하기 어려울 수밖에 없다. 이 문제는 독일의 핵 개발에 대한 보어와 하이젠베르크의 엇갈린 증언에서도 마찬가지로 드러난다.

78년을 이어온 학맥

1949년 유카와 히데키의 노벨물리학상은 이러한 축적된 전통 위에서 가능했다. 그는 야마카와 겐지로, 나가오카 한타로, 니시나 요시오로 이어진 학맥을 계승한다. 그러니까 유카와의 노벨상은 단지 한 명의 성과가 아니었다. 야마카와의 유학에서 시작된 78년의 학맥과 전통의 결정체였다. 일본의 과학은 서양을 배우며 시작되었지만, 스승과 제자의 대를 잇는 전통을 쌓아나가면서, 독자적인 이론을 발전시켰다.

그러니 1900년대 생들인 유카와와 도모나가에게는 해외 유학이 필요 없었다. 이미 일본에 세계 수준의 연구환경이 만들어져 있었기 때문이다. 1921년 중학생이던 유카와는 일본을 방문한 알베르트 아인슈타인의 강의를 들을 수 있었다. 당시 아인슈타인은 43일 동안 일본에 머물렀고, 강의를 들은 사람만 1만 4000명에 달했다. TV도 라디오도 없던 시대에, 과학자를 꿈꾸던 변방의 소년 유카와에게 이 경험은 강렬할 수밖에 없었다. 대학생이 되어 리켄의 니시나 연구실에 들어간 유카와는 역시 일본을 찾은 하이젠베르크, 디랙, 보어 등과 토론하며 함께 연구했다. 중간자 이론도 바로 이런 과정을 거치며 구체화할 수 있었다. 유럽에서 온 학자들도 유카와와 토론하며 아이디어를 공유했을 것이다. 해외 경험이 없었던 유카와가 중간자 이론을 발표하자마자 세계의 주목을 받았던 이유가 여기에 있다.

도모나가 신이치로도 니시나 연구실에서 과학자로 성장했다. 니시나가 유럽에서 리켄으로 가져온 것은 지식만이 아니었다. 자유롭고 수평적인 토론 문화, 자율적인 연구환경도 함께 이식했다. 그 연원은 코펜하겐 이론물리연구소에 뿌리내린 이른바 '코펜하겐 정신'에 있다. 이곳의 소장 닐스 보어는 "과학의 발전은 연구자의 자율성을 통해 이루어진다."라는 신념을 갖고 있었다. 그래서 국적, 소속, 연령을 막론하고 활발한 토론이 이루어지도록 했고, 연구자가 무엇을 하던 간섭하지 않았다. 이러한 문화는 특히 젊은 과학자들의 도전정신을 자극하는 데 효과적이었다. 이론물리학자들은 젊을 때 재능을 꽃피우기 마련이다. 아인슈타인, 보어, 하이젠베르크, 디랙 등이 다들 그랬다. 그렇기에 젊을 때 하는 연구에서 권위나 명령에 종속되지 않고, 자유롭게 뜻을 펼칠 수 있는 환경이 중요하다. 도모나가는 1930년대의 리켄에서 그런 자유를 만끽할 수 있었다. 그의 회고다. "리켄 니시나 연구실은 일본 안에서도 이례적으로 자유롭고 자율적인 연구 환경이었다. 나는 그곳을 과학자의 낙원이라 부르고 싶다."

일본에서 태어나고 배운 유카와 도모나가는 유럽의 양자역학을 재해석해 독창적 지식을 개척했다. 그리고 조국에 첫 번째와 두 번째 노벨상을 안겼다. 두 선각자는 그대로 일본 과학도의 롤모델로 자리 잡았다. 국립대학에 진학해 박사과정을 밟고, 국내 연구소의 자유로운 분위기에서 경험을 쌓아서, 세계적 성과를 내는 것이 일본 과학자들의 기본 코스다. 현재까지도 일본인 노벨상 수상자들이 대부분 국내파인 이유이기도 하다.

머리에서 캐는 에너지

1959년 한국원자력연구소

도시가 한순간에 멈췄다. 전깃불이 꺼지고, 거리의 트램은 정지했으며, 공장의 기계도 먹통이 되었다. 1948년 5월 14일 정오의 일이다. 1시간 30분 전 "약정된 남한 송전 요금을 미군이 청산하지 않으므로, 대남 송전을 단전한다."라는 북한 전기총국장의 통보가 날아든 직후였다. 원인은 나흘 전 치러진 남한만의 단독 총선거. 남한이 선거를 통해 독자 정부를 수립하자, 이를 반대해 왔던 북한은 남쪽으로의 전력 공급을 중단해 버렸다. 그리고 남한은 순식간에 암흑천지로 떨어졌다. 사람들은 당황했고, 사회에는 혼란이 휘몰아쳤다. 이 사건은 역사에 '5.14 단전 사태'로 기록된다.

해방 후 남한의 전력 사정은 최악이었다. 일제강점기 발전 시설의 대부분이 북쪽에 있었던 탓이다. 남한의 자체 발전량은 전체의 40퍼센트인 3만 킬로와트 정도. 나머지 60퍼센트는 압록강과 두만강의 수력발전소에 의존하고 있었다. 북한과 소련군정은 이러한 우위를 잘 활용했다. 1947년 말부터 남한으로 보내는 전력을 줄여나갔고, 1948년 1월에는 송전 요금을 6배나 인상하기도 했다. 그걸로도 모자라 틈만 나면 "전기를 끊겠다."라며 협박했다. 남한과 미군정으로서는 울며 겨자 먹기로 물자와 돈을 쥐어주는 수밖에 없었다.

만성적 전기 기근

이 문제를 정치적으로 풀어보려는 시도도 있었다. 단전 한 달 전, 평양에서는 남북 요인들이 한자리에 모이는 남북연석회의가 열렸다. 많은 사람이 북한의 기만술이라고 경고했지만, 김구와 김규식 등은 분단만은 막아야 한다는 이유로 회담에 참석했다. 하지만 그것은 역시 함정이었다. 5.10 총선거가 국제사회의 지원 아래 성공적으로 치러지자, 북한은 전력 공급 중단이라는 보복에 나섰다. "김일성이 전기를 끊지 않겠다고 약속했다."라며 회담 성과를 자화자찬하던 김구는 망신을 당해야 했다.

남한의 전력 공급 능력은 절반 이하로 뚝 떨어졌다. 그러자 온 사회가 문명 이전의 생활로 후퇴해야 했다. 전깃불 대신 촛불로

어둠을 밝혀야 해서, 양초를 구하려는 사람들로 상점은 북새통을 이뤘다. 전기로 돌리던 수도 펌프가 멈춰서 제한급수 조치도 내려졌다. 병원 같은 필수 시설도 비상 발전기에 의존해야 했다. 전기 부족은 식생활에도 영향을 미쳤다. 남쪽의 염전에서 소금 생산이 중단되었기 때문이다.

다행히 이러한 대란을 진정시키는 긴급 처방이 시행되었다. 국제사회가 지원에 나선 것이다. 특히 미국은 거대한 발전 설비를 실은 선박들을 급파해서 임시 발전소 역할을 해주었다. 정비에 어려움을 겪던 당인리 화력발전소도 미국 기술자들의 도움으로 재가동되었다. 하지만 임시방편일 뿐이었다. 2년 뒤 발발한 한국전쟁은 전력 사정을 더욱 악화시켰다. 산업 기반 시설들은 물론, 가까스로 복구된 발전소들이 다시 폐허가 되었다. 전국 각지에서는 잦은 정전으로 인해 전력 배급제가 시행되었다. 이렇듯 해방 이후부터 이어진 만성적인 전기 기근을 해결하려면 특단의 대책이 필요했다. 그것은 전기 주권의 확립이라는 점에서 국가의 중대사였다.

원자력이라는 대안

1950년대 중반 이승만 정부가 마주한 과제가 이것이었다. 국가의 역량을 총동원해 화력과 수력발전소를 새로 지었지만, 급격한 산업화에 따른 전기 수요를 충당하기에는 역부족이었다. 정부로서는 그야말로 밑 빠진 독에 물을 채워 넣는 한계를 느꼈다. 그러자 이승만은 완전히 새로운 방향으로 눈을 돌리게 된다. 당시 최첨단 기술로 부상한 원자력이었다. 원자력은 제2차 세계대전을 끝내는 필살기로서 인류 앞에 모습을 드러냈다. 역사상 전무후무했던 그 가공할 파괴력은 충격과 공포를 주기에 충분했다. 하지만 전쟁 후에는 평화와 복지를 위한 도구로 대대적인 변신이 이루어졌다. 일례로 미국은 맨해튼 계획에 동원되었던 시설들을 민간 연구소로 전환하고, 원자력을 산업에 활용하는 연구를 확대했다.

　국제정세에 밝았던, 특히 미국의 동향에 늘 촉각을 곤두세웠던 이승만이 이 흐름을 놓칠 리 없었다. 1955년 7월 한국과 미국은 '원자력의 비군사적 이용에 관한 한미협정'을 조인했고, 이는 이듬해 2월 정식 발효되었다. 이로써 한국은 미국으로부터 원자력 기술 정보와 물자는 물론, 교육을 받을 기회까지 확보했다. 당시 미국은 드와이트 아이젠하워가 제창한 원자력의 평화적 이용 구상에 따라 우방국에 적극적인 기술 지원을 하고 있었다. 이는 원자력을 이용해 소련을 봉쇄하고 자본주의 진영을 결속한다는 복안이었다. 이승만은 역사상 미국을 가장 잘 이용한 지도자답게 그 의도를 꿰뚫어 보았다. 세계 최빈국이자 과학기술 불모지였던 한국으로서는 원자력의 독자 개발이 불가능했다. 그래서 외교를 통해 활로를 열고자 한 것이다.

여기에 미국 대통령 과학자문위원인 워커 시슬러가 결정적인 조언을 했다. 그는 디트로이트 에디슨 전력회사의 사장을 역임했고, 제2차 세계대전 직후 마셜 플랜의 일환으로 유럽 각국의 전력망 복구 사업을 총지휘한 경험이 있었다. 그래서인지 개발도상국 지원에도 남다른 관심을 보였다. 5.14 단전으로 암흑천지가 된 남한에 발전용 선박을 보낸 이도 바로 그였다. 1956년 7월 시슬러는 국제협력처 고문 자격으로 방한해서 이승만과 회동했다. 이때 한 말은 한국현대사를 바꾼 한 장면으로 기록될 만하다. "우라늄 1그램은 석탄 3톤과 맞먹는 에너지를 냅니다. 석탄은 땅에서 캐지만, 원자력은 사람의 머리에서 캐내지요. 천연자원이 부족한 한국에는 원자력처럼 사람의 머릿속에서 캐내는 에너지가 적합합니다. 지금부터 인재를 키우면 20년 후에는 원자력으로 전깃불을 밝히는 나라가 될 수 있을 겁니다." 만성적인 전력난으로 고민하는 이승만에게 원자력이라는 대안을 각인시킨, 직관적이면서도 명쾌한 설명이었다.

시슬러에 감명받은 이승만은 곧바로 원자력 개발에 착수했다. 한번 꽂히면 앞뒤 안 가리고 돌진하는 성미는 이번에도 여지없이 발휘되었다. 그는 원자력 개발에서 정부가 할 수 있는 모든 역할을 검토하고, 관련 제도의 도입과 인재 육성을 추진했다. 최소 20년이 걸릴 국책사업이 그렇게 시작되었다. 이미 80세가 넘은 고령의 지도자가 내린 결정이라고 믿기 어려운, 먼 미래를 내다본 장기 포석이었다.

아르곤국립연구소의 유학생들

시슬러가 조언했듯 원자력 개발에서 가장 중요한 요소는 인재였다. 원자력의 원리를 이해하고 다룰 줄 아는 과학자와 엔지니어가 있어야 했다. 그때만 해도 원자력은 미국과 소련 같은 강대국만 독점했던 고급 지식이었다. 그래서 이승만은 그해 체결된 한미원자력협정에 따라, 유학생을 선발해 미국의 아르곤국립연구소Argonne National Laboratory로 보냈다. 아르곤국립연구소의 원래 명칭은 시카고대학 야금연구소로, 10여 년 전 맨해튼 계획의 핵심 시설이었다. 바로 여기서 핵분열의 조절 장치인 원자로가 세계 최초로 완성되었다. 다만 방사능 위험으로 인해 1946년 국립연구소로 지정되면서 시카고 외곽 아르곤 숲으로 옮겨졌다. 아르곤국립연구소의 설립 목표는 군사용 원자력 기술의 민간 이전이었다. 1951년 개발한 EBR-I Experimental Breeder Reactor-I 실험로가 대표적인데, 이것으로 생산된 전기는 원자력에 의한 최초의 전기로 기록된다.

한국인 유학생들이 도착한 곳이 이 연구소의 국제원자력학교였다. 1955년 문을 연 이곳은 미국 우방국의 젊은 과학자들에게 원자력 기초과학, 원자로 설계, 방사선 관리 등을 교육했다. 즉 아르곤국립연구소는 단순한 연구기관이 아니라, 냉전 시대 미국 과학기술 외교의 실행 거점이었던 셈이다. 이곳에서 유학한 한국인은 대부분 서울대 등에서 수재로 꼽히던 엘리트였다. 대표적 인물이 훗날 원자력 연구의 대부로 불리는 윤세원이다. 서울대 물리학과를 졸업하고 교직 생활을 하던 그는 정부 선발시험을 거쳐 1956년 4월 김희규, 이창건 등과 함께 국제원자력학교 연수과정에 입교했다. 한국 역사상 1세대 원자력 유학생으로 꼽히는 이들은 귀국 후 원자력 정책의 중추를 맡게 된다.

한국 정부로서는 큰 비용을 들인 과감한 투자이기도 했다. 1956년 한국의 1인당 국민소득은 66달러에 불과했다. 그런데 아르곤국립연구소 국제원자력학교의 1인당 연수비용은 6000달러에 달했다. 한 사람을 가르치려면 국민 1인당 소득의 100배에 가까운 돈이 필요했던 셈이다. 정부 예산으로 감당하기 어려운 액수였지만, 미국 국제협력처의 원조 자금을 활용해 투자를 지속할 수 있었다. 당시는 재정이 궁핍해서 외화를 10달러만 써도 대통령 승인을 받아야 했던 때였다. 그러나 이 일만큼은 대통령이 직접 예산을 보장할 정도로 우선순위가 높았다. 덕분에 원자력 유학생 프로그램은 큰 성과를 거두었다. 4년 동안 150여 명이 미국에서 첨단 원자력 기술을 배우고 돌아왔다. 이로써 원자력 개발의 가장 큰 난제였던 인재 부족을 해결할 수 있었다.

국가가 추진한 원자력 사업

젊은 인재들이 속속 귀국하자, 정부도 본격적인 제도와 조직을 꾸렸다. 우선 1958년 3월 원자력법이 공포되었다. 이 법은 평화 목적의 원자력 연구개발과 진흥을 국가정책으로 명시한 획기적인 내용을 담고 있었다. 같은 해 10월에는 원자력원이 대통령 직속 기구로 출범했다. 이 조직은 곧 국가 원자력 사업의 컨트롤 타워였다. 이승만 대통령이 장관급 인사를 원장에 앉히고 전폭적으로 힘을 실어준 덕분에, 조직 구성과 예산 확보가 순조롭게 이루어졌다. 원자력원 산하에는 원자력위원회와 원자력연구소를 두어 전자는 정책과 규제를, 후자는 연구개발을 맡도록 했다.

사실 이러한 개편 이전에도 원자력 개발을 위한 조직이 가동되고 있었다. 원자력 같은 대형 사업을 추진하려면 부처 간 협업이 필수였다. 따라서 1956년부터 문교부, 재무부, 국방부, 상공부, 보건부 등 5개 부처 장관들이 정기적으로 모여 원자력 관련 중요 사안을 논의해왔다. 이 회의의 좌장은 문교부 장관 최규남이 맡았다. 그는 한국 최초의 물리학 박사로서 서울대 교수를 역임했는데, 당시로서는 드문 과학자 출신 관료였다. 최규남이 3년간 이끈 이 5부 장관회의 덕분에 원자력 사업의 기본틀이 마련될 수 있었다. 이는 그만큼 한국 정부 전체가 원자력 추진에 역량을 결집하고 있었음을 보여준다.

1959년 3월에는 마침내 한국원자력연구소(현재의 한국원자력연구원)가 출범했다. 서울대 공대가 공릉동의 캠퍼스 일부를 부지로 내놓았고, 미국 유학생들이 주축 멤버로 포진했다. 정부는 이들에게 최고 수준의 급여를 보장하는 등 파격적인 대우를 했

초창기 원자력 발전을 이끈 과학자들이 한데 모인
1959년 3월의 한국원자력연구소 개소식
(출처: 《한국원자력연구원 60년사 1959-2019》)

다. 또한 각 부처에서 유능한 관료들을 모아 연구를 지원하게 했다. 당시 정부 조직의 1급 공무원은 장·차관을 포함한 40여 명이었다. 이중 8명이 원자력원에 소속되었다. 이렇게 고위 공무원들이 몰려 있었으니, 필요한 예산과 자원을 국가로부터 쉽게 조달할 수 있었다.

원자력연구소의 첫 임무는 연구용 원자로의 확보였다. 이에 미국과 협의를 거쳐 비교적 설계가 단순하고 안전성이 검증된 트리가 마크TRIGA Mark-II 원자로를 도입하기로 했다. 곧바로 원자로 시설을 짓는 공사가 시작되었고, 1기 유학생으로서 가장 먼저 귀국한 윤세원이 현장을 진두지휘했다. 그리고 꼬박 3년 만인 1962년 3월 트리가 마크-II 원자로가 성공적으로 임계에 도달했다. 한국 역사상 처음으로 원자력에 의한 빛이 밝혀지는 순간이었다. 맨해튼 계획의 세계 최초 원자로 실험이 1942년의 일이다. 그러니까 과학기술 불모지 한국이 불과 20년 만에 노벨상 수상자들의 업적을 따라잡은 셈이다.

원자력 발전과 한강의 기적

1960년대 한국은 본격적인 산업화에 돌입했다. 비록 1960년 4.19혁명으로 이승만 정부는 붕괴했지만, 과학기술 기반의 산업화라는 기본 방향은 마련된 뒤였다. 이를 박정희 정부가 이어받아 경제개발 5개년 계획과 중화학공업화를 추진하게 된다. 그 결과 한국의 30년 먹거리가 된 철강, 석유화학, 자동차, 조선, 기계 산업이 태동할 수 있었다. 여기에는 필연적으로 전력 소비의 급증이 따라왔다. 거대한 제철소 용광로를 돌리고, 공장을 밤낮으로 가동하려면, 상상을 초월하는 막대한 전기가 필요했기 때문이다. 그러나 1970년대 초까지 전국의 발전 설비로는 그 폭증하는 수요를 감당하기 어려웠다. 이대로 가다가는 전기가 모자라 제철소와 공장이 멈추고, 경제개발계획도 심각한 차질을 빚을 것이 분명했다.

이때 이승만 정부에서 도입한 원자력이라는 대안이 성과를 내기 시작했다. 1960년대 중반 원자력연구소는 원자력 발전소 건설에 착수했고, 1978년 4월 고리 원자력발전소 1호기가 준공되었다. 전 세계에서 21번째로 이룬 성과였다. 시슬러의 예측대로 촛불에서 원자력으로 전깃불을 켜는 나라가 되기까지 20여 년이 걸렸다. 물론 고리 1호기의 원자로와 주요 부품은 미국 웨스팅하우스사에서 들여왔다. 그러나 이를 운영하는 인력은 대부분 한국인으로 채워졌다. 원자력연구소 출신 인재들은 한국원자력발전설계라는 기술 자회사까지 설립했고, 미국 벡텔사의 원전 설계에 참여하며 역량을 키웠다. 이로써 한국은 1990년대 이후 독자적인 원자력 기술을 개발하여 세계적 경쟁력을 갖추게 되었다.

원자력 발전의 등장으로 한국 경제는 일대 도약을 이루었다. 산업 현장에 값싸고 안정적인 전력 공급이 가능해지면서, 대규모 공장들이 최대한으로 돌아가게 되었다. 1980년대에는 고리 2·3·4호기와 월성 1호기까지 준공되었다. 덕분에 한국은 1970~80년대의 세계적인 에너지 파동 속에서도 상대적으로 저렴한 전기요금과 우수한 전력 품질을 유지할 수 있었다. 이는 수출 제조업의 경쟁력 강화로 이어져 '한강의 기적'으로 불린 성장의 토대가 되었다.

이렇게 한때 암흑 속에 허덕이던 나라는 밤에도 환하게 불을 밝히는 선진 산업국가로 환골탈태했다. 물론 이러한 성과를 이루기까지 많은 사람의 노력과 희생이 있었다. 하지만 그 근간에는 전기를 마음껏 쓸 수 있는 강력한 주권이 존재했음을 기억할 필요가 있다. 한국의 전기 주권 회복 노력은 5.14 단전 사태라는 국가적 위기 속에서 싹틀 수 있었다. 그것이 20여 년을 내다보는 장기 계획과 꾸준한 투자를 거쳐, 한강의 기적이라는 결실로 이어진 것이다.

나라를 먹여 살릴 기술

1966년 한국과학기술연구소

대통령의 기분은 유난히 좋아 보였다. 자리에 앉자마자 스웨터를 2000만 달러어치나 수출했다며 자랑을 늘어놓았다. 1965년 4월, 정부 산하 기관장들과의 회동이었다. 박정희 정부가 군사쿠데타로 집권한 지 3년이 다 되어가고 있었다. 그러니 대통령으로서는 그간의 성과를 대대적으로 홍보하고 싶었을 것이다. 쿠데타의 명분으로 내세운 구호가 바로 '조국근대화' 아니었던가. 외화라고는 벌어본 적 없었던 나라에서, 2000만 달러라는 숫자는 누가 봐도 어마어마했다. 정부가 전략적으로 키운 섬유산업이 급성장한 덕분이었다.

그런데 원자력연구소장 최형섭이 용감하게도 딴지를 걸었다. "그것 참 기특한 일입니다. 그러나 언제까지 그런 것만 하겠습니까? 일본은 이미 전자제품을 10억 달러어치나 수출하고 있습니다." 박정희는 언짢은 표정으로 최형섭에게 물었다. "그러면 우리가 뭘 팔 수 있어?" "일본처럼 기술이 들어간 제품을 만들어야 부가가치도 높아집니다. 이제 우리도 기술을 개발해야 합니다."

1965년의 한국은 가난한 농업 국가였다. 1인당 국민소득이 북한만도 못한 105달러에 불과했다. 1달러로 3일을 살아야 하는 고된 시절이었다. 수출 품목이라고 해봐야 원자재와 몇몇 경공업 제품이 고작이었다. 여성들의 머리카락으로 만든 가발이 세 번째로 많이 팔렸다. 그만큼 나라에 수출할 만한 것이 없었다. 최형섭은 이에 대해서도 "계집애들 머리카락 팔아 번 돈이 뭐 그리 자랑스럽나?"라고 일갈한 바 있었다. 나라가 발전하려면, 한계가 뚜렷한 경공업을 고부가가치 기술 산업으로 바꿔야 한다는 것이 그의 지론이었다.

그러려면 기술을 기업에 공급할 두뇌 집단, 즉 연구소가 필요했다. 일본의 경우 통상산업성(현재의 경제산업성) 산하의 공업기술원이 전국에 포진하여 기업의 연구개발을 지원했다. 덕분에 1960년대부터 기업마다 연구소 설립 붐이 일어났다. 자체 연구소를 운영한 히타치, 도시바, 미쓰비시 등은 서구권 기업과 비교해도 손색없는 기술력을 갖췄다. 세계 시장을 휩쓴 일본의 전자제품, 정밀기계, 철강, 소재 등은 이러한 기술 혁신으로 가능했다. 와세다대학에서 야금학을 전공한 최형섭은 연구소와 산업이 연계된 일본의 성공을 잘 알고 있었다. 하지만 국민 대다수가 농업에 종사하는, 기술도 기업도 모두 부족한 한국에서 이런 모델이 가능할까? 다른 조건은 다 차치하고, 기술 개발을 선도할 연구소를 만들기부터 쉽지 않아 보였다.

산업을 위한 연구소

한 달 뒤의 한미 정상회담에서 뜻밖의 기회가 생겼다. 린든 존슨 대통령이 베트남 전쟁에 파병한 한국에 감사의 선물을 약속한 것이다. 대통령 과학자문위원 도널드 호닉은 그 구체적 형태로 공과대학 설립을 제안했다. 하지만 박정희는 그보다는 공업기술연구소를 만들어 달라고 요청했다. 방미 직전 스웨터만 팔 거냐는 핀잔을 받으면서 연구소의 필요성을 절감했기 때문이다. 그리하여 발표된 양국 공동 성명서에는 당초에 없던 조항이 추가되었다. 공업기술 및 응용과학연구소 설치를 위한 과학 고문 파견. 물론 1965년에도 79개에 달하는 과학기술 연구소가 있었다. 다만 대부분이 기술 시험, 정부 지원, 품질 분석 등만 수행하는 소규모 기관이었다. 그해 국가 예산 848억 원 중 이 79개 연구소에 배정된 몫은 20억 원이 채 되지 않았다. 그러니 독자 연구개발 역량을 갖춘 대규모 연구소가 필요했다. 6년 전 설립한 원자력연구소가 있었지만, 그것은 원자력 발전이라는 인프라 확충에 특화되었다. 그 걸로 수출 기업들에 직접 도움을 주기는 어려웠다. 박정희 대통령이 공과대학 대신 연구소를 콕 집어 만들어 달라고 한 배경이다.

그 결과 1966년 2월, 최초의 과학기술 종합연구소인 한국과학기술연구소Korea Institute of Science and Technology, KIST가 출범했다. 원자력연구소장 최형섭이 자리를 옮겨 초대 소장을 맡았다. 이름에서 보듯 KIST는 '과학'을 첫 번째로 내세웠다. 그러나 우주와 자연의 본질을 탐구하는, 순수 기초연구로서의 과학 — 이론물리학, 양자역학, 천문학, 입자물리학 등 — 과는 거리가 멀었다. 그보다는 이름의 두 번째에 들어간 '기술'이 정체성을 정확히 대변했다. 즉 KIST는 기업들이 필요로 하는 응용지식, 산업기술을 개발하기 위한 연구소였다. 이는 이제 막 전쟁의 피해를 복구하고 산업을 일으키려는 한국의 긴박한 상황을 반영한 것이었다. 당장 굶주림을 해결하고 수출을 늘려야 하는 처지에, 오랜 시간과 막대한 투자가 필요한 기초연구를 할 여유가 없었다.

이러한 특징은 KIST의 벤치마킹 모델에서도 드러난다. 원래 미국이 제안한 KIST의 모델은 벨연구소Bell Labs였다. 전화·전신 회사인 AT&T가 설립한 벨연구소는 자유로운 학풍으로 유명했다. 과학자들이 뭘 하든 그저 내버려 두었다. 덕분에 주력 분야인 통신 외에 기초연구도 발달했다. 우주배경복사를 발견하고, 트랜지스터를 개발한 성과가 대표적이다. 하지만 최형섭은 이런 시스템이 KIST에는 맞지 않는다고 보았다. 그래서 역제안한 모델이 바텔기념연구소Battelle Memorial Institute였다. 이곳의 가장 큰 특징은 산업계와 정부로부터 연구과제를 위탁받아 운영된다는 점이다.

CD, 복사기 토너, 연료전지 등 혁신적 산업기술이 그렇게 탄생할 수 있었다. 이를 본받아 KIST도 '한국판 바텔'을 목표로 삼았다. 1965년 9월부터 3개월간 바텔기념연구소의 전문가들이 방한하여 연구소의 규모, 연구분야, 경영체제 등을 설계했다.

결국 KIST도 계약 연구 위주로 운영하게 되었다. 정부나 기업이 연구개발을 의뢰하면, 이를 수행해서 그 대가로 예산을 확보하는 방식이다. 이에 대한 최형섭의 설명이다. "후진국 연구소가 실패하는 이유는 연구를 먼저 해놓고 나중에 쓸 곳을 찾기 때문이다. 연구 단계부터 기업이 돈을 대면, 다소 위험부담이 있어도 개발된 기술을 활용하려 할 것이다." 이런 이유에서 처음부터 기업과 연구소가 짝을 이뤄 계약하는 구조를 만들기로 한 것이다. 따라서 연구과제 선정에는 철저히 산업계 수요를 반영하도록 했다. 실제로 개원 직후 한국과 미국의 전문가들이 국내 산업계를 16개 분야로 나누고, 기업들이 비용을 댈 의사가 있는 기술을 분석했다. KIST는 이 결과에 따라 금속재료, 식품, 화학 및 화학공학, 전자공학, 기계공업을 5대 연구분야로 선정했다. 이 분야는 그대로 1970~80년대 수출산업의 핵심 기반이 된다.

노벨상 받고 싶은 사람은 오지 마라

초창기 KIST가 가장 역점을 둔 사업은 인재 유치였다. 7년 전

원자력연구소를 만들 때도 그랬지만, 연구소의 알파이자 오메가는 우수한 인재다. 그런데 당시 국내 연구자 풀은 양적·질적으로 모두 부족했다. 전국의 이공계 대학원생을 다 합쳐야 900여 명 정도였고, 국제학술지 논문은 한 해에 수십 편밖에 나오지 않았다. 이런 수준의 인적 자원으로 연구소를 만들 수는 없었다. 그렇다고 대학의 교수들을 데려오자니 교육 공백이 우려되었다.

그래서 최형섭은 해외로 눈을 돌렸다. 한국전쟁 이후 유학을 떠나서 미국과 유럽에 정착한 한국인들이 꽤 있었다. 이들을 스카우트하는 것이야말로 국내 연구 수준을 단번에 끌어올릴 현실적 방법이었다. 그런데 이미 잘 나가고 있는 사람들을 어떻게 데려오나? 당시 해외 과학자들은 국내로 돌아오고 싶어도 올 만한 곳이 없었다. 그만큼 국내의 처우와 환경이 열악했기 때문이다. 대학에서조차 충분한 급여를 주지 못해서, 교수들이 과외나 학원 강의 등 부업을 하는 경우도 많았다. 하지만 미국의 지원을 받아 정부가 설립한 KIST라면 달랐다. 최형섭은 세계를 돌면서 과학자들을 만났고, KIST의 설립 취지를 설명하며 함께 일하자고 설득했다. KIST의 연구환경에 대해 질문하는 사람들에게는 이렇게 답했다. "연구환경은 보장한다. 모두 연구실장으로서 자율적으로 일할 것이다. 생활에 불편이 없을 정도의 처우도 해주겠다. 하지만 과학자들이 좋아하는 사치스러운 기초연구는 못한다. 그러니 노벨상을 받고 싶은 사람은 오지 마라. 우리는 나라를 먹여 살릴 기술을 개발해야 한다."

1960년대 과학은 그야말로 눈부시게 발전하고 있었다. 우주 개발에서는 최초의 달 착륙(아폴로 계획)을 눈앞에 두었다. 물리학에서는 가장 근본적인 이론인 표준모형이 완성되고 있었다. 일본인 도모나가 신이치로가 그 공로로 일본의 두 번째 노벨물리학상을 받았고, 한국인 이휘소도 훗날 노벨상을 아깝게 놓쳤다고 할 정도로 명성을 날렸다. 생명과학에서는 DNA 구조가 밝혀져 유전자 재조합의 혁명이 일어나는 중이었다. 아마 한국인 과학자들도 이러한 과학의 일대 진보에 동참하고 싶었을 것이다. 하루가 다르게 위대한 발견이 쏟아지던 시절이니, 연구의 최전선에서 잘만 하면 정말 노벨상을 노려볼 수도 있었다.

하지만 적지 않은 이들이 KIST를 택했다. 학자로서의 성공보다 조국의 발전을 택한 사람들이 그만큼 많았다. 1969년까지 KIST로 온 해외 과학자는 25명에 달했다. 대부분 미국과 유럽에서 박사학위를 받고, 현지 대학과 기업 등에서 연구원으로 일하던 30~40대들이었다. 반면 KIST에 오려고 했으나 최형섭이 만류한 이도 있었다. 뉴욕주립대학의 물리학 교수였던 이휘소다. 그는 KIST 설립 소식을 듣자마자 자신도 합류하겠다는 편지를 보내왔다. 미국에서도 천재로 통했으니 역량은 이미 충분했다. 하지만 최형섭은 "한국인 최초 노벨상 대상자인 이 박사는 미국에서 더 연구하는 게 좋겠다."라는 답장을 보냈다. 이휘소의 전공은 기초 중의 기초연구인 이론물리학이었다. 최형섭은 그의 연구가 한국의 발전 단계에서는 아직 안 맞는다고 보았던 것이다. 이

최형섭 KIST 초대 소장(맨 앞줄 가운데)과 해외 유치 과학자들.
외국에서 좋은 자리를 잡고 있었지만, 조국의 발전을 위해 돌아오는 길을 택했다.
최초의 두뇌 역수출 사례다.
(출처:《KIST 50년사》)

런 뜻을 이해한 이휘소는 "언젠가 기초연구를 할 수준이 되면, 반드시 나를 불러달라."라고 했다. 하지만 1977년 불의의 교통사고로 사망하면서, 조국에서 기초연구를 하겠다는 그의 바람은 이뤄지지 못했다.

정부의 파격적 지원

어렵사리 해외 과학자들을 모셔온 KIST에는 전례 없는 파격적 지원이 집중되었다. KIST의 예산은 정부로부터 출연했지만, 민간 재단법인으로서 자율성과 독립성을 보장받았다. 정부 예산을 받는 기관은 감사원의 회계감사와 담당 부처의 관리·감독을 받아야 했다. 그러나 최형섭 소장은 KIST 설립법을 입안하면서 "회계감사도, 사업계획 승인도 받지 않는다."라는 조항을 넣었다. 관료들이 간섭하면 창의적 연구가 불가능하다는 판단에서였다. 재무 당국은 국민 세금을 쓰는데 어떻게 감사를 안 받냐며 반대했지만, 박정희 대통령이 KIST 편을 들어줌으로써 국회를 통과했다. 다만 입법 과정에서 일부 수정이 이뤄졌다. 외부 공인회계사에게 감사를 받아서 결과를 보고하도록 한 것이다. 비록 최형섭의 뜻이 관철되지는 않았지만, 이 역시 KIST의 연구 자율성을 존중해서 이뤄진 조치였다.

그뿐만 아니다. 경제적 지원도 전례 없는 수준이었다. KIST는 출범 첫해인 1967년도 예산으로 10억 원을 신청했는데, 경제기획원이 심사 과정에서 8억 원으로 깎았다. 하지만 이를 전해 들은 박정희가 원안을 복구시켰다. 그러면서 최형섭에게 "예산 얻겠다고 경제기획원 들락거리지 말라."는 당부를 했다. 예산은 자신이 책임질 테니, 연구에만 몰두하라는 뜻이었다. 연구원들의 급여도 마찬가지였다. 해외에서 돌아온 KIST 연구원들은 6~9만 원의 월급을 받았다. 이는 당시 서울대 교수 월급인 3만 원보다 훨씬 높은 액수였다. 그러니 불공정하다고 정부에 많은 진정이 접수되었는데, 이 또한 대통령이 모두 무마시켰다. 심지어 KIST에는 대통령 월급인 7만 8000원보다 급여가 높은 사람이 한둘이 아니었다. 그럼에도 박정희는 이 임금체계를 그대로 받아들였다. 아무리 국내 최고 수준이었다 한들, 미국에서 받던 급여에 비하면 30퍼센트에 불과했다. 한국이 그만큼 가난했던 탓이다. 이 외에도 서울 홍릉에 임업시험장으로 예정된 부지를 KIST가 더 중요하다며 넘겨준 것도 박정희였다. 그야말로 정부의 모든 자원 배분이 KIST를 1순위로 하여 이루어지는 양상이었다.

정치학자 피터 홀에 따르면, 정책의 변화는 세 가지 차원에서 이루어진다. 1차는 도구의 조정, 2차는 목표의 변경, 3차는 지배적 패러다임의 전환. 이중 가장 수준이 높은 3차의 패러다임 전환은 정상적 정치 상황에서는 일어나기 어렵다. 정책 관련자들이 수용하기 어렵고, 변화에 대한 저항도 커지기 때문이다. 그래서 홀은 "3차 변화는 정치적 위기 상황이나 지도자의 강력한 개입을 통해 이루어진다."라고 설명한다. 1960년대의 KIST가 그런 경우였다. 당시 한국은 농업국가에서 산업국가로 패러다임 전환이 요구되었다. KIST가 바로 이러한 변화를 이끌어내는 전초 기지를 맡았다. 만약 최고 의사결정권자인 대통령의 전폭적 지원이 없었다면, KIST라는 새로운 실험은 이해관계자들의 반대와 견제 속에서 좌초했을지도 모른다.

추격형 전략의 성공

파격적 지원은 그 이상의 효과로 나타났다. KIST는 기술자본이 부족한 국내 산업에 중개자 역할을 톡톡히 해냈다. 즉 세계 각국의 선진 기술을 도입하고, 국내 기업들의 실정에 맞게 개량해주는 임무를 전담했다. 또 자체 기술 개발에서도 처음부터 기업과 과제를 정하고 공동 투자 형태로 진행함으로써, 결과물이 곧바로 산업에 쓰이도록 했다. 이런 산업 밀착형 연구 덕분에 설립 2년 만에 120만 달러 규모의 연구 용역 계약을 따냈다. 이는 달리 말해 한국 기업들도 KIST를 신뢰하여 기술 개발에 과감히 투자하기 시작했음을 의미했다.

이러한 협력은 여러 기업의 성장을 자극했다. 오늘날 SK의 전신인 선경그룹은 KIST가 개발한 자기 테이프 제조기술을 이전받아서 성장할 수 있었다. 테이프가 요즘에는 화석화된 제품이지만, 아날로그 시대에만 해도 일상생활에 필수적이었다. 그때는 전파로 수신되는 라디오와 TV 방송을 제외하면, 모두 카세트나 비디오 테이프로 음악과 영상을 감상했기 때문이다. 또 프레온가스 제조기술도 울산화학에 이전되어 에어컨의 냉매와 반도체의 절연물질로 활용되었다. 동복강선*도 KIST의 히트작으로 빼놓을 수 없다. 이는 기존 전선보다 전도성과 강도가 훨씬 우수해서 고압 송전선, 전차선, 통신 케이블 등에 활용되었다. KIST는 일진기업과 함께 동복강선을 개발했는데, 당시 수입에 의존하던 고급 전선 기술의 첫 국산화 사례였다. 훗날 "동복강선 덕분에 전국 방방곡곡에 전깃불이 들어갈 수 있었다."라는 농담까지 생길 정도로, 농어촌의 전기 인프라 확대에도 크게 기여했다.

KIST는 1970년대 중화학공업화의 설계자 역할도 했다. 박정희 정부는 제2차 경제개발 5개년 계획을 수립하며, 대담하게도 포항에 종합제철소를 세운다는 계획을 포함시켰다. '산업의 쌀'로 불리는 철은 건설, 자동차, 전자, 기계 등 모든 공업의 기초 재료가 된다. 인류가 이제껏 발견한 모든 금속을 통틀어도 강도, 내구성, 비용의 측면에서 철을 대체하기란 불가능하다. 따라서 선진 산업국가가 되려면 철의 자체 생산 역량을 반드시 갖춰야 했다.

문제는 당시 국내에 제철소를 어떻게 짓는지 아는 사람이 거

---

* 구리와 철을 특수한 열처리 공정으로 합금한 고강도 도체. 복합금속선 또는 복합전선으로도 불린다. 일반 구리선에 비해 인장 강도가 2배 이상 높고, 전기 전도율도 80% 이상 유지되어 기존 알루미늄이나 구리선을 대체할 소재로 각광받았다.

의 없었다는 것. 이때 포항제철소 종합건설계획을 실질적으로 수립한 주역이 KIST였다. KIST 제1연구부장 김재관은 뮌헨대학에서 금속공학을 전공했는데, 이미 1964년 독일을 방문한 박정희에게 제철소 건립을 건의한 바 있었다. 이 계획은 그가 1967년 KIST 해외 유치 과학자 1호로 돌아오면서 현실화되었다. 김재관은 중화학공업의 기반이 될 국제적 규모의 포항종합제철소를 설계·기획하고, 해외 차관을 통한 자금 조달 계획도 세웠다. 이는 그대로 포항제철소(현 포스코) 착공의 시발점이자 한국 철강산업의 모태가 되었다. 이 외에도 김재관은 중화학공업 발전 방안의 실무 책임자로서 조선, 전자, 자동차 산업의 최초 육성 방안을 설계했다. 요컨대 향후 한국의 30년 먹거리가 될 기간산업의 밑그림을 KIST가 그린 셈이다.

  KIST의 이러한 연구 방식은 하나의 국가 발전 패러다임으로 자리 잡았다. 학술 용어로는 추격형 연구개발 또는 패스트 팔로워fast follower라고 했다. 선진국의 기술을 흉내 내서 빠르게 따라잡는 전략이다. 이 패러다임은 매우 성공적이었다. 종합연구소로 출범한 KIST가 꾸준히 성장하면서, 1970~80년대에는 여러 연구소가 스핀오프하여 각 기술 분야로 전문화되었다. 이것이 오늘날 정부출연연구소, 대덕특구의 기원이다. 이들이 이끈 과학기술 기반의 수출 주도 전략 덕분에, 한국은 세계에서 가장 빨리 선진국 대열에 진입했다. 이러한 변화는 비단 경제와 산업적 측면에서만 의미를 갖지 않는다. 그것은 한국사 최초로 과학기술자들이 국가의 명운을 뒤바꾼 일대 사건이기도 했다. 오랜 세월 한국사를 지배해온 사농공상의 이념은 그렇게 역사의 뒤안길로 사라졌다.

400조 번의 실험

2016년 일본 이화학연구소

주기율표의 113번 자리가 마침내 채워졌다. 112번 원소 코페르니슘의 등록 이후 7년 만이었다. 2016년 11월, 국제순수·응용화학연합은 리켄에서 합성한 113번 원소를 공인하고, 그 이름을 '니호늄$_{Nh}$'으로 채택한다고 발표했다. 일본$_{ニホン}$의 일본어 발음을 그대로 원소명으로 만든 것이다. 이 소식에 과학계는 물론 언론과 시민들까지 열광했다. 《마이니치신문》은 "113번 원소 '니호늄' – 일본의 이름을 주기율표에 새기다."라며 대서특필했다. 방송도 마찬가지여서 주기율표를 설명하는 특집 프로그램을 아침 일찍부터 내보냈다. 공영방송인 NHK에서는 실험 과정을 그린 다큐멘터리까지 제작했다. 학교 앞 문구점에서는 주기율표 포스터가 품절되는 사태가 일어났다. 어떤 과학 교사는 "학생들이 주

기율표 외우기를 힘들어했는데, 이제 113번은 쉽게 외우겠네요. 일본이 만든 거니까!"라며 감격했다.

도대체 왜 화학 원소, 그것도 실생활에 아무 쓸모가 없는 원소를 발견했다고 이렇게까지 열광한 것일까? 해답은 원소의 이름에 있다. 새로 발견한 원소를 작명할 권한은 발견자에게 주어진다. 이때 자주 쓰이는 것이 발견자가 소속된 국가 또는 지역명이다. 32번 게르마늄(독일), 84번 폴로늄(폴란드), 87번 프랑슘(프랑스), 95번 아메리슘(미국), 98번 캘리포늄(캘리포니아), 115번 모스코븀(모스크바) 등이 그렇다. 이러한 이름들은 원소의 발견이라는 위업을 달성한 나라의 우수성을 상징한다. 따라서 새로운 원소를 발견하려는 과학의 경쟁은 국가적 자존심으로도 여겨진다.

이전까지 주기율표의 원소들은 서양의 전유물이었다. 이는 원자폭탄을 개발하려 했던 역사와도 관련이 있다. 우라늄의 핵분열을 이해하고 통제하려는 실험이 반복되면서, 더 무거운 초우라늄 원소의 인공 합성으로 연구가 확장되었기 때문이다. 1940년대 발전한 대형 입자가속기와 방사선 검출 기술도 여기에 한몫했다. 그래서 원자번호 93번 이상의 초우라늄 원소들은 대부분 맨해튼 계획의 핵심 시설이었던 버클리 방사선연구소에서 발견했다. 미국에 이어 입자가속기 인프라를 갖춘 독일과 러시아도 100번대 원소들의 발견에 기여했다.

원소 발견 경쟁

이 경쟁에 일본이 뒤늦게 뛰어들었다. "우리도 주기율표에 나라 이름을 새겨보자."라는 목표에 따라 대규모 투자를 결정한 결과였다. 일본이 과학기술 선진국이 된 지는 오래되었다. 1920년대부터 세계적 석학들과 함께 연구했고, 1949년 이후로는 노벨 과학상 수상자도 여럿 배출했기 때문이다. 그러나 새로운 원소 발견만큼은 불가능의 영역으로 여겨졌다. 이걸 성공시키려면 대형 입자가속기 시설은 물론, 이를 운영할 과학자와 엔지니어 집단도 있어야 했다. 밑 빠진 독에 물 붓기에 가까운 연구비 투자 — 발견까지 얼마나 걸릴지 예상할 수 없으므로 — 역시 필요했다. 그러니까 이 실험이 괜히 극소수 선진국에서만 성공했던 것이 아니다.

흔히 '새로운 원소의 발견'이라고 하지만, 정확히 표현하면 '새로운 원소의 인공적 합성'이다. 즉 자연에 존재하지 않는 무거운 원자핵을 인위적으로 만드는 일이다. 그러려면 입자가속기를 이용해 두 개의 무거운 원자핵을 충돌시켜 핵반응을 유도해야 한다. 문제는 양전하를 띤 원자핵이 서로 강하게 밀어내는 성질이 있다는 점이다. 이를 극복하려면 매우 높은 에너지와 정밀한 가속 기술이 필요하다. 어찌어찌 운 좋게 성공해도, 합성된 원소는 대부분 불안정해서 순식간에 붕괴한다. 그래서 새로운 원소의 존재를 확인하려면 극히 민감한 방사선 검출 장치와 반복적인 실험이 필수다. 우연성과 정밀함이 아주 잘 맞아떨어져야, 비로소 하나의 원소가 세상에 모습을 드러내는 것이다.

일본 정부는 1990년대 후반부터 새로운 원소 발견을 중점 과제로 지원해 왔다. 2004년에는 의회에서도 이 문제를 논의할 정도로 사회적 관심이 높았다. 물론 이것이 산업과 경제에 도움이 될 연구는 아니었다. 그보다는 국위선양의 목적이 더 컸다. 실제로 일본 정부는 전통적으로 과학기술을 통해 국가 위상을 높이는 정책을 추진해 왔다. 1980년대 노벨상 수상 가능성이 있는 연구주제와 과학자들을 발굴해 장기 지원한 것도 그래서 가능했다. 113번 원소 발견 역시, 정부가 먼저 목표를 설정하고 필요한 자원을 편성하는 방식으로 이루어졌다. 어떤 면에서 그것은 국책사업이라고도 할 수 있었다. 이 과업은 대형 입자가속기 시설을 갖춘 리켄에 주어졌다.

폐허로부터의 재건

리켄은 새로운 원소 발견에 착수하기까지 많은 역사의 굴곡을 거쳐야 했다. 제2차 세계대전 직후, 연구소는 그야말로 폐허가 되었다. 건물의 3분의 2가 폭격으로 소실되었고, 오코치 마사토시 소장은 전범으로 체포되었으며, 2300만 엔의 부채도 떠안고 있었다. 설상가상으로 미군정은 원자폭탄 개발에 깊이 관여한 이곳을 그대로 두지 않으려 했다. 그래서 니고연구에 동원된 사이클로트론을 해체해 도쿄만에 던져버리고, 무기개발과 연결될 수 있는 모든 연구를 금지했다. 리켄 콘체른 기업들도 공중 분해되었다. 미국 정부는 과학자를 파견해 이 과정을 감시하게 했다. 리켄의 해체는 시간문제로 보였다.

그런데 감시단의 일원이었던 MIT 교수 해리 켈리의 생각은 달랐다. 그는 리켄을 해체하기보다 일본의 재건에 활용하는 것이 바람직하다고 보았다. 그러니까 전쟁에 복무한 과거를 반성하기 위해서라도, 전후 복구에 필요한 기초연구를 해야 한다는 취지였다. 그 무렵 니시나 요시오는 어떻게든 연구소를 유지할 방법을 백방으로 찾고 있었다. 때마침 발표된 켈리의 전향적 견해는 큰 힘이 되었다. 니시나는 켈리와 함께 리켄을 평화 시대에 걸맞은 조직으로 재탄생시킨다는 계획을 발표했다. 미군정도 이에 동의함으로써 리켄은 해체를 겨우 면할 수 있었다.

다만 조직의 형태와 명칭은 바꿔야 했다. 그래서 1948년 재단법인 리켄理硏은 주식회사 카켄科硏*으로 간판을 바꿔 달았다. 소장은 니시나 요시오가 맡았다. 이는 연구자금을 자체 조달해야 하는 기업이 되었음을 의미했다. 그래서 연구소 운영이 쉽지 않았다. 더 이상 정부 보조금을 받을 수 없었고, 그렇다고 민간의 기

---

* 과학연구소科學研究所의 줄임말이다. 연합군의 결정으로 재단법인 이화학연구소는 해산했고, 1948년 그 자산과 인력을 승계한 민간 기업 과학연구소가 출범했다. 이 새로운 조직이 약칭 카켄科硏으로 불렸다. 그러다 1958년 특수법인 이화학연구소로 전환하면서 본래 이름을 되찾았다.

부금이나 투자를 받기도 어려웠다. 전쟁으로 온 국토와 산업이 폐허가 되었기 때문이다. 가까스로 재출범한 연구소는 곧 심각한 재정 위기에 직면했다.

니시나는 고민 끝에 페니실린이라는 돌파구를 찾았다. 제2차 세계대전은 페니실린이 항생제로서 상용화하는 계기이기도 했다. 미국에서 대량 생산된 페니실린은 전 세계로 퍼지며 인류의 건강과 수명 연장에 크게 기여했다. '기적의 약'으로 불린 이 인류 최초의 항생제는 평화 시대를 상징하는 연구로 적합했다. 그래서 페니실린 개발에 총력을 기울였고, 결과는 대성공이었다. 5개월간 벌어들인 수익만 10만 엔이 넘었다. 이것은 연구소 재건에 아주 요긴하게 쓰였다. 그렇게 위기를 극복하자 기회도 찾아왔다. 1949년 유카와 히데키가 일본의 첫 노벨물리학상을 받은 것이다. 니시나 연구실에서 수학한 유카와는 순수 국내파로서 노벨상을 거머쥐는 쾌거를 이루었다. 불과 몇 년 전까지 전범 취급을 받으며 폐쇄 위기에 몰렸던 연구소의 일대 반전이었다.

1958년 일본 의회는 리켄의 이름을 복원하고, 특수법인으로 바꾸는 법안을 의결했다. 이로써 10년 만에 다시 정부 지원을 받는 국가 연구소가 되었다. 바로 전해인 1957년 소련이 스푸트니크 1호를 발사했고, 미국도 NASA를 만들어 아폴로 계획에 나섰다. 이것은 연구소가 냉전의 전략 거점이 되었음을 상징하는 사건들이었다. 이념과 체제 경쟁에 있어 과학기술만큼 국격 상승에 효과적인 수단도 없었다. 일본 정부도 이런 이유에서 리켄의 필요성을 인식했다고 볼 수 있다. 특수법인화로 정부의 풍부한 재정 지원을 받게 됨은 물론, 연구의 제한도 사라졌다. 1966년 리켄은 미군정이 도쿄만에 던져버린 것보다 더 큰 사이클로트론을 개발했다. 여기에 1951년 사망한 4대 소장 니시나 요시오를 기려 '니시나센터'라는 이름을 붙였다. 때마침 사이타마현 와코시의 새 부지에 건물과 시설도 지었다. 이 땅은 본래 1964년 도쿄올림픽의 선수촌 후보지였으나, 리켄 이전을 계기로 학술·연구 도시로 성장하게 된다. 이로써 전쟁으로 대가 끊긴 일본의 핵물리학이 부활할 수 있었다.

1980년대 리켄은 국가의 문제를 해결하는 연구에 집중하도록 조직을 대형화했다. 전통적으로 리켄의 중추는 주임연구원이었다. 주임연구원은 '연구의 장인'으로서 권위를 인정받았고, 정년퇴임까지 연구실을 운영했다. 이 방식은 호기심 기반의 장기·자율 연구에 강점이 있었다. 다만 자원을 집중시켜서 큰 목표를 달성하는 전략 연구에는 적합하지 않았다. 따라서 리켄은 기존 주임연구실과 별도로, 대형 실험 시설을 운영하는 연구센터에 투자를 집중했다. 와코의 니시나센터(가속기)를 필두로, 츠쿠바의 생물자원센터, 하리마의 방사광연구시설, 요코하마의 핵자기공명시설 등이 갖춰졌다. 첨단 실험이 이루어지는 이 복잡하면서도 큰 시설을 다루기란 보통 일이 아니다. 천문학적 규모의 구축 비용은 물론, 운영에도 상당한 노하우가 필요하다. 리켄은 이 시설이 최고의 실험 효율을 내도록 관리하고, 대학 및 기업 등과 공동

연구를 연결하는 임무도 맡았다. 이를 통해 독일 막스플랑크협회, 미국 에너지부 국립연구소가 그렇듯 전국적 규모를 갖춘 국가 연구소로 기능하게 되었다.

계속되는 실패

2000년대 초 리켄 니시나센터는 방사성 동위원소 빔 공장 Radioactive Isotope Beam Factory, RIBF이라는 세계에서도 손꼽히는 중이온가속기 시설을 구축했다. 이곳은 탄소·철·우라늄 등 무거운 원자핵을 가속해 표적 원자핵과 충돌시키는 시설로, 여러 단계의 가속 장치를 거치도록 설계되었다. 먼저 강력한 초전도 링 사이클로트론을 통해 원자핵을 빛의 속도의 70퍼센트에 달할 만큼 가속한 뒤, 표적 물질에 충돌시킨다. 이 충돌로 순간적으로 새로운 동위원소가 생성되지만, 그 반감기가 $10^{-23} \sim 10^{-19}$초로 매우 짧다. 니호늄과 같은 새로운 원소의 반감기는 수 밀리초에서 수 초 이내로 알려졌다. 따라서 원소의 붕괴 흔적까지 정확히 포착해야 한다. RIBF에는 이를 위한 고정밀 감마선 검출기와 입자 추적 시스템도 구축되었다. 즉 RIBF는 다수의 가속기와 분리기, 감지기, 데이터 분석체계가 통합된 플랫폼으로 작동하는, 대형 과학 시스템이라고 할 수 있다.

2003년, 113번 원소를 합성하려는 실험이 이 시설에서 시작되었다. 실험을 위한 전용 장비인 기체 충전식 반동 이온 분리기 Gas-filled Recoil Ion Separator, GARIS도 도입되었다. GARIS는 새로 생성된 무거운 원소를 다른 생성 부산물들과 분리해서 검출기에 정확히 전달하는 장치다. 2004년 7월 모리타 고스케 연구팀은 이 장치를 통해 113번 원소로 추정되는 입자를 처음 검출했다. 이것은 비스무트(83번 원소)와 아연(30번 원소)의 핵을 충돌시켜 얻은 결과였고, 단 몇 밀리초 사이에 사라졌다. 다만 붕괴 계열의 알파입자 방출을 통해 이론상 113번 원소의 가능성을 보여주었다.

그러나 국제순수·응용화학연합은 이 발견을 인정하지 않았다. 이유는 이랬다. "반복 실험에 의한 재현성과 붕괴 계열 전체의 명확한 데이터 부족." 즉 단 한 번의 검출로는 원소의 존재를 공식적으로 입증할 수 없다는 것이다. 그 이후 모리타의 팀은 매주 수백 시간의 실험을 반복하며 새로운 충돌을 유도했다. 입자 충돌은 확률의 문제라고 할 수 있다. 새로운 원소가 생길 확률은 약 10^{-18}, 즉 1조 번 충돌시켜서 1개 생성될까 말까 한 수준이다. 그것도 제대로 붕괴 연쇄를 추적하지 못하면 데이터로서 가치가 없다. 따라서 연구진은 많은 예산과 시간을 써가면서, 기기의 안정성과 검출 시스템의 정밀도를 매번 점검하며 오차를 줄여야 했다. 중간에 실험이 무산되기도 했다. 알파 붕괴 연쇄 중 마지막 단계가 누락되거나, 전자계 검출기에 노이즈가 끼어 신호를 오판하기도 했고, 수개월의 실험 데이터를 모아 제출했으나 보류 판정을 받은 적도 있었다. 이 모든 과정 동안 모리타의 팀이 수행한 충돌 실험만 400조 번*에 달했다.

결국 2004년, 2005년, 2012년 세 차례의 독립적 실험에서 니호늄의 존재를 암시하는 동일한 붕괴 계열이 포착되었다. 그리고 2015년 말, 마침내 국제순수·응용화학연합은 리켄의 발견을 인정한다고 발표했다. 뒤이어 명명 절차가 시작되었다. 리케늄, 니시나늄 등 후보들이 논의되었지만, 최종적으로 일본을 상징하는 '니호늄'이 채택되었다. 이는 리켄의 인재와 인프라가 총투입된 국가적 실험이자, 10여 년의 실패를 견딘 집념의 기록이었다.

기초연구란 무엇인가

113번 원소의 발견 과정을 상징하는 숫자들을 보면 엄청나다. 400조 번의 충돌 실험, 12년에 걸친 실패와 반복, 그리고 단 3번의 유효한 데이터. 효율성과 생산성의 논리로 보면 말이 안 되는 결과다. 그 고생을 해서 얻은 니호늄은 반감기가 수십 밀리초밖에 되지 않아 산업적 응용 가능성은 사실상 없다. 의료, 전자, 에너지 등 어느 분야에서도 당장 쓰일 일이 없다. 경제적 가치는 0에 가깝다.

---

* 보통 핵물리학 실험에서는 한 번에 수천만 회 이상의 반응 또는 충돌이 일어난다. 즉 한 번의 화학반응을 실험이라고 하는 화학 분야와는 의미가 조금 다르다. 여기서는 독자들에게 좀 더 친근하게 설명하기 위해 반응이나 충돌보다는 실험이라는 용어를 선택하였다.

그런데도 일본은 이 발견에 10년이 넘는 시간과 40억 엔(약 433억 원)의 돈을 쏟아부었다. 그것도 국민이 낸 세금으로. 이쯤 되면 질문이 생긴다. 이 실험은 낭비 아닌가? 경제적 관점에서 보면 그렇다고 할 수 있다. 하지만 과학의 관점에서는 다르다. 니호늄 발견은 "기초연구란 무엇인가?"라는 질문에 대한 가장 확실한 답을 보여주었다. 기초연구는 당장 쓰일 수 있는 성과를 목표로 하지 않는다. 그것은 인간이 자연의 원리를, 물질의 본질을, 존재의 경계를 이해하려는 지적 열망의 산물이다. 그중에서도 니호늄은 물질세계의 기초 질서를 규정하는 주기율표의 빈 공간을 채우려는 시도였다. 그런 의미에서 과학의 가장 근본적인 질문, "세계는 무엇으로 이루어져 있고, 인간은 어디까지 알 수 있는가?"에 대한 탐구와 닿아 있었다.

니호늄의 발견은 정부 지원이 없었다면 불가능했다. 일본은 1995년 과학기술기본법 제정 이후, 기초연구는 국가가 책임지고 장기적으로 투자해야 할 분야라는 원칙을 세웠다. 그에 따라 리켄과 같은 국가 연구소가 대형 실험을 장기 수행할 수 있는 체계를 갖췄다. 이는 단기·응용 성과 중심의 민간 기업과는 차별화되는 시스템이다. 니호늄은 이러한 방식으로 지원한 기초연구의 대표적인 업적이다. 이 원소는 존재 자체로 '일본'이라는 이름을 과학사의 한 페이지에 새겼고, 과학이 한 나라의 문화이자 자존심이 될 수 있음을 증명했다. 또한, 기초연구를 경제 논리로 평가하는 일이 얼마나 협소한 관점인지도 보여줬다. 기초연구는 국가의 위상을 높이고 국민을 화합하게 하는, 느리지만 확실한 방법임을 다시금 보인 셈이다.

그러니 기초연구에 쓰이는 세금을 아까워할 필요는 없다. 기초연구는 당장 유용하지 않을 수도 있다. 하지만 언젠가는 그 쓸모없음이 세상을 바꾸기도 한다. 원자의 구조를 이해하려는 보어의 호기심이 현대 반도체산업을 낳았고, 시공간을 통합한 아인슈타인의 상대성이론이 GPS 기술을 일상생활에 쓸 수 있게 했다. 지금의 니호늄도 마찬가지다. 그것이 어디에 쓰일지 아직은 알 수 없다. 다만 분명한 것은, 인류가 물질의 거대한 세계를 이해하는 여정에 또 하나의 계단을 놓았다는 점이다. 리켄이 도전한 400조 번 실험의 가치는 바로 거기에 있다.

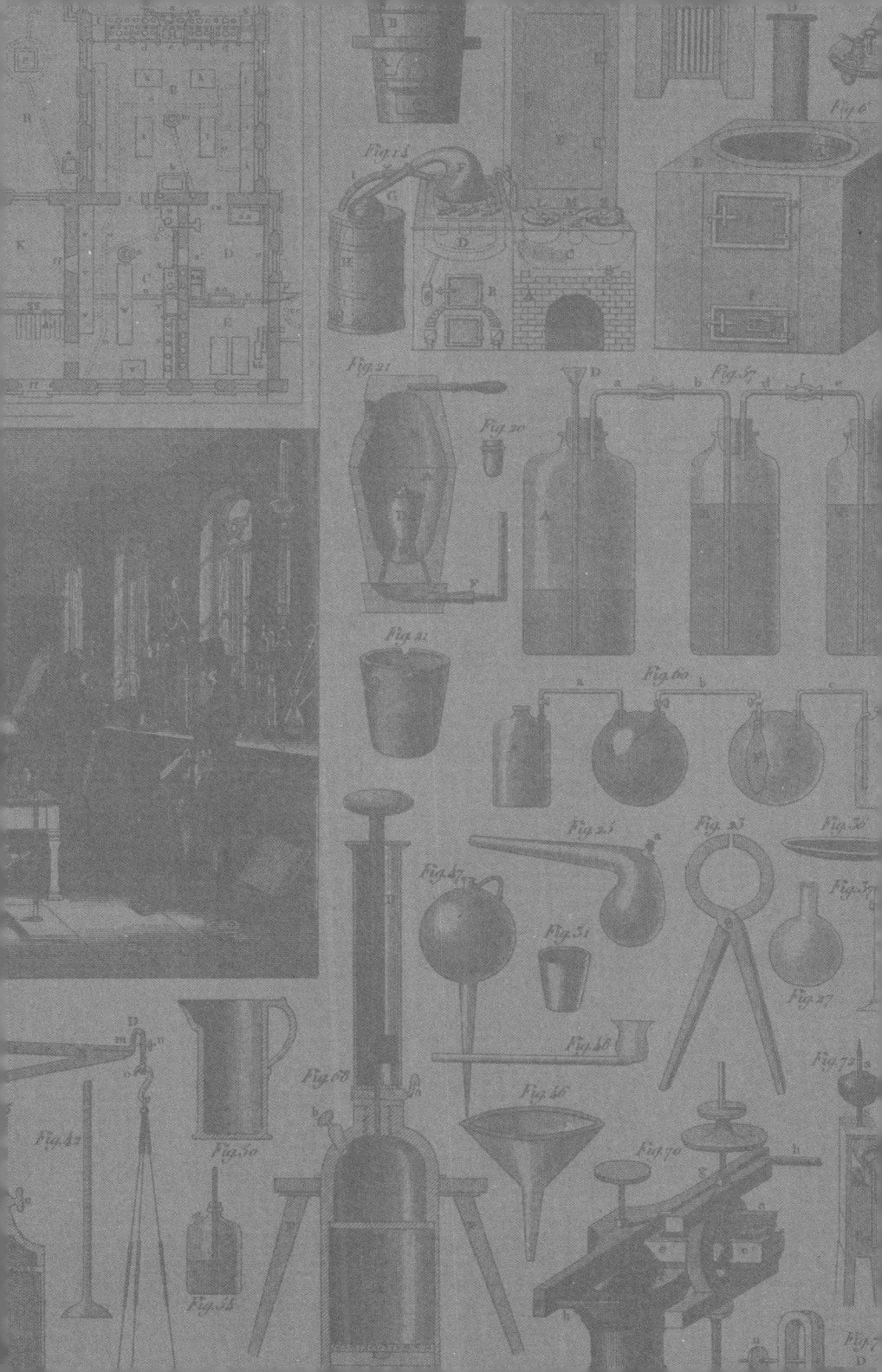

3부

지구가 하나의 연구소가 되다

The Rise

: 경계를 넘는 협력과
연결된 세계의 과학

The Lab

"과학의 위대한 발견은 언제나 많은 사람의 협력으로 이루어졌다.
나는 과학을 하나의 거대한 오케스트라처럼 생각하고 싶다.
악보는 자연이 쓰지만, 그것의 연주에는 많은 연주자가 필요하다."

어니스트 로런스 Ernest Lawrence

20세기 중반까지 과학은 국가 간 경쟁의 최전선에 있었다. 제2차 세계대전과 냉전은 과학자에게 무기 개발을 요구했고, 연구소는 이를 위한 전략 기지였다. 로스앨러모스연구소의 원자폭탄, NASA의 새턴 V 로켓, ARPA의 패킷 교환 네트워크가 그렇게 탄생했다. 하지만 1990년대에 냉전이 막을 내리자, 과학의 모습도 달라졌다. 과학자들이 한 팀이 되어 실험하고 데이터를 공유하며, 인류 전체를 위한 문제를 풀기 시작한 것이다.

여기에는 분명한 이유가 있었다. 우선 과학이 다루는 문제가 달라졌다. 20세기 후반 보편화한 감염병, 기후위기, 우주재난 같은 사안은 특정 국가만의 문제가 아니었다. 이 거대한 문제들 앞에서 과학은 더 이상 국익만 좇을 수 없었다. 또한 기술 자체도 복잡해졌다. 초대형 입자가속기, 정밀 백신 플랫폼, 국제우주정거장 같은 시스템은 한 국가의 예산과 인력만으로는 감당하기 어려웠다. 그렇게 과학은 자연스럽게 '국가 대 국가'에서 '인류 대 자연'의 구도로 넘어갔다. 첨예한 경쟁이 지배했던 연구 현장이, 연대와 협력의 질서로 재편된 것이다.

전환의 시초에는 덴마크 코펜하겐의 이론물리연구소가 있었다. 20세기 초반 닐스 보어가 이끈 이곳의 규모는 비록 작았으나, 운영 방식만큼은 남달랐다. 연령, 국적, 소속에 상관없이 누구나 토론에 참여했고, 연구의 아이디어는 탁구장이나 산책길에서 나왔다. 독일, 오스트리아, 영국, 일본의 젊은 과학자들이 이곳에 모여 원자의 비밀을 탐구했다. 과학은 여기서 이미 국경을 넘어서 있었다. 그리고 집단지성의 용광로 속에서 양자역학이라는 대전환이 태어났다. '코펜하겐 정신'으로 불린 이곳의 문화는 전 세계 연구소의 운영 철학으로 퍼져 나갔다.

20세기 후반, 협력은 과학을 운영하는 핵심 제도가 되었다. 페르미국립가속기연구소, 유럽입자물리연구소가 그 대표적 사례다. 거대연구시설이 구축된 이들 연구소에는 수천 명의 과학자가 모였고, 시설을 이용하기 위해 많은 나라에서 자금을 댔다. 그렇게 수백 명이 함께 실험하고 논문을 쓰는 연구 방식이 확립되었다. 2012년 '신의 입자'로 불리던 힉스 보손의 발견은 그 하이라이트였다. 이 논문의 저자로 수록된 5000여 명은 국적보다는 연구팀의 이름을 앞세웠다.

지구방위도 과학자의 협업 대상이 되었다. 2022년, NASA는 지구를 위협하는 소행성을 저격하는 실험에 성공했다. '다트DART'라는 이름의 이 임무는 NASA 단독의 성과가 아니었다. 유럽우주국, 미국 대학과 국방부 등 다양한 기관이 함께 힘을 모았다. 바이러스도 마찬가지다. 코로나19 팬데믹 동안 미국 국립알레르기·

감염병연구소NIAID를 중심으로 한 국제 과학 네트워크는 mRNA 백신 개발과 임상시험을 공동으로 진행했다. 이로 인해 인류사에서 유례없이 빠르게 백신이 상용화될 수 있었다. 이렇듯 연구소는 이제 전선이 아니라 연결망이 되었다. 과학자는 조국이 아니라 인류의 이름으로 연구하고 있다.

물론 경쟁은 여전히 존재한다. 하지만 오늘날의 과학은 그 경쟁마저도 협력의 틀 안에서 조정하고 있다. 이제 질문은 바뀌었다. "누가 먼저 발견했는가?"가 아니라, "누가 더 많은 이들과 함께 문제를 풀 수 있는가?"로. 협력이 곧 실력이고, 네트워크가 곧 실험실이 된 시대가 도래했다. 지금 이 세계는 과학자들의 연대가 만든 공동의 프로젝트 위에 서 있다.

퀀텀
점프

1922년 코펜하겐 이론물리연구소

1921년에서 1922년으로 해가 바뀌었다. 불과 1년이었지만, 그 사이에 세계사를 바꾼 변화들이 일어났다. 우선 정치에서는 제1차 세계대전의 산물인 베르사유 체제가 붕괴하기 시작했다. 1922년 바이마르공화국은 연합국에 전쟁 배상금 지급 불이행을 통보했다. 이탈리아에서는 베니토 무솔리니가 정권을 장악했고, 최초의 공산주의 국가인 소련이 등장했다. 불안정한 국제 정세 속에서 파시즘과 공산주의라는 이념의 극단화가 진행되는 모양새였다. 문학에서는 제임스 조이스의 《율리시스》, T. S. 엘리엇의 《황무지》가 출간되었다. 서사의 파괴와 파편화가 강하게 드러나는 이 작품들은, 이성과 보편성이 떠받친 근대적 세계관의 균열을 상징했다. 질서 정연함과 예측 가능성보다는, 혼돈과 불확실성이 앞서는 시대. 1922년은 그런 거대한 전환을 예고하는 듯했다.

그럼 과학에서는 무슨 일이 있었나? 1921년에는 알베르트 아인슈타인이 노벨물리학상을 받았다. 수상 근거는 광전효과의 규명이었으나, 정작 주목받은 것은 상대성이론이었다. 상대성이론은 뉴턴역학의 기본 전제인 절대 시간과 공간 개념을 해체했고, 이로써 약 300년간 공고했던 고전물리학의 토대를 허물어뜨렸다. 1922년에는 같은 상을 닐스 보어가 받았다. 새로운 원자모형과 양자 도약quantum jump에 기초한 복사 이론을 창안한 공로였다. 보어의 공헌으로 20세기 과학의 핵심 주제로 떠오른 원자의 미시세계를 이해할 길이 열렸다. 문제는 보어도 양자화된 궤도라는, 고전물리학과 상충하는 양자역학의 논리를 도입했다는 것. 요컨대 1921~1922년 아인슈타인과 보어의 노벨상은 패러다임 교체를 상징했다. 뉴턴과 맥스웰이 확립한 고전물리학의 시대가 끝나고, 상대성이론과 양자역학을 위시한 현대물리학이 시작된다는 점에서 그러했다.

천재 vs 집단지성

하지만 아인슈타인과 보어 사이에는 결코 화해할 수 없는 지점이 있었다. 두 사람이 전혀 다른 과학 정신을 대변했기 때문이다. 우선 자연을 바라보는 관점이 근본적으로 달랐다. 아인슈타인은 자연을 수학적으로 완전히 기술 가능하다고 믿었다. 그래서 인과성과 결정론에 따라 자연의 법칙을 이론화하려 했다. 실제로 아인슈타인은 전자기장 개념으로 전기, 자기, 빛을 통합한 맥스웰의 계승자를 자처했다. 상대성이론 역시 맥스웰 방정식을 보편화하려는 시도의 논리적 귀결로 볼 수 있었다. 반면 보어는 불확실성과 상보성의 틀 안에서 자연을 이해했다. 이에 따르면 자연은 하나의 관점만으로 설명될 수 없다. 보어는 원자 내부에는 물체의 여러 상태가 동시에 존재하므로, 입자와 파동이라는 두 배타적 개념을 서로 보완해야 온전히 이해할 수 있다고 보았다. 따라서 자연을 논리적으로 완전무결하게 설명하기란 불가능하다. 그저 확률적으로만 가늠할 수 있을 뿐이다.

이러한 차이는 1927년 제5차 솔베이 회의에서 극명하게 드러났다. '전자와 광자의 양자 이론'을 주제로 열린 이 대회에서, 양자역학이 제기한 자연의 확률론적 해석에 대한 일대 논쟁이 벌어졌다. 물론 반론의 최선두에는 아인슈타인이 있었다. 이때 아인슈타인이 보어에게 "신은 주사위 놀이를 하지 않는다."라고 일갈하자, 보어가 "하지만 세계를 어떻게 다스릴지 신에게 제시해 주는 것도 우리의 과제는 아니다."라고 받아친 일화는 유명하다. 이후에도 아인슈타인은 여러 차례 양자역학이 모순에 빠지는 사고실험을 제기했고, 이를 보어가 방어하면서 논쟁이 계속되었다. 현대과학의 두 거인이 벌인 이 세기의 논쟁은 그대로 양자역학 성립의 핵심 기반이 되었다.

그런데 아인슈타인과 보어는 연구 방법에서도 큰 차이를 보였다. '고독한 천재' 아인슈타인은 개인연구의 화신이었다. 연구실에 틀어박혀 추상적 사색과 계산에 몰두하는 모습이 그를 대표하는 이미지다. 막스 플랑크에 의해 카이저빌헬름물리학연구소장으로 발탁되었을 때도, 프린스턴 고등연구소로 옮겨 통일장 이론에 매진할 때도, 그는 대부분 혼자였다. 실제로 자전적 글에서 팀워크에 적합하지 않은 자신을 단두마차에 비유하기도 했다. 반면 '집단지성의 조율자' 보어의 주위에는 늘 사람들로 북적였다. 보어와 동료들은 토론과 협업을 통해 혁신적 결과를 낼 줄 알았다. 제5차 솔베이 회의에서 아인슈타인과 논쟁을 벌였을 때도 그랬다. 아인슈타인은 단기필마로 양자역학 사단에 날카로운 비판을 가했다. 그러면 보어는 동료들과 밤새 머리를 맞대고 그 해답을 찾아내고는 했다. 상대성이론이 아인슈타인의 천재적 두뇌가 만든 발명품이었다면, 양자역학은 보어와 동료들의 집단연구가 이룬 합작품이었다.

젊은 과학자들의 성지

이들의 집단연구는 덴마크의 한 작은 연구소에서 꽃을 피웠다. 바로 보어가 소장으로 있었던 코펜하겐 이론물리연구소

Institut for Teoretisk Fysik다. 과학사에서 코펜하겐은 낯선 도시다. 20세기 초까지 과학의 중심은 독일, 그중에서도 베를린과 괴팅겐이었다. '세계 물리학의 수도'로 불린 베를린에는 플랑크와 아인슈타인이 이끄는 카이저빌헬름협회가 있었다. 양자역학의 발단이 된 양자가설의 고향이기도 했다. 유서 깊은 대학 도시 괴팅겐에는 양자역학이라는 개념을 처음 사용한 괴팅겐 학파가 있었다. 코펜하겐은 이 전통의 학문 도시에 비해 존재감이 약했지만, 보어라는 신성의 등장으로 상황이 바뀌었다.

그 계기는 1922년의 '보어 축제'였다. 보어는 1913년 양자가설을 도입한 새로운 원자모형을 발표하며 센세이션을 일으켰다. 특히 독일의 젊은 이론물리학자들로부터 전폭적 지지를 받았다. 이에 괴팅겐대학의 막스 보른이 보어의 초청 강연을 마련했다. 2주간의 이 강연은 보어의 해박한 지식과 젊은 학자들의 자유분방한 토론이 어우러진, 축제에 가까운 열광의 장이었다. 훗날 보어의 동료이자 제자가 되는 베르너 하이젠베르크는 이때의 경험을 "내 과학자 인생의 전환점"이라고 묘사했다. 그리고 보어는 노벨상까지 받았으니, 과학자로서 인생 최고의 해였던 셈이다.

보어 축제 이후 코펜하겐 이론물리연구소는 젊은 과학자의 성지로 부상했다. 이곳이 만들어지기까지는 많은 어려움이 있었다. 당시 이론물리학은 독자적인 학문으로 인정받지 못했고, 코펜하겐은 과학의 주변부에 불과했기 때문이다. 무엇보다 큰 문제는 — 대부분 연구소가 그렇듯 — 역시 돈이었다. 보어는 연구 못지

않게 뛰어난 경영 능력을 앞세워 이 문제를 해결했다. 코펜하겐 대학의 정교수가 된 직후인 1917년부터 꾸준히 정부와 기업 관계자를 만나며 기금을 유치했다. 그리고 1921년 정부의 인가를 얻어 코펜하겐대학 안에 이론물리연구소를 열 수 있었다.

다만 이곳을 아는 사람은 다들 보어연구소라고 불렀고, 실제로 보어 사후에는 닐스보어연구소로 이름이 바뀌었다. 그만큼 코펜하겐 이론물리연구소에는 보어의 철학과 신념이 깊게 배어 있었다. 가장 큰 특징은 수평적이고 자유로운 토론 문화였다. 모두가 지위, 소속, 분야, 연령에 상관없이 동등하게 토론에 참여했다. 흔한 말로 '계급장 떼고 실력으로 맞붙는' 일이 일상이었던 셈이다. 소장이자 노벨상 수상자인 보어부터 한참 어린 학생들과 격의 없이 대화했으니 가능한 일이었다. 이것은 보어가 평생 견지한 연구 철학과 관련이 깊다. 보어는 당대의 대학자였음에도 자신의 이론이 완벽하다고 믿지 않았다. 그보다는 타인의 비판과 검증 속에서 새롭게 다듬어지는 것을 더 중시했다.

이런 탈권위적 조직이었기에 세계 각국에서 온 젊은 학자들이 쉽게 정착할 수 있었다. 1920년대에 연구소를 거쳐 간 대표적 인물은 다음과 같다. 베르너 하이젠베르크(독일, 1901년생), 볼프강 파울리(오스트리아, 1900년생), 레온 로젠펠트(벨기에, 1904년생), 폴 디랙(영국, 1902년생), 니시나 요시오(일본, 1890년생). 그야말로 물리학의 젊은 다국적군이었던 셈이다. 세계 과학의 중심이었던 독일에서 교수의 권위가 절대적이었던 것과 비교하면 매우 특이한 사례였다.

코펜하겐 정신, 코펜하겐 네트워크

당시 열렸던 국제회의의 사진은 이 연구소의 분위기를 잘 보여준다. 거기에는 20세기를 대표하는 석학들이 강당에 느긋하게 ― 엄숙함과는 거리가 먼 모습으로 ― 앉아 있는 모습이 찍혀 있다. 그래서인지 학술 토론도 지적 유희의 축제에 가까웠다. 토론하는 자리에는 장난감 나팔, 대포, 북까지 등장할 정도였다. 참가자들이 발표에 감탄하면 나팔을 불었고, 반대할 때는 장난감 대포를 쏘았다. "이론에 구멍을 뚫는다."라는 의미의 익살이었다. 발표가 끝나면 북을 쳐서 박수를 대신하기도 했다. 게다가 연구는 연구실 안보다 밖에서 더 빈번했다. 많은 토론이 산책이나 하이킹을 하면서 이루어졌고, 끝나면 탁구와 축구 시합이 벌어지기도 했다. 이런 활동들은 연구원들의 유대를 높임은 물론, 학술 토론에 생동감을 불어넣고 사고의 전환을 유도하는 역할을 했다.

이러한 수평적인 연구 문화, 또는 집단지성이 만들어낸 지적 혁신을 '코펜하겐 정신'이라고 했다. 호기심과 자율성을 장려하는 분위기에서 젊은 인재들은 과감하고 창의적인 도전에 몰입할 수 있었다. 1885년생인 보어는 자신보다 스무 살 가까이 어린 젊은 인재들에게 강한 애정을 보였고, 이들의 토론과 협력을 통해 과학이 발전할 수 있다고 믿었다. 생전 보어의 언행에서도 이 점이 잘 드러난다. 1921년 연구소 개소 연설에서는 "미래는 젊은 세대에 달렸다."라고 천명했고, 1922년 노벨상 만찬에서는 "과학의 국제적 협동이 왕성히 발전하기를!"이라는 건배사를 제의했다. 이러한 코펜하겐 정신 덕분에 국적과 세대를 초월한 지적 교류의 황금시대가 펼쳐질 수 있었다.

코펜하겐 정신은 양자역학 혁명의 원동력이기도 했다. 과학사학자 알렉세이 코제브니코프는 이를 '코펜하겐 네트워크'라는 개념으로 설명했다. "양자역학은 몇몇 천재의 단독 작품이 아니라, 1920년대 유럽 전역을 떠돌던 젊은 박사후연구원 세대가 만들어낸 집단 창조물이다." 실제로 1925~1927년 쏟아진 양자역학 관련 논문의 대다수는 30세 이하의 젊은 과학자가 집필했다. 그들은 코펜하겐, 괴팅겐, 뮌헨, 케임브리지, 맨체스터 등지를 오가며 수많은 편지와 논문을 주고받았다. 그중 코펜하겐은 보어의 명성과 영향력 덕분에 이 학문 공동체의 중심지가 될 수 있었다. 보어가 교수가 된 1916년부터 타계한 1962년까지, 35개국에서 444명이 코펜하겐을 찾아 한 달 이상 머물렀고, 발표된 논문만 약 1200편에 달했다. 그중에는 불확정성 원리를 제창한 하이젠베르크의 논문, 양자전기역학에 대한 디랙의 논문 등 시대를 바꾼 업적이 다수 포함되어 있었다.

각계각층의 후원

코펜하겐 정신이라는 과학의 이상은 공짜로 실현되지 않았다. 연구소를 짓고, 장비를 구축하며, 해외 과학자들을 체류하게 하는 일의 모든 과정이 다 돈이었기 때문이다. 그러나 1920년대의 덴마크는 부유한 나라가 아니었다. 국립대학에 대한 정부 예산도 빠듯할 수밖에 없었다. 보어는 연구소를 설립하기 전부터 돈을 구하러 다녔고, 소장 재임 내내 재정 문제를 안고 살아야 했다.

역설적으로 이런 악조건이 보어를 탁월한 행정가로 만들었다. 연구소를 운영하기 위해 그는 일인다역을 맡아야 했다. 과학자, 외교관, 기획자, 그리고 자금 조달자까지. 보어는 그중에서도 기금 모금에서 타의 추종을 불허했다. 과학자는 대중의 관심과 현실의 이해관계에 둔감한 경우가 많다. 후원 의사가 있는 기업가나 정부 관료에게 '을'이 되어 환심을 사는 일도 꺼리기 마련이다. 하지만 보어는 이런 일에 기꺼이 나섰고, 재정 환경 변화에 기민하게 대처함으로써 많은 기부금을 모을 수 있었다. 보어를 석학으로 만든 양자역학의 핵심은 원자 내부에 존재하는 입자와 파동의 이중성이다. 재미있게도 현실의 보어 또한 추상적 물리이론과 구체적 행정실무를 오가는 이중적 인물이었다.

보어의 스폰서 중에 가장 대표적인 곳은 단연 칼스버그재단이다. 칼스버그 맥주의 야콥 크리스티안 야콥센이 수익금 일부를 과학에 환원하기로 한 때는 1876년으로 거슬러 올라간다. 칼스버그재단은 창업주의 이러한 뜻에 따라 인문·자연과학을 지원해 왔다. 보어와의 인연도 그렇게 시작되었다. 보어는 연구소 설립을 준비하면서 칼스버그재단에 후원을 요청했고, 칼스버그도 덴마크가 낳은 세계적 석학을 외면하지 않았다. 이에 연구소 건축, 장비 구입, 운영 비용에 이르기까지 대규모 후원이 이루어졌다. 그뿐만 아니라 보어의 생활 기반도 마련해주었다. 1932년 칼스버그재단은 창업자 야콥센의 저택을 명예 주거지로 제공했고, 보어는 1962년 사망할 때까지 그곳에서 살았다. 칼스버그는 세계적 맥주회사답게 보어에게 평생 마실 맥주까지 제공했다고도 한다. 이 밖에도 많은 단체가 코펜하겐 이론물리연구소를 후원했다. 덴마크 정부와 라스크-외르스테드기금, 트리예재단 등 국내 단체는 물론, 미국의 록펠러재단과 포드재단도 참여했다.

이러한 후원에는 국제적 과학 공동체의 행정가로서 보어의 공로가 절대적이었다. 보어는 자유로운 과학 활동, 집단지성의 유지가 재정적 독립에서 나온다는 사실을 누구보다 잘 알고 있었다. 그래서 후원자를 구하는 일을 과학자로서 당연하게 받아들였다. 이 과정에서 수많은 행정업무가 수반되었음은 물론이다. 예컨대 젊은 과학자들을 위해 작성해야 했던 장학금과 체류비 신청서만 매년 수십 건에 달했다. 그래서 코펜하겐에 머물렀던 젊은 과학자들은 보어가 너무 바빠서 얼굴을 보는 것조차 쉽지 않았다고 회고한다. 하지만 그런 격무 속에서도 보어는 과학자에게 어떠한 의무도 요구하지 않았다. 오히려 록펠러재단이 요구한, "젊은 과학자는 본국에 돌아갈 직장이 있어야 한다."라는 지원 규정을 철회시켰다. 보어가 보기에 이는 자유로운 협력을 막는 독소 조항이었기 때문이다. 이렇듯 보어는 과학의 이론만큼이나, 그 이론을 지탱하는 실천 조건들 — 시설, 인재, 문화, 재정 등 — 에도 천착한 보기 드문 과학자였다. 바로 이 점이 코펜하겐 이론물리연구소가 성공할 수 있었던 결정적 이유이기도 하다.

퀀텀점프라는 은유

퀀텀점프, 우리말로 양자 도약은 전자가 한 에너지 준위에서 다른 준위로 순식간에 튀어 오르는 물리 현상을 뜻한다. 눈에 보이지 않는 미시세계에서 일어나는 이 불연속적 도약은 고전물리학의 직선적 인과율에 익숙했던 과학자들에게 충격을 주었다. 그러나 이 수수께끼 같은 현상은 점차 양자역학의 핵심 개념으로 자리 잡았다. 오늘날 퀀텀점프는 경제학, 경영학, 예술 등에서 혁신적 도약을 상징하는 은유로까지 폭넓게 쓰인다.

보어와 그의 동료들이 확립한 양자역학은 현대과학의 퀀텀점프라 할 만했다. 18세기부터 20세기 초까지 과학을 지배한 패러다임은 고전물리학이었다. 그런데 그것이 불과 몇십 년 사이에 양자역학으로 재편되었다. 변화의 중심에는 한두 명의 영웅이 아니라, 보어를 비롯한 여러 나라의 수많은 과학자가 있었다. 그들은 편지와 논문을 주고받고, 학회에서 끝장 토론을 하고, 때로는 상대를 신랄하게 비판하면서, 공동의 목표를 향해 나아갔다. 혼자였다면 상상하기 힘들었을 기발한 아이디어가 이러한 지적 용광로 속에서 튀어 나왔다. 집단지성의 힘이 발휘된 셈이다.

보어가 주도한 코펜하겐 정신이야말로 집단지성의 산실이었다. 보어는 세계의 젊은 인재를 불러 모아 국경을 초월한 협력을 이끌고 조율했다. 젊은 하이젠베르크가 행렬 계산법으로 막막해하자 보어는 철학적 통찰을 보태주었다. 반대로 보어가 아인슈타인의 반론에 난감해할 때는 파울리나 하이젠베르크가 돌파의 실마리를 제시했다. 코펜하겐 이론물리연구소에서 꽃 피운 이러한 협력 문화는 훗날 전 세계 과학 연구의 본보기가 되었다. 거대과학 프로젝트의 논문이 수백 명의 공동 저자를 나열하는 오늘날, 과학은 개인을 넘어서는 집단지성의 장으로 기능하고 있다. 그 기원에 보어와 코펜하겐 이론물리연구소가 있었던 셈이다.

1962년 보어가 세상을 떠나자 전 세계 과학자들은 한 시대의 종말을 실감했다. 그러나 보어의 유산인 코펜하겐 정신은 사라지지 않았다. 지식을 공유하고, 아이디어를 개방하며, 함께 난제에 도전하는 문화는 현대과학의 표준이 되었다. 보어의 동료들이 세계 곳곳으로 퍼져서 그 정신을 그대로 이식한 덕분이다. 실제로 미국 프린스턴 고등연구소, 일본 이화학연구소, 유럽입자물리연구소 등에서는 예외 없이 이러한 정신이 발견된다. 현대과학을 주도하는 이들 연구소는 설립 배경도, 운영 시스템도 제각각이다. 그러나 보어와 그의 동료들이 견지한 철학과 문화로부터 영향을 받았다는 사실만큼은 공통적이다.

20세기 후반 우주 개발, 생명공학, 정보과학 등에서 퀀텀점프에 비견될 혁신들이 일어난 배경에도 이 같은 협력의 전통이 존재한다. 양자역학의 퀀텀점프는 한순간에 저절로 이루어지지 않았다. 그것은 수많은 이들의 열정과 지적 교류가 임계점에 도달해 터져 나온 도약이었다. 전자가 에너지를 흡수해야 높은 궤도로 도약하듯, 과학의 혁신에도 집단지성이란 에너지가 필요했다. 보어와 코펜하겐 이론물리연구소의 경험은 바로 그 사실을 생생히 보여준다.

거대연구시설의 가치

1974년 미국 페르미국립가속기연구소

1969년의 미국은 혼란스러웠다. 우선 베트남 전쟁의 장기화로 국민의 피로감이 누적되었다. 바로 전해에는 반전 운동과 흑인 민권 운동이 촉발한 대규모 시위도 이어졌다. 이른바 68운동이다. 체제 전복으로 급진화한 68운동에 중산층과 기성세대는 심각한 위기감을 느꼈다. 이러한 이념 갈등은 운동의 지도자인 마틴 루터 킹과 로버트 케네디가 암살당하고, 보수진영의 리처드 닉슨이 대통령 선거에서 압승하면서 극에 달했다. 1968년을 암울하게 만든 갈등과 불안은 해가 바뀌어도 여전히 균열을 일으키고 있었다.

과학도 그 영향을 받았다. 베트남 전쟁 비용과 복지 예산이 급증해 제2차 세계대전 이후 처음으로 과학 예산이 줄어들고 있었다. 한창 아폴로 계획 중이었던 NASA조차 예산이 깎였다. 그러니 국방이나 산업에 활용되지 않는 순수 기초연구의 상황은 더욱 어려울 수밖에 없었다. 과학자가 연구비 신청서를 제출해도, 정부 기관은 그 연구가 왜 필요하며 어디에 쓰일지를 검증하려 했다. 많은 과학자가 난감해했다. 자연의 근원을 탐구하는 순수 기초연구는 결국 호기심 해결을 위한 것인데, 그 연구가 왜 필요하냐는 질문에 "그냥 궁금해서"라고 답할 수는 없었기 때문이다.

이런 상황에서 로버트 윌슨Robert Wilson은 4월 17일 의회 청문회에 참석했다. 윌슨은 어니스트 로런스의 제자로서 맨해튼 계획에도 참여한 바 있었다. 1967년부터는 새로 출범한 국립가속기연구소National Accelerator Laboratory, NAL*의 소장을 맡고 있었다. 과학자인 그가 청문회에 나온 이유도 그 때문이었다. 향후 수백만 달러가 투입될 가속기 건설의 필요성을 설명하라는 것. 그래서 존 패스토어 상원의원은 단도직입적인 질문을 던졌다. "이 가속기가 미국의 안보에 기여하는 바가 있습니까? 다른 말로, 이게 소련과의 경쟁에 도움이 됩니까?" 윌슨도 주저하지 않고 대답했다. "전혀 없습니다." 패스토어는 재차 물었다. "그렇다면 가치가 없다는 건가요?" 그러자 윌슨은 이렇게 답했다.

"오직 장기적인 기술 발전의 관점에서만 그렇습니다. 그 외에는 이런 것들과 관련이 있습니다. 우리는 훌륭한 화가, 조각가, 시

---

* 1974년 물리학자 엔리코 페르미를 기리는 의미에서 페르미국립가속기연구소Fermi National Accelerator Laboratory로 이름을 바꿨다.

인인가요? 제가 말씀드리는 바는, 이 나라에서 우리가 진정 존중하고 명예롭게 여기는 것들, 그것으로 나라를 사랑하게 만드는 것들입니다. 그런 의미에서 이 새로운 지식은 전적으로 국가의 명예와 관련이 있습니다. 이것은 우리나라를 지키는 일이 아니라, 지킬만한 가치가 있도록 만드는 일과 관련이 있습니다."

윌슨의 이 발언은 과학의 순수한 가치를 옹호한 전설적인 답변으로 남았다. "과학은 지킬만한 가치가 있는 나라를 만든다."라는 메시지는 많은 이들에게 울림을 주었다. 결국 이 청문회는 새 가속기 건설을 승인하는 방향으로 마무리되었다.

표준모형의 확립과 11월 혁명

페르미국립가속기연구소, 약칭 페르미연구소Fermilab라 불리는 이곳은 일리노이 평원에 세워진 거대한 과학 성채다. 연구소 중앙에 우뚝 솟은 윌슨홀은 마치 고딕 성당을 연상시킨다. 이는 과학을 위한 현대의 성당을 꿈꾼 윌슨의 미학과 비전을 담고 있다. 그의 독특한 감성은 연구소 곳곳에서 드러난다. 연구소 부지를 프런티어 개척지처럼 조성하여 들소 떼를 방목했고, 중앙 연구동은 프랑스 보베의 대성당처럼 장대한 아치형으로 설계했다. 이렇듯 윌슨은 과학을 인류 문명의 중요한 부분으로 여겼고, 연구소를 예술품처럼 가꾸고자 했다.

이러한 남다른 비전은 금세 실현되었다. 1972년 가속기가 첫 빔을 쏘자, 페르미연구소는 단숨에 세계 최고 에너지의 입자 가속 실험이 가능한 곳이 되었다. 윌슨과 그의 연구팀은 메인 링이라 불린 원형 가속기를 완공해 2000~4000억 전자볼트(200~400 GeV)까지 에너지를 확장했다. 당시 경쟁자였던 브룩헤이븐국립연구소나 유럽입자물리연구소를 앞서는 에너지 수준이었다. 1974년 페르미국립가속기연구소로 명칭을 변경하면서 열린 윌슨홀의 개관식에는 물리학의 거장들과 정계 인사들을 포함한 1500여 명이 참석했다.

이 시기 입자물리학은 표준모형이라는 통합 이론으로 진화하고 있었다. 표준모형을 거칠지만 단순하게 표현하자면, 자연의 모든 현상을 17개 기본 입자와 3가지 힘의 상호작용으로 설명하려는 시도라고 할 수 있다. 즉 세상의 모든 물질을 구성하는 초미세 알갱이들(전자, 쿼크, 중성미자 등)과 이들이 서로 밀거나 끌어당기는 힘 등을 한눈에 정리한, '자연이라는 기계의 부품 설명서'다. 이로써 우리는 전기력이 어떻게 작동하는지, 원자 속 입자들이 어떻게 붙어 있는지, 우주의 기본 법칙이 어떻게 움직이는지를 하나의 그림으로 볼 수 있다. 표준모형은 1970년대 초반 전약력(전자기력과 약력)의 게이지 이론이 정립되며 결정적 계기를 맞았다. 이어 1974년에는 '11월 혁명'이라 불린, 맵시 쿼크의 증거인 J/ψ(제이/프사이) 중간자 발견이 이루어지며 이론과 실험이 함께 도약했다.

테바트론이 구축된 페르미연구소의 모습
(Fermi National Accelerator Laboratory)

페르미연구소도 표준모형의 역사에서 빼놓을 수 없는 곳이다. 1977년 리언 레더먼Leon Lederman 연구팀은 새로운 입자 신호를 포착했다. 이들은 에너지 95억 전자볼트(9.5 GeV) 부근에서 이전에 보이지 않던 공명이 나타나는 것을 발견했는데, 그 중요한 순간에 화재로 장치가 손상되는 위기를 맞았다. 연구팀은 밤낮없이 장비를 세척·복구하며 데이터를 재분석했다. 그 결과 이는 통계적 유의도 8시그마(σ)* 이상의 확실한 신호임이 확인되었다. 입실론이라 명명된 새로운 입자를 발견하는 순간이었다. 이것은 바로 표준모형에서 바닥 쿼크의 존재를 입증하는 쾌거였다. 이로써 3세대의 쿼크-렙톤 중 다섯 번째 쿼크(바닥 쿼크)까지 존재가 확인되었고, 이제 남은 것은 가장 무거우리라 예측된 톱 쿼크 하나뿐이게 되었다. 이렇듯 1970년대 말까지 표준모형의 뼈대는 대부분 완성되었고, 페르미연구소는 그 현장에서 세계 물리학계를 선도하고 있었다.

한국인 물리학자 이휘소

페르미연구소는 거대가속기 실험으로 성장했다. 그러나 이론

---

* 통계학에서 표준편차를 뜻하는 기호로, 어떤 결과가 우연히 일어났을 가능성을 측정하는 데 사용된다. 예컨대 1시그마는 약 68%, 3시그마는 약 99.7%, 5시그마는 약 99.9999%의 신뢰도를 의미한다. 입자물리학에서는 5시그마 이상이면 새로운 입자의 발견으로 인정된다.

부문의 기여도 빼놓을 수 없다. 그 중심에는 한국 출신의 물리학자이자 이론학부장이었던 이휘소가 있었다. 1935년 서울에서 태어난 그는 서울대 화학공학과에 수석 입학했으나, 1955년 미국으로 건너가 펜실베이니아대학에서 물리학 박사학위를 받았다. 이후 프린스턴 고등연구소 연구원, 뉴욕주립대학 교수 등을 거치며 미국에서도 촉망받는 인재로 성장했다. 이론물리학자로서 그는 약한 상호작용의 게이지 이론을 발전시키고, 자발적 대칭성 깨짐 이론의 재규격화 문제를 해결하는 데 선구적 업적을 남겼다. 이로써 전약력의 게이지 이론은 세계 물리학계의 신뢰를 얻었고, 표준모형이 정당한 과학적 근거를 가진 통일 이론으로 확립될 수 있었다.

이에 1973년, 윌슨은 새로 출범한 페르미연구소의 이론 부문 연구책임자로 이휘소를 영입했다. 그가 맡은 일은 거대한 실험 장비들이 어떤 데이터를 측정해야 하는지, 그 데이터가 갖는 의미는 무엇인지 이론적으로 탐색하는 일이었다. 그러니까 복잡한 퍼즐을 미리 풀어보며 "이 조각은 이런 모양일 것"이라고 예측하는 사람이었다. 이휘소의 예측은 이후 많은 실험에서 그대로 확인되었다.

1974년의 11월 혁명도 이러한 이론과 실험의 콤비 플레이가 잘 작동한 결과였다. 거대가속기 실험은 매우 복잡하고 많은 자원이 들어간다. 따라서 호기심이 생긴다고 증거도 없이 마구 실험해 볼 수는 없다. 실험물리학자로서는 실험 하나를 잘못하면 자신의 커리어가 타격을 입을 수도 있다. 반면 이론물리학자는 아무래도 실패의 리스크가 적어서 새로운 가설에 자유로운 입장이 된다. 11월 혁명에서도 비슷한 경향이 나타났는데, 그 주역 중 한 명이 이휘소였다. 이해 여름, 이휘소는 메리 가이아드, 조너선 로즈너와 함께 맵시 쿼크의 존재를 전제로 한 계산 작업을 진행하고 있었다. 그러다 불과 몇달 뒤인 1974년 11월 맵시 쿼크인 J/ψ 중간자가 발견되었다. 이휘소는 이 결과를 토대로 맵시 쿼크가 실존할 경우 어떤 입자들이 어떤 성질로 나타나는지를 이론적으로 정리했다. 이 논문의 초고는 1974년 말 학계에 배포되었고, 1975년 4월 정식 출판되었다. J/ψ 입자를 발견한 버턴 릭터와 새뮤얼 팅은 1976년 노벨물리학상을 받았다. 맵시 쿼크의 가능성을 제시한 이휘소의 논문은 이후에도 실험물리학자들에게 좋은 지침서가 되었고, 1000회가 넘게 인용되며 고전으로 남았다.

안타깝게도 그는 1977년 42세의 나이로 사망했다. 가족과 함께 콜로라도에서 열리는 페르미연구소의 연구심의위원회에 참석하려고 가는 중에 교통사고를 당했다. 그 무렵 페르미연구소의 실험 그룹은 앞서 언급한 바닥 쿼크의 발견으로 들떠 있었다. 하지만 이론그룹 수장인 그의 갑작스러운 별세가 축제 분위기를 단숨에 슬픔으로 바꾸어 놓았다. 2년 뒤 노벨물리학상을 받는 스티븐 와인버그와 공동으로 쓴, 이른바 '리-와인버그 경계(약한 상호작용 입자의 우주론적 밀도 하한)'에 대한 논문이 유작으로 남았다. 이렇듯 훗날 노벨상을 받는 이들에게 많은 영향을 주었기에, 그가 죽지 않았다면 한국인 최초의 노벨상 수상자가 되었을 거라는 예상이 많다. 페르미연구소에서 이휘소는 과거의 기억으로만 머무르지 않는다. 중앙 건물 로비에 자리 잡은 그의 흉상이 여전히 찬란하게 빛났던 업적을 기리고 있다.

다만 정작 고향 한국에서는 이 위대한 과학자를 기억하는 방식이 왜곡되었던 것 같다. 1990년대 출판된 몇몇 소설이 그를 박정희 정부의 비밀 핵 개발을 지휘하다가 사망한 비운의 주인공으로 둔갑시켰기 때문이다. 이휘소는 핵물리와 무관한 이론물리학자였고, 무엇보다 당시 국내 학계의 초청을 거부할 정도로 박정희 독재에 비판적이었다. 그런 그가 박정희와 결탁하여 핵무기를 만든다는 설정은 최소한의 사실관계마저 무시하는 발상이었다. 그럼에도 순수과학에 음모론을 덧씌운 이 소설들은 몇백만 부가 팔리는 베스트셀러가 되었다. 이휘소의 유가족이 출판 금지와 명예 훼손에 대한 소송을 제기했으나 기각되었다. 이는 과학을 엄밀한 사실이 아닌 정치화된 신화로 소비하는 문화의 한 단면이라 할 수 있을 것이다.

거대과학의 전성기

바닥 쿼크 입증 성과에 고무된 윌슨은 더 큰 미래를 내다보고 있었다. 메인 가속기의 에너지를 두 배로 높인다는, 이른바 '에너지 더블러' 계획이다. 이는 기존의 전자석 대신 초전도 자석을 사용해 자기장을 강화한다는 야심 찬 계획이었다. 그러면 동격의 터널로 두 배 이상의 에너지를 얻는 것이 가능해진다. 윌슨이 진두지휘한 이 프로젝트는 1983년 세계 최초의 초전도 자기장 가속기인 테바트론의 구축으로 결실을 맺었다. 테바트론은 당시 최고 에너지인 9800억 전자볼트(980 GeV)의 양성자-반양성자 충돌을 실현했다. 이러한 전인미답의 고에너지 수준은 다시금 물리학의 도약을 가져왔다. 1995년, CDF와 DØ 실험팀은 테바트론을 이용해 표준모형의 마지막 핵심 입자인 톱 쿼크의 존재를 실험적으로 입증했다. 이 입자는 이론적으로만 예측되었고, 질량이 너무 커서 탐색이 어려웠으나, 테바트론의 높은 충돌 에너지와 정밀한 검출 시스템 덕분에 확인될 수 있었다. 이는 표준모형의 완성과 고에너지 물리 실험의 정밀화를 상징하는 발견이었다.

테바트론은 거대과학의 제도와 문화를 확립하는 계기도 되었다. 톱 쿼크를 발견한 CDF와 DØ 같은 실험그룹은 다국적 연구 공동체였다. 여러 나라에서 모인 수백 명의 물리학자, 엔지니어, 데이터 분석가들이 함께 일했으며, 실험 설계, 장치 운영, 데이터 수집·분석, 논문 출판의 전 과정이 체계적인 협업을 통해 이루어졌다. 이처럼 연구의 집단화, 실험의 산업화, 분석의 정보화는 테바트론을 통해 본격화했다. 이것은 오늘날 유럽입자물리연구소의 거대 강입자 충돌기 Large Hadron Collider, LHC 같은 초대형 프로젝트의 표준이 되었다. 요컨대 테바트론은 단순한 과학적 발견을 넘어, 고에너지 물리 실험의 정밀성과 조직화를 극대화한, 거대과학의 전성기를 상징하는 시설이었다.

다만 이렇게 복잡한 거대과학의 수장을 맡기에 윌슨은 너무 독특했다. 연구소 부지에 들소 떼를 방목한 데서 알 수 있듯, 그는 서부 개척 시대의 프런티어 정신을 페르미연구소에 도입하고자 했다. 그래서 과학의 신기원을 열겠다는 목표에 따라 기존 틀에 얽매이지 않는 독단적 결단을 많이 내렸다. 후배인 레더먼이 그를 가리키며 한 말이다. "로버트 윌슨은 예술가였고, 카우보이였으며, 시인이자, 전자 가속기의 마법사였다." 이러한 예술가적 기질로 인해 윌슨은 정부 관료들과 자주 충돌하기도 했다. 결국 1978년에 예산 운용에 대한 갈등 끝에 소장직을 사임했고, 레더먼이 이어받았다.

그러나 윌슨의 탁월한 리더십만큼은 페르미연구소에 깊고 오래 남았다. 1970년대 페르미연구소는 그의 개척자 정신이 거대과학의 이상으로 구현된 시기였다. 대형 가속기라는 거대 장비, 수백 명이 투입되는 국제협력 연구가 일상이 되었고, 물리학의 최전선에서 새로운 입자와 개념이 속속 모습을 드러냈다. 윌슨은 개인의 창의와 자율을 중시했지만, 아이러니하게도 그가 일군 페르미연구소는 거대과학의 전형이 되었다. 물론 이것은 시대의 반영이기도 했다. 소그룹의 독립 연구로 위대한 발견을 이루던 시대는 저물고, 국가적 투자와 대규모 프로젝트가 자연의 근본 질문에 답하는 데 필수가 된 것이다. 그리고 이 거대과학을 구현하는 과정에서 과학자와 정치인, 관료 사이에는 새로운 갈등이 싹트기 시작했다.

초전도 초대형 충돌기, 부상과 좌초의 드라마

1980년대 미국 물리학계와 과학정책 당국은 또 하나의 거대한 비전을 키웠다. 바로 세계 최대 규모의 입자가속기인 초전도 초대형 충돌기Superconducting Super Collider, SSC의 건설 계획이었다. 이미 페르미연구소의 테바트론이 세계 최고 에너지의 충돌 실험을 가능케 했지만, 물리학자들은 더 높은 에너지 영역에 숨어 있을 힉스보손 등의 새로운 발견을 열망했다. 냉전이 한창이던 1980년대 초라서 과학기술을 통해 소련을 제압하자는 의지도 강했다. 이에 레더먼을 비롯한 물리학자들이 테바트론보다 20배 이상의 에너지를 낼 가속기를 기획했고, 워싱턴 DC의 정치인들에게도 그 필요성에 대해 로비했다.

마침내 1987년 로널드 레이건 대통령은 이 충돌기 건설 계획을 승인하고 입지 선정에 착수했다. 무려 20여 개 주가 유치 경쟁을 벌였고, 1988년 텍사스의 왁사해치 근교가 부지로 최종 확정되었다. 대규모 가속기 시설이 들어설 넓은 토지와 실험에 적합한 지질 조건 등이 고려된 결과였다. 물론 정치권 실세였던 텍사스 출신 짐 라이트 하원의장의 막후 지원도 빼놓을 수 없었다.

SSC의 제원은 상상을 초월했다. 계획대로라면 둘레 87킬로미터의 지하 터널에, 약 1만 개의 초전도 자석을 설치하여, 양성자 빔 두 개를 정반대 방향으로 주행시키는 거대한 기계가 탄생할 참이었다. 두 빔을 각각 20조 전자볼트(20 TeV) 에너지까지 가속해서 정면충돌시키면, 총 충돌 에너지는 무려 40조 전자볼트에 달했다. 이는 당시 가동 중이던 테바트론(약 2조 전자볼트)의 20배에 이르는, 전례 없는 고에너지 영역을 탐사할 수 있는 장치였다. 과학자들은 "자연이 숨겨놓은 힉스 보손을 발견하려면 이 정도의 가속기가 필요하다."라고 주장했다. 정부도 이에 호응하여 미래 과학에 대한 투자로 홍보했다.

그러나 SSC 건설은 처음부터 순탄치 않았다. 무엇보다 1980년대 미국의 경제 상황이 크게 악화되었다. 레이건 시대를 상징하는 쌍둥이 적자 — 무역적자와 재정적자 — 가 야기한 일대 위기였다. 여기에 NASA의 국제우주정거장 등 다른 거대과학 프로젝트들도 예산 경쟁에 뛰어들었다. SSC 반대자들의 주장은 이러했다. "국제우주정거장과 SSC 둘 다 감당하기에는 예산이 부족하다. 그나마 눈에 보이는 성과가 있는 국제우주정거장에 집중해야 한다." 실제로 국제우주정거장은 TV 화면으로 그럴듯한 우주선과 우주비행사의 모습을 보여줄 수 있었다. 그러나 입자가속기는 지하 터널 속에서 보이지도 않는 입자 충돌을 연구하는, 난해한 과학 프로젝트로 여겨졌다.

SSC 건설의 가장 큰 문제는 밑도 끝도 없이 불어나는 예산이었다. 그나마 레이건 재임기에는 예산이 비교적 무난히 통과되어 터널 굴착 공사가 시작되었다. 이에 텍사스 현장에 수천 명의 인력이 집결해 지하 60미터에 거미줄 같은 터널을 뚫어 나갔다. 그러나 공사가 진행될수록 예산이 늘어났다. 최초 예상은 약 50억 달러였으나, 1991년 80억 달러를 넘어서고, 1993년 초에는 총사업비 100억 달러 돌파가 기정사실화되었다. 일부 전문가들은 최종 비용이 150억 달러까지 치솟을 거라는 최악의 전망까지 내놓았다. 그야말로 '돈 먹는 하마'가 된 것이다. 뒤늦게 해외 파트너를 끌어들여 국제협력 프로젝트로 전환하려 했지만, 그조차 여의치 않았다. 미국 과학의 영광을 위해 시작한 이 사업에 다른 나라들이 선뜻 돈을 낼 리가 없었다. 그나마 유력한 파트너로 꼽혔던 일본과도 1992년 자동차 무역 마찰 등 갈등이 겹치면서 협상 분위기가 얼어붙었다. 설상가상으로 사업 관리 부실 논란도 떠올랐다. 관리 부처인 에너지부는 1993년 감사 보고서에서 SSC 사업 관리가 엉망이라며, 3년간 크리스마스 파티에 1만 2000달러, 고급 식사에 2만 5000달러 등이 지출되는 등 세금 낭비를 지적했다.

이러한 이슈들 때문에 정치권에서도 SSC에 등을 돌리는 의원들이 늘어났다. 그리고 결정적으로 1992년 대선에서 정권이 바뀌면서 지원이 급감했다. 정부 조직의 효율화와 비용 절감을 내세운 민주당의 빌 클린턴 대통령은 취임 초기부터 SSC에 냉담한 태도를 보였다. 물론 미국의 과학 리더십을 포기해서는 안 된다는 주장이 여전히 존재했지만, SSC에 대한 회의론은 여야를 막론하고 거세졌다. 과학계 출신의 지지파 의원들조차 "마음은 아프지만, 재정 적자라는 현실을 무시할 수 없다."라며 입장을 바꿨다.

결국 1993년 10월, 의회는 SSC 구축 사업을 완전히 폐기하고, 남은 예산으로 사업을 질서 있게 철회하도록 결정했다. 당시 한 상원의원의 씁쓸한 한마디다. "SSC는 교수형에 처해졌다. 우린 이제 시신을 묻어야 한다." 이미 연방 예산 약 20억 달러와 텍사스주 지원금 4억 달러 등 총 24억 달러가 투입된 뒤였다. 손해는 이뿐만이 아니었다. 지하에 뚫린 23킬로미터의 터널과 거대한 실험실 건물도 미완성인 채로 버려졌다. 수많은 과학자와 기술자가 뿔뿔이 흩어졌고, 그중 상당수 인재가 유럽입자물리연구소로 옮겼다. 수십 년 동안 미국이 지켜온 과학의 패권이 유럽으로 넘어가는 모양새였다.

훗날 유럽입자물리연구소가 SSC보다 작지만 기능적으로 유사한 거대 강입자 충돌기를 완성하여 2012년 힉스 보손을 발견했을 때, 미국 과학계는 환호와 함께 씁쓸함도 느껴야 했다. 만약 SSC가 예정대로 완공되었다면, 유럽입자물리연구소보다 빨리 힉스 보손을 발견하고 노벨상도 미국에 돌아갔을 것이기 때문이다. 그래서 이 취소 결정은 "과학사에서 가장 값비싼 실수"로 불리기도 한다. SSC의 흔적은 한동안 텍사스 황무지에 흉물로 방치되었다. 사업 취소 후 SSC 부지는 민간에 매각되어 데이터센터나 화학 공장 등으로 바뀌었다. 이곳이 한때 인류 최대의 과학 연구시설이 들어설 자리였다는 사실은 역사로만 남았을 뿐이다.

거대연구시설의 두 갈래 길

SSC의 몰락은 과학과 정치의 불협화음이 만든 사건이었다. 과학자들은 거대과학 프로젝트를 오로지 과학적 당위성만으로 밀어붙일 수 없음을 깨달았다. 예산 확보를 위해서는 국민과 정치권이 공감할 수 있는 가치의 공유가 필수임을 절감한 것이다. 이는 SSC의 실패를 1970년대 페르미연구소의 성공 사례와 비교해 봐도 분명히 드러난다.

그럼 어떤 요인이 페르미연구소와 SSC라는 거대연구시설의 두 갈래 길을 나누었나? 일단 시대적 배경이 달랐다. 페르미연구소가 건설된 1960년대 말은 미국이 과학기술에 자신감이 넘치던 시기였다. 맨해튼 계획, 아폴로 계획을 성공시킨 흥분이 아직 남아 있었고, 첨예한 냉전 경쟁 속에서 과학은 곧 애국이었다. 페르미연구소 역시 기초과학에서도 세계 1위를 지키자는 국가적 의지에 따라 비교적 순조롭게 예산을 확보할 수 있었다. 반면 SSC가 좌초한 1990년대 초는 냉전의 종료 직후 경제적 현실을 직시하는 분위기가 팽배했다. 때마침 미국을 덮친 경제위기는 이러한 현실주의적 관점을 더욱 강화했다.

  연구를 이끈 리더십과 서사의 차이도 컸다. 페르미연구소의 윌슨은 탁월한 비전가이자 능숙한 소통가였다. 그는 예술과 개척자 비유를 사용해 대중에게 다가갔고, 직접 청문회에 나가서 정치인을 설득했다. 그의 카리스마는 내부 결속은 물론 외부의 지지를 얻는 데도 효과적이었다. 반면 SSC는 추진 주체가 분산되어 있었다. 여러 대학과 연구소, 에너지부 관료들이 관여했지만, 윌슨 같은 상징적 리더는 부재했다. 레더먼 등 유명 과학자들이 홍보에 나섰지만, 메시지는 조직되지 않았고, 윌슨처럼 정치인들에게 과학의 가치를 심미적으로 설득하는 데에도 실패했다.

  규모와 관리 측면에서도 두 시설은 비교되었다. 페르미연구소는 상대적으로 작은 거대과학이었다. 초기 투자 비용이 2~3억 달러로 SSC의 20분의 1 정도였고, 건설 기간도 짧았다. 윌슨은 다양한 비용 절감 방법을 도입하는 등 예산을 직접 관리했다. 반면 SSC는 처음부터 수조 원대 예산이 책정되었고, 관리 단계와 구조도 복잡했다. 그러니 시간이 갈수록 사업이 관료화되었고, 이는 그대로 비용 상승으로 이어졌다. 페르미연구소는 리더의 뛰어난 역량으로 많은 문제를 풀었지만, SSC는 그러기엔 사업이 너무 방대했고 이해관계자도 많았다.

  어쩌면 페르미연구소와 SSC의 운명은 과학의 이상과 현실 사이에서 엇갈렸는지도 모른다. "왜 세금을 들여 과학을 연구해야 하는가?"라는 질문에 페르미연구소의 윌슨은 과학이 지적·문화적 풍요를 위한 것이라고 당당히 말했다. 즉 과학은 무언가를 즉각 만들어내는 생산 공정이 아니라, 사회를 풍요롭게 하는 문화적 토양과 같다는 의미다. 때로는 그 과정에서 예상치 못한 실용적 산물이 나오기도 한다. 페르미연구소의 가속기에 쓰인 초전도 자석과 신호 검출기는 MRI 등의 의료기기로 이어졌고, 수십 년 후 유럽입자물리연구소의 실험 데이터 공유 시스템이 월드와이드웹으로 발전한 것이 그 예다. 그러나 설령 그런 부가 효과가 없더라도, 우주의 비밀을 풀고 자연의 법칙을 찾는 탐구 자체가 의미 있는 일이다. 페르미연구소와 달리 SSC는 이러한 과학의 가치로 여러 현실적 요구를 극복하는 데 실패했다. 요컨대 페르미연구소가 과학의 이상이 현실을 압도한 경우였다면, SSC는 불행히도 현실의 장벽에 꺾인 사례라 할 수 있다.

마지막으로 사족 하나만 더. 서두에 소개한 1969년 청문회에서 윌슨의 답변을 들은 패스토어는 이렇게 말했다. "윌슨 박사, 내가 월요일 밤 연설을 할 예정인데, 그때 당신 말을 인용해야겠네요." 과학을 향한 이 멋진 헌사는 오늘날에도 유효하다. 비단 윌슨과 페르미연구소뿐만 아니라, 과학을 연구하는 모두가 '인류를 지킬만한 가치가 있게 하는 무엇'을 만들기 위해 지금도 분투하고 있기 때문이다.

20

불확실한
투자의 효과

1975년 미국 국립과학재단

    흔히 정치인이라고 하면 부패하고 부도덕한 이미지가 떠오른다. 실제로 직업별 신뢰도 조사에서 정치인은 많은 나라에서 최하위권에 속한다. 물론 모두가 그런 것은 아니다. 미국의 상원의원을 지낸 윌리엄 프록스마이어는 검소하고 청렴한 정치인이었다. 그는 역대 재선 이상 의원 중 가장 적은 선거 자금을 사용한 사례로 꼽힌다. 의원으로 활동할 때는 정부가 제공하는 비행기, 호텔 등의 지원을 일절 이용하지 않았다. 이러한 편의를 국가 예산 낭비로 보았기 때문이다. 개인 사무실과 보좌진도 최소 규모만 유지하는 것으로 유명했다.

    이런 그가 1975년 근검절약이라는 대의를 내세운 상을 하나 만들었다. 이름하여 '황금양털상Golden Fleece Award'. 이 상은 세금으로 벌인 가장 어처구니없는 낭비 사례를 골라 시상했다. 즉 정부가 납세자의 돈을 낭비하는 사례를 고발하고, 정부 지출에 대한 국민의 감시와 통제를 강화한다는 취지였다. 이름을 황금양털이라고 한 이유는, 영어 속어에서 "fleecing the taxpayer"가 "납세자를 털어먹는다."라는 뜻이기 때문이다.

문제는 첫 번째 황금양털상의 수상자가 미국 국립과학재단 National Science Foundation, NSF이었다는 것. 국립과학재단은 대학과 연구소 등의 과학 연구에 자금을 지원하는 정부 기관이다. 특히 기업들이 하기 어려운, 뚜렷한 경제적 효과가 없는 기초연구에 그 역할은 절대적이다. 프록스마이어는 미네소타대학이 수행한 "사람들이 왜 사랑에 빠지는가?"라는 연구에 국립과학재단이 8만 4000달러를 지원한 것을 문제 삼았다. 이것이 말도 안 되는 세금 낭비라는 것이다. 그는 "사랑에 빠지는 이유 같은 건 알고 싶지도 않고, 아무리 돈을 들여도 납득할 답이 나오지도 않을 것"이라고 비꼬았다. 프록스마이어는 이전에도 군납 비리나 방만한 예산 운용을 폭로하여 인기를 끌었다. 그 연장선에서 미국 과학 연구의 본산인 국립과학재단까지 공격 대상으로 삼은 것이다.

국립과학재단의 탄생

미국이 과학에 대한 국가적 지원 필요성을 인식한 계기는 제

2차 세계대전이다. 맨해튼 계획과 같은 거대과학 프로젝트를 통해, 정부의 적극적 개입이 과학을 급속히 발전시킬 수 있음을 확인했다. 실제로 과학자들이 개발한 레이더, 암호 해독 기술, 원자폭탄 등은 전쟁 승리에 절대적인 영향을 미쳤다. 이는 과학이 단순한 학문을 넘어, 정부 정책의 중심을 차지해야 함을 시사했다.

결국 1945년, 백악관 과학연구개발국장 버니바 부시는 역사적인 보고서를 대통령에게 제출했다. 이것이 미국 과학기술 정책의 기본틀을 만든 《과학, 끝없는 프런티어 Science, the Endless Frontier》다. 여기서 부시는 이렇게 천명했다. "과학의 진보는 국민 건강, 국가 안보, 경제 번영을 위한 필수 조건이다. 이를 위해서는 연방정부의 지속적 지원이 필요하다." 그러면서 특히 기초연구 투자를 강조했다. 이는 정부가 민간 기업이 꺼리는 장기·고위험 연구를 맡아야 한다는 의미였다.

부시는 전쟁 기간의 성공 사례를 모델로, 전후에도 과학자 주도의 독립적 연구 지원 기구를 만들자고 제안했다. 하지만 그가 원한 조직은 수년간 정치적 교착 상태에 놓여야 했다. 군과 민간, 대통령과 의회 사이에서 과학의 통제권을 누가 가져야 할 것인가를 둘러싼 이견이 많았기 때문이다. 국립과학재단은 이러한 타협의 산물로 등장할 수 있었다. 1950년 해리 트루먼 대통령의 서명으로 국립과학재단 설립법이 통과되었고, 1951년부터 첫 연구비 지원이 이루어졌다.

국립과학재단은 처음부터 과학기술 전반을 총괄하는 형태가 아닌, 기초연구 중심의 분산형 지원기관으로 출범했다. 지금까지도 미국은 주무 부처 없이 다부처 구조로 과학기술을 지원하고 있다. 국방부(무기, 보안), 보건복지부(의학, 생명공학), 에너지부(원자력, 재생에너지) 등이 관련 연구개발을 맡는 식이다. 이러한 구조에서 국립과학재단은 기초연구 전반을 지원하는 허브로 기능한다. 즉 실용적 응용보다는 기초연구의 순수 학문적 가치를 지키기 위해 만들어진 제도적 거점이었던 셈이다. 기초연구의 불확실성과 잠재력을 통찰한 부시의 철학은, 국립과학재단의 설립과 운영에 깊이 녹아들어 있다.

과학자들의 반격

프록스마이어가 공격한 것이 바로 이 지점이었다. 당장의 예산 투입 성과를 기대하기 어려운, 효과가 불확실한 연구에 귀한 세금을 쓴다는 것. 그와 같은 비과학자가 보기에 국립과학재단의 지원 과제 목록은 우스꽝스러운 주제와 막대한 예산 규모의 몰상식한 조합에 불과했다.

황금양털상의 표적이 된 과학자들은 즉각 반론에 나섰다. 미네소타대학의 앨런 버쉐이드 교수는 사랑에 빠지는 이유에 대한 연구가 인간관계의 심리적 의존성을 규명하려는 시도이며, 그 결과가 심리치료에도 응용될 수 있다고 설명했다. 비슷한 주제로 지목된 위스콘신대학의 일레인 월스터 교수도 마찬가지였다. 이 연구는 10여 년 역사를 가진 공정성 이론의 일부로, 사회과학자들 사이에서도 이미 성과를 인정받고 있다는 것이다. 그러면서 프록스마이어가 "과학을 이해하려는 노력도 없이 그저 값싼 웃음거리로만 삼고 있다."라며 강하게 비난했다. 위스콘신대학 교수회도 이 상이 학문의 자유에 대한 위협이라며, "만약 일부 연구가 정말 문제라고 해도, 국립과학재단의 정책과 심사과정을 바꾸도록 해야지, 언론을 통해 과학자를 조롱하는 방식이어서는 안 된다."라고 지적했다.

하지만 프록스마이어의 공격은 쉽사리 멈추지 않았다. 두 번째 황금양털상 역시 국립과학재단을 겨냥했다. 1975년 말 프록스마이어는 국립과학재단, 항공우주국, 해군이 지난 7년간 50만 달러 이상 지원한 연구라며 또 하나의 기괴한 사례를 발표했다. "쥐, 원숭이, 인간은 왜 이를 악물까?" 미시간주 칼라마주병원의 연구원인 롤랜드 허친슨의 과제였다. 프록스마이어는 정부가 이런 원숭이 짓에서 손을 떼야 한다고 냉소했다. 심지어 TV 토크쇼에 나가서도 이 연구과제를 웃음거리로 만들었다.

이번에는 소송으로까지 번졌다. 연구책임자인 허친슨이 1976년 프록스마이어와 그의 보좌관을 고소했기 때문이다. 그는 황금양털상으로 인해 자신의 명예가 실추되었고, 향후 연구비 확보에도 피해를 보게 되었다고 주장했다. 과학자 대 정치인의 이 600만 달러짜리 소송은 4년 가까이 이어지며 큰 화제를 낳았다. 1심 지

방법원은 표현의 자유를 들어 소송을 각하했다. 그러나 허친슨은 포기하지 않고 항소했고, 마침내 1979년 연방대법원의 8대 1 결정으로 최종 승소했다. 프록스마이어는 1만 달러의 배상금과 5000여 달러의 소송 비용을 부담해야 했다. "허친슨의 연구를 깎아내릴 의도는 아니었다."라는 취지의 공식 사과와 함께. 이 소송에서 프록스마이어가 쓴 변호인단 비용만 약 12만 5000달러였다. 그는 황금양털상 에피소드를 엮은 책을 내고 그 인세 수입으로 손해를 메꿔야 했다.

반면 과학자들에게는 큰 격려가 되었다. 이 소송은 정치인이 과학자를 공개적으로 조롱하는 행위에도 책임이 따른다는 중요한 선례를 남겼다. 물론 프록스마이어는 황금양털상 시상을 완전히 그만두지는 않았다. 다만 이전처럼 과학자 개인을 표적 삼아 웃음거리로 만드는 공격은 자제했다. 대신 NASA나 국방부 등 대규모 정부 조직의 낭비를 주로 지목했다. 그럼에도 몇몇 황금양털상 선정은 지나친 트집 잡기라는 비판을 받았고, 시간이 흐를수록 이 정치적 쇼는 신선함을 잃어갔다. 1988년 프록스마이어가 은퇴하자 시상도 자연히 중단되었다.

재평가된 연구들

프록스마이어가 조롱했던 연구들은 세월이 지나 정당한 평가를 받았다. 첫 황금양털상을 받은 버쉐이드와 월스터의 사랑 연구는 대인 매력과 관계 형성에 관한 권위 있는 이론으로 발전했다. 월스터가 설명했듯, 이 연구는 부부나 연인들이 주고받는 정서적 투자와 보상의 균형이 관계의 만족도에 영향을 준다는 공정성 이론의 계보에 속한다. 이는 사회심리학 교과서에 실렸으며, 상담심리와 임상 치료 분야에서도 효과를 발휘했다. 프록스마이어가 "알고 싶지도 않고, 알 수도 없다."라며 조롱한 사랑에 빠지는 이유가 과학자들에 의해 부분적이나마 해명되었고, 이것이 인간관계의 과학이라는 새로운 지평으로 이어진 셈이다.

1978년 프록스마이어가 "게이 갈매기 연구"라고 비난했던 서부갈매기의 암컷 쌍 행동 연구도 재평가되었다. 생물학자들은 여러 동물 종의 동성 사회 행동과 번식 전략을 밝힘으로써 생물학적 다양성의 이해를 확장했다. 특히 프록스마이어가 비웃었던 갈매기 호르몬 연구는 야생동물의 행동 내분비학에 관한 선구적 지식 중 하나로 꼽힌다. 이후 동물행동학 교과서에 관련 언급이 등장할 정도로 학술적 의의를 인정받았다.

허친슨의 이갈이 행동 연구도 마찬가지다. 인간을 비롯한 포유류가 스트레스나 각성 상태에서 이를 갈거나 턱관절을 악무는 현상은 의학적으로 중요한 주제임이 밝혀졌다. 허친슨이 수행한 설치류와 영장류의 행동 비교는 이러한 행동생리학적 반응의 진화적 기원을 추적한 연구였다. 그래서 그가 남긴 데이터를 재분석하거나 후속 연구를 하려는 시도들이 꾸준히 이어졌다. 당장은 쓸모없어 보이던 연구가 사실은 인간의 건강과 행동을 이해하는 핵심 단서였던 셈이다.

인터넷의 숨은 뿌리, NSFNET

미국 국립과학재단의 기초연구는 인터넷 발전에도 기여했다. 연구보다는 인프라의 측면에서 그렇다. 1960년대 ARPA가 개발한 아파넷은 최초의 패킷 교환 방식 컴퓨터 네트워크였다. 특히 이 시스템에 도입된 TCP/IP 통신규약이 범용 네트워킹의 표준으로 자리 잡으면서, 다양한 네트워크를 하나로 묶을 공통 언어가 확립되었다. 이로써 원거리의 여러 대형 컴퓨터를 연결하여 데이터와 자원을 공유하는 혁신이 가능해졌다. 하지만 당시만 해도 아파넷의 영향력은 국방 연구기관과 일부 대학의 실험망에 머물렀다. 1970년대 아파넷의 기술을 흡수한 소규모 네트워크들 — 국방부, 국립보건원, 항공우주국 등 — 이 생겨났지만, 서로 호환되지 않는 고립된 섬처럼 존재했다. 아파넷은 1983년에 군사 부분이 밀넷MILNET으로 분리되고, 남은 연구망들도 1990년에 완전히 퇴역했다.

아파넷이 남긴 인프라를 이어받아 오늘날 인터넷의 싹을 틔운 것이 국립과학재단이 운영한 엔에스에프넷NSFNET이었다. 대학과 연구소의 기초연구를 지원하던 국립과학재단은 1980년대에 새로운 과제에 직면했다. 그 계기는 1985년 미국 각지에 설립한 5곳의 슈퍼컴퓨터센터였다. 이 시설은 천문학, 입자물리학, 기상학 등 대규모 연산을 사용하는 연구자들에게 막대한 계산 능력을 제공하기 위한 것이었다. 문제는 전국의 과학자들이 이들 슈퍼컴퓨터를 원격 이용할 방법이 마땅치 않았다는 점. 당시는 오늘날과 같은 인터넷 환경이 없었던 탓이다.

이에 과학자들은 백본backbone이라 불린 전국적 고속 연구망 구축을 국립과학재단에 요구했다. 마침 아파넷을 통해 축적한 네트워킹 기술이 있었기에, 국립과학재단도 이걸 활용해 보기로 했다. 1986년 국립과학재단은 각 슈퍼컴퓨터센터를 고속 회선으로 잇는 전국 규모 컴퓨터망인 NSFNET의 운영을 시작했다. 초기 NSFNET의 속도는 가정용 전화선 모뎀 수준인 56 kbps kilobit per second에 불과했지만, 이내 폭증하는 수요를 감당하지 못하게 되었다. 그래서 1988년에 주요 구간을 T1 회선(1.5 Mbps)으로 업그레이드했다. 여기에 지역 단위로 대학들을 연결하는 지역 네트워크를 지원함으로써 NSFNET 백본에 접속시켰다.

이렇게 하여 미국 전역의 대학, 연구소, 정부 기관 수천 곳이 하나로 연결되는 거대한 학술 네트워크가 출현했다. 아파넷 등 기존 망도 NSFNET과 게이트웨이로 연결되어, 사실상 하나의 통합망처럼 작동하게 되었다. 이 통합망이 오늘날 인터넷의 모태가 된다. NSFNET의 영향력은 숫자로도 드러난다. 1985년 전 세계에 인터넷으로 연결된 컴퓨터는 2000대 남짓에 불과했으나, 1993년에는 200만 대를 넘어섰다. 또한 NSFNET은 1991년 업그레이드를 통해 미국 최초로 45 Mbps(T3급) 백본망을 실현하여, 점점 방대해지는 디지털 데이터를 원활히 실어나를 기반을 마련했다. 때마침 CERN의 팀 버너스리가 공개한 월드와이드웹www 기술도 NSFNET 환경을 통해 급속히 전파되었다. 특히 1993년 국립과학재단의 지원을 받은 일리노이대학 국립슈퍼컴퓨팅응용센터가 모자이크라는 웹브라우저를 개발함으로써 월드와이드웹은 폭발적으로 대중화되었다. 모자이크는 그래픽 인터페이스를 갖춘 최초의 무료 웹브라우저로, 18개월 만에 사용자가 백만 명을 넘으며 웹 시대의 서막을 열었다.

본래 NSFNET은 상업용 트래픽을 금지한 연구용 망이었다. 그러면서도 민간 기업과 NSFNET 백본을 구축·확장하는 협약을 맺어 망을 키웠다. 이렇게 축적된 기술력과 인프라는 결국 민간 기업들이 자체 상업망을 구축하는 바탕이 되었다. 1993년 국립과학재단은 인터넷을 완전히 민간에 이양하기 위한 새로운 구조를 설계했고, 마침내 1995년 4월 NSFNET의 백본망은 공식 퇴역하여 상업 인터넷에 그 자리를 내주었다. 즉 공적 자금으로 운영되었던 NSFNET가 민간의 인터넷 보급에 결정적 가교가 된 것이다. 이후 인터넷은 전적으로 민간 기업들이 이끄는 상업망으로 탈바꿈하여, 사실상 전 인류의 통신망이 되었다.

기초연구 투자, 혁신의 시드머니

기초연구 투자는 하나의 딜레마다. 오랜 기간 큰돈이 들어가는데, 당장의 유용성이 보이지 않아서 정치적으로 방어하기 어렵다. 황금양털상에서 보듯 정치인과 대중은 과학적 궁금증을 곧잘 낭비로 간주한다. 그럼에도 기초연구 투자를 중단할 수는 없다. 기초연구는 궁극적으로 혁신의 시드머니 역할을 하기 때문이다. 문제는 이 투자를 누가, 언제까지, 어떻게 지속할 수 있는가다. 국립과학재단을 설립한 부시의 철학처럼, 국가가 그 역할을 맡아야 한다는 생각은 여전히 유효하다. 다만 국가정책에 필연적으로 수반되는 관료주의와 제도의 경직성은 피해야 한다. 기초연구 투자에는 좀 더 섬세하고 유연한 접근이 필요하다.

우선 기초연구의 불확실성을 시스템으로 뒷받침해야 한다. 성공 확률이 낮아도 큰 파급효과를 일으킬 수 있는 연구들도 기회를 충분히 보장받아야 한다는 의미다. 프록스마이어처럼 비전문가가 과학의 가치를 성급하게 판단하는 일은 위험하다. 따라서 다양한 시도를 지원하는 포트폴리오 투자 전략이 필요하다. 연구의 지속성과 인내도 제도화해야 한다. 황금양털상으로 공격받은 연구들이 곧바로 중단되었다면, 이후 이어진 지식의 진보도 당연히 없었을 것이다. 연구예산 심사나 과제 평가를 할 때 기초연구만의 속성을 고려해야 한다. 당장 성과가 희박해 보이거나 중도에 실패하더라도, 장기 예산 지원을 보장해야 한다. 그래야만 기초연구 최대의 적인 단기 성과주의에서 벗어날 수 있다.

기초연구로 발생하는 부수적 효과도 공적 가치로 인정해야 한다. NSFNET 사례가 이를 잘 보여준다. NSFNET은 대학과 연구소의 기초연구 자금을 지원하는 국립과학재단의 기본 임무에 부합하는 사업은 아니었다. 1980년대 중반만 해도 NSFNET은 일부 과학자들에게만 필요한 사치스러운 전용망 정도로 인식되었다. 그러나 학술 연구망 구축에서 출발한 아이디어가 전 세계를 연결하는 인터넷으로 발전했다. 연구 인프라에 대한 장기 투자가 인류 문명을 바꾸는 혁신으로 이어진 셈이다. 이러한 의외성, 본래 목적과 다른 방향에서 사회에 기여하는 것도 기초연구의 중요한 특징이다. 따라서 최초 계획과 다른 방향으로 연구가 진행된다고 해서 실패 딱지를 성급히 붙여서는 안 된다.

마지막으로 과학과 사회의 소통을 긴밀히 해야 한다. 황금양털상이 해프닝으로 끝나버린 데는 과학자들의 적극적인 소통이 주효했다. 즉 비전문가들의 공격에 맞서 논리적인 반론을 제시하고 국민을 설득한 덕분이었다. 다만 황금양털상이 비웃음의 대상으로 전락하는 과정에 우려하는 목소리도 있었다. 과학에 대한 건강한 비판이나 견제마저 실종될 위험이 있다는 이유에서다. 그만큼 공공 자금을 책임 있게 사용하는 일은 여전히 중요한 과제다. 이 점에서 황금양털상은 정치권과 과학계 모두에게 교훈을 남겼다. 정치인은 과학의 가치를 성급히 판단해서는 안 되며, 과학자 또한 대중과 소통하며 연구의 정당성을 입증할 책무가 있다는 점이다. 이렇듯 기초연구 투자의 지속에는 제도적 요인 못지않게, 과학자들의 사회적 책임의식도 강조될 수밖에 없다.

기초연구란 정해진 목표에 정확히 도달하기 위한 일이 아니다. 새로운 목표 그 자체를 만드는 과정이다. 이 점에서 미국 화학자 호머 버튼 애드킨스의 통찰을 떠올릴 수밖에 없다. "기초연구란 공중에 화살을 쏘고, 그것이 떨어진 자리에 표적을 그리는 것과 같다."

사회를 통합하는 과학

1990년 독일 막스플랑크협회

1989년 11월 베를린 장벽이 무너졌다. 그것은 물리적 현상이면서 역사적 사건이었다. 20세기를 온통 얼어붙게 했던 냉전이 녹아내린 여파는 걷잡을 수 없었다. 세계의 절반이었던 공산주의 진영은 도미노처럼 연쇄 붕괴했다. 반면 소련을 이긴 미국, 동독을 흡수한 서독이 역사의 최전방으로 나섰다. 자유주의 진영이 올린 승리의 개가는 화려했다. 록밴드 핑크 플로이드는 베를린 공연에서 장벽을 무너뜨리는 퍼포먼스를 했고, 정치학자 프랜시스 후쿠야마는 자유주의의 승리로 역사의 발전은 끝났다고 선언했다. 이 모든 것이 불과 1~2년 사이에 일어난 세계사적 변화였다.

그런데 독일의 통일은 단순히 정치체제만의 문제는 아니었다.

경제, 사회, 문화, 학문 등에서 벌어진 두 나라의 격차를 좁혀야 하는 어려운 과제가 주어졌다. 과학도 예외일 수 없었다. 막스플랑크협회를 필두로 한 서독의 과학은 세계 최고 수준이었다. 반면 동독은 완제품을 분해해서 기능을 역추적하여 기술을 습득하는 수준에 불과했다. 이렇게 심각한 차이를 메우는 일은 쉽지 않아 보였다.

통일에 수반되는 문제들

막스플랑크협회가 이 문제의 해결에 가장 먼저 나섰다. 1990년 6월 열린 협회 총회는 동·서독 통합의 원칙을 확인하며 이렇게 천명했다. "동독의 과학은 정치와 구분되지 않으므로, 통일 독일의 연구 체제는 연구의 자유와 과학의 독립성을 보장하는 서독 모델이 기준이 되어야 한다." 이는 다음 달 서독과 동독의 과학기술 장관 회의에서 논의되었고, 같은 해 10월 독일 통일 조약에도 반영되었다. 이로써 통일 독일의 연구 체제는 서독의 원칙 — 연구의 자유, 연구 조직의 자율, 학문·기술의 연방주의 — 을 그대로 따르게 되었다. 이는 다시 말해 서독의 연구시스템을 동독으로 확장해야 한다는 것을 의미했다.

1990년 취임한 한스 자허Hans Zacher 회장은 변호사이자 법학자였다. 현재까지 재임한 막스플랑크협회 회장 중 유일한 자연과학

비전공자이기도 하다. 1971년 뮌헨대학의 공법학 교수였던 그는 막스플랑크외국·국제사회법연구소의 설립 과정에서 소장으로 합류했다. 막스플랑크협회가 인문학 분야로 연구소를 확장하던 때였다. 마침 자허의 연구주제는 사회법의 국가 간 비교이기도 했다. 이런 학문적 배경은 통일 시대의 막스플랑크협회를 이끌기에 적합했다.

자허가 임기를 시작했을 때 통합 작업은 이미 진행 중이었다. 당연하지만 동독 지역에 서독의 연구시스템, 특히 막스플랑크연구소들을 이식하는 일은 쉽지 않았다. 가장 큰 문제는 동독의 대학은 서독과 달리 연구 기능이 없다는 데 있었다. 막스플랑크연구소는 대학과 인적 자원 — 교수, 박사후연구원, 학생 등 — 을 공유하면서 작동한다. 그런데 사회주의 체제에서는 과학원이 연구를 전담하고, 대학은 학생 교육만 하도록 역할이 분리되었다. 따라서 막스플랑크연구소가 정상적으로 기능하려면 동독의 대학부터 연구중심체제로 개조해야 했다.

자허는 연구소 설립의 이전 단계로서 연구그룹이라는 임시 조직을 우선 두기로 했다. 즉 현지 대학의 연구자들이 소그룹 독립 연구를 수행하도록 지원했고, 장기적으로 연구소로 발전시킬 가능성을 염두에 두었다. 이 연구그룹은 1992년까지 29개가 설치되었으며, 통일 후 막스플랑크협회 진출의 1차 거점이 되었다.

연구소 설립도 본격화했다. 1992년 1월, 두 개의 막스플랑크연구소가 동독 지역에서 출범하였다. 할레의 미세구조물리연구소와 포츠담의 콜로이드·계면연구소다. 인문학 연구를 지원하는 조직도 만들어졌다. 이렇게 동독 지역에 새로 연구소를 짓는 일이 쉽지는 않았다. 독일 통일 조약은 1991년 말까지 동독 과학원의 과학자와 연구소들을 서독으로 통합할 것을 명시했다. 그러나 수십 년 동안 벌어진 양국의 차이를 단 2년 사이에 하나로 만드는 일은 현실적으로 불가능했다.

자허는 시효에 맞춰 통합을 서두르다가는 동독은 물론 서독도 큰 손해를 입을 것이라고 보았다. 그래서 이행 기간을 본래 계획보다 훨씬 더 연장했다. 동독의 잠재력 있는 연구자를 발굴하고 연구환경을 갖추는 데 충분한 시간과 비용을 쏟았다. 다만 그러다 보니 예산이 몇 배는 더 필요할 수밖에 없었다. 이렇게 늘어난 예산을 정부로부터 확보할 수는 없었고, 결국 부족분은 자체 조달하기로 했다. 이 결정은 막스플랑크협회에 상당한 재정적 부담을 지웠다. 폐지되는 연구부서가 속출했고, 그것도 모자라 총예산의 11퍼센트에 해당하는 740개 직위를 감축해야 했다. 베를린 장벽 붕괴 직후 회장직에 오른 자허는 동독 지역에 막스플랑크연구소를 설립하는 작업을 마무리하지 못하고 1996년 퇴임했다.

외부인이 주도한 조직 재창립

그런데 의외의 인물이 신임 회장이 되었다. 후베르트 마르클

Hubert Markl이라는 진화생물학자다. 그가 의외인 첫 번째 이유는 출신 배경이다. 마르클은 막스플랑크협회 재직 경험이 없는, 외부에서 영입된 첫 회장이었다. 다름슈타트공과대학의 교수였던 그는 1980년대에 과학행정가로 변신하여 독일 연구재단의 이사를 지냈다. 그러면서 세 가지 개혁을 주도했다. 박사과정생을 위한 연수 프로그램, 동독 연구자에 대한 자금 지원, 대학의 교육과 연구 기능 통합. 이러한 능력을 인정받아 막스플랑크협회에 회장으로 영입된 것이었다. 두 번째 이유는 그의 캐릭터다. 마르클은 한마디로 터프가이였다. 전임 회장들과 달리 격한 논쟁을 피하지 않았고, 필요하면 회장의 권한을 최대한 활용해 본인의 뜻을 관철했다. '굴러들어온 돌'이 분란도 마다하지 않고 독단적으로 일을 처리한 것이다. 그러니 여기저기서 갈등이 생길 수밖에 없었다. 마르클은 조직을 위한 올바른 선택이라면, 내부의 불만에는 별로 신경 쓰지 않았다.

그런 마르클도 부족한 돈에는 뾰족한 방법이 없었다. 정부에서 통일 비용을 과소평가한 탓에, 막스플랑크협회는 동독에 투자할 예산을 충분히 받을 수 없었다. 결국 마르클은 리더로서 매우 어려운 결정을 내렸다. 기존 연구소들을 구조조정해서 동독 지역의 연구소 설립 비용에 보탠다는 것이다. 한번 결심이 서자 마르클은 지체하지 않고 조치를 단행했다. 여기에는 연구실적이 부족한 곳들은 물론, 괴팅겐의 역사학연구소, 라덴부르크의 세포생물학연구소 등 전통이 있는 연구소들도 포함되었다. 그의 임기 동안 266명의 디렉터 중에 153명이 새로 임명되었다. 문자 그대로 '물갈이'였다. 많은 연구자와 원로들까지 나서서 반발했지만, "통일 독일의 위상에 맞는 국가 연구소를 건설한다."라는 명분을 이길 수는 없었다. 훗날 이는 막스플랑크협회를 재창립한 사건으로 평가되었다.

　마르클의 혁신은 동·서독 통합에만 그치지 않는다. 2000년에는 국제대학원 프로그램을 시작했다. 세계의 뛰어난 학생들을 모아 막스플랑크협회 시스템을 거쳐 우수한 과학자로 키운다는 계획이었다. 덕분에 막스플랑크협회는 연구소 운영의 필수 자원인 학생을 안정적으로 확보하는 한편, 이들이 귀국하면 국제공동연구로 이어갈 수 있는 연결 고리를 만들었다. 때마침 막스플랑크협회도 독일을 벗어나 세계적 규모의 공동연구를 확대하던 무렵이었다. 미국, 인도, 체코 등에 설치한 막스플랑크센터가 이러한 국제화 전략의 핵심이 되었다. 여기에는 현지의 뛰어난 연구자들과 막스플랑크협회 시스템을 결합해 윈윈 효과를 거둔다는 목적이 있었다.

　2001년 6월에는 뜻밖의 발표가 있었다. 막스플랑크협회의 전신인 카이저빌헬름협회 시절 나치 부역과 전쟁 범죄에 대한 조사 결과다. 마르클의 주도로 꾸려진 과거사 위원회는 4년여의 조사 끝에 카이저빌헬름협회가 나치에 동조하여 생체 실험 등의 범죄를 저질렀다고 인정했다. 마르클은 베를린에서 열린 심포지엄에서 이 같은 결과를 발표하며, 생체 실험의 피해자들에게 공식적으로 사과했다. 이것은 독일 학계에서는 처음으로 나치 부역의 과거사를 인정한 것이기도 했다. 위대한 철학자 마르틴 하이데거도 나치에 입당하고, 프라이부르크대학 총장을 맡으며 히틀러에게 협조한 전력이 있다. 일부 연설에서는 나치를 옹호하는 듯한 발언도 남겼다. 그러나 그의 후예들이 이 과거를 어떻게 받아들였는지는 엇갈리며, 독일 철학계의 반성은 상당히 늦게 시작되었다. 이 점에서 "가장 진심으로 사과하는 것은 죄를 폭로하는 것"이라는 마르클의 솔직한 사과는 더욱 빛날 수밖에 없었다.

동독 지역의 혁신

마침내 1998년까지 동독 지역에 18개의 막스플랑크연구소가 완성되었다. 동·서독을 망라하는 80여 개의 연구소는 EU의 새로운 리더로 떠오른 통일 독일에 어울리는 것이었다. 그런데 막스플랑크협회가 전국적인 연구시스템을 구축한 효과는 과학에만 머무르지 않았다. 그것은 수십 년 동안 누적된 동·서 지역의 불균형을 해소하고 독일 사회를 통합하는 데 크게 기여했다. 구 동독의 주요 도시들은 통일 시대를 상징하는 혁신 거점으로 성장했다.

드레스덴은 한때 '독일의 피렌체'로 불렸던 문화·예술의 중심지였다. 18세기에 지어진 바로크 양식 건축물들이 도시의 아름다운 경관을 돋보이게 했다. 그런데 이 유서 깊은 건축물들이 제2차 세계대전 중 영국군의 폭격으로 궤멸적 타격을 입었다. 종전 후 복구가 시도되었으나 그 속도는 지지부진했다. 대부분의 구시가지는 폐허로 방치되거나, 사회주의 양식으로 리모델링되어 고풍스럽던 멋을 잃었다. 통일 독일 정부는 드레스덴의 구시가지 건축물을 재건하는 한편, 연구소, 대학, 기업들을 입주시켜서 혁신 클러스터로 육성했다. 이 정책에 따라 막스플랑크협회도 3개의 연구소 — 복잡계물리, 화학물리학·고체, 분자세포생물학 및 유전학 — 를 신설했다. 특히 화학물리학·고체연구소는 독특한 무無 부서 구조와 국제소장단 체제를 도입했다. 핀란드, 이탈리아, 미국, 독일 출신 과학자들이 공동 창립 소장을 맡아 다양한 분야에서 혁신 연구를 이끌었다. 드레스덴 출신으로 서독에 망명했었던 프랑크 슈테글리히도 초대 소장으로 부임했고, 고향에 최첨단 소재 연구를 뿌리내리게 했다. 이로써 드레스덴은 전통과 현대, 문화·예술과 과학기술이 조화를 이룬 지식 도시로 재탄생할 수 있었다.

라이프치히도 비슷한 과정을 거쳐 과거의 영광을 되찾았다. 신성로마제국의 무역 거점이었던 이 도시는 바흐, 멘델스존, 슈만 등 천재 음악가들을 배출한 곳이기도 하다. 다만 동독 체제에서는 본래의 인프라를 활용하지 못하면서 명성이 추락했다. 통일 후에는 3개의 막스플랑크연구소가 들어섰고, 전통의 명문대 라이프치히대학과 협업하면서 경쟁력이 되살아났다. 1996년 설립된 막스플랑크수리과학연구소가 부활의 첫 테이프를 끊었다. 라이프치히대학 출신 수학자 에버하르트 차이들러는 소장 취임 연설에서 "수학은 인간 인지의 놀라운 도구로서, 현실 세계와 동떨어진 영역까지 탐구하게 해준다."라고 강조했다. 이 연구소는 순수수학부터 과학적 응용에 이르기까지 폭넓은 연구로 전통의 도시 라이프치히에 새로운 위상을 부여했다. 1997년에는 막스플랑크진화인류학연구소도 설립되었다. 자연과학과 인문학의 독특한 학제 간 연구를 지향한 이 연구소는 유전학·고고학·언어학·인지과학 전문가들이 모여 인류의 기원을 다각도로 탐구했다. 특히 초대 소장이었던 스반테 페보는 네안데르탈인의 DNA를 복원하는 '화석유전체학'을 새롭게 개척했는데, 이 성과로 2022년 노벨생리의학상을 받았다. 동독 지역의 막스플랑크연구소로서는 처음 수상한 노벨상이었다. 이처럼 라이프치히는 통일 이후 설립된 막스플랑크연구소들을 통해 "인간이란 무엇인가?"라는 근본 질문을 가장 앞서서 풀어가는 도시가 되었다.

베를린 인근의 포츠담은 독일을 대표하는 과학산업단지로 성장했다. 1992년 이곳에 설립된 콜로이드·계면연구소는 동독 지역 최초의 막스플랑크연구소였다. 이 연구소는 동독 시절의 화학 연구기관과 인력을 흡수하고, 서베를린의 카이저빌헬름협회 출신 과학자들이 예비 소장단을 맡음으로써 빠르게 출범할 수 있었다. 1994년과 1995년에는 분자식물생리학연구소와 중력물리학연구소도 연달아 문을 열었다. 이것은 포츠담에 과학산업단지를 조성하겠다는 독일 정부의 전략을 뒷받침하는 조치였다. 본래 이 지역은 동독의 군사 시설로 쓰였다가 버려진 곳이었다. 그러나 통일 후 막스플랑크연구소와 프라운호퍼연구소, 포츠담대학 등이 밀집한 혁신적인 과학산업단지로 변모했다. 이곳에서 성장한 과학자와 엔지니어들은 지역의 스타트업과 산업에도 파급 효과를 일으키며, 과학이 지역 혁신을 견인하는 좋은 선례를 만들고 있다.

100년이 걸린 국가 연구소

막스플랑크협회의 성장사는 연구소의 성공에는 연구를 잘하는 것 이상의 의무가 필요함을 시사한다. 그것은 사회에 대한 헌신이라고 해도 좋을 것이다. 1990년대 막스플랑크협회의 동독 지역 육성 정책은 과학만 생각하면 도입하기 어려운 것이었다. 투자 대비 성과에서 비효율적인 측면이 많았기 때문이다. 그럼에도 막스플랑크협회의 리더들은 희생을 감수하고 어려운 과업을 받아들였다. 이것이 가능했던 이유는 통일이라는 시대정신 때문일 것이다. 오늘날 독일은 유럽에서 러시아 다음으로 인구가 많은 국가다. 풍부한 인적 자원이 강대국의 기본 조건이라 할 때, 독일의 통일은 국가의 발전 수준이 한 단계 더 올라서는 계기였음이 분명하다. 독일이 EU의 리더가 된 이유도 이와 무관하지 않다. 바로 여기에 막스플랑크협회 과학자들의 공로를 빼놓을 수 없다.

2011년 막스플랑크협회는 설립 100주년*을 맞았다. 우연히도 그해 동아시아의 한국에서도 막스플랑크협회를 벤치마킹한 연구소가 출범했다. 바로 기초과학연구원Institute for Basic Science, IBS이다. 과거 기초과학의 불모지였던 한국은 새로운 연구소를 야심차게 설립하면서 막스플랑크협회의 철학과 시스템을 이식했다. 과학자의 자율성을 보장하는 하르나크 원칙, 대학과의 전국적 협력 시스템, 10년 이상을 보장하는 장기연구 등이 한국에서는 처음 도입되었다. 머나먼 극동에서 자신을 모델로 한 연구소가 만들어진다는 소식에 막스플랑크협회의 과학자들도 자문을 아끼지 않았다. 다만 과학 연구의 문화와 환경이 많이 다른 한국에서 독일의 시스템을 구현하는 일은 쉽지 않았다.

그때 막스플랑크협회의 원로들이 한목소리로 강조한 사실이 있다. "당장 성과를 내려고 하지 마라. 우리도 100년이 걸렸다." 흔히 과학에는 축적의 시간이 필요하다고들 한다. 아인슈타인 같은 희대의 천재도 상대성이론을 완성하는 데 10년이 넘게 걸렸다. 양자역학이 현대물리학의 핵심 분야로 자리 잡는 데는 그 몇 배의 시간이 필요했다. 그런데 이러한 축적의 시간은 꼭 연구에만 해당하지 않는다. 연구소를 움직이는 제도와 시스템을 만들

---

* 막스플랑크협회의 전신인 카이저빌헬름협회의 1911년 설립을 기준으로 한 것이다. 막스플랑크협회는 제2차 세계대전 후인 1948년, 이 전신 기관을 계승하며 재출범했다.

고, 그것을 사회에 안착시키는 데도 그만큼의 인내와 노력이 필요하다. 100년이 넘는 막스플랑크협회의 역사가 우리에게 주는 가장 큰 교훈일 것이다.

유럽 물리학의 역전

2012년 유럽입자물리연구소

수백 명이 강당에 모여 초조하게 발표를 기다리고 있었다. 그리고 그보다 몇십 배는 많은 사람이 세계 곳곳에서 인터넷으로 중계를 지켜보았다. 이제 곧 인류 지성사에서 가장 중요한 발견이 알려질 참이었다. 마침내 두 실험팀을 대표하는 과학자들이 앞으로 나와 지난 몇 년간 모은 데이터를 공개했다. "약 1250억 전자볼트(125 GeV) 영역에서 5시그마 수준의 명확한 새로운 입자 신호를 관측했습니다." 즉 이 발견이 99.999퍼센트 이상의 확률로 실제라는 뜻이었다. 그러자 강당 곳곳에서 환호성과 박수가 터져 나왔다. 물리학 최대의 난제로 여겨졌던 힉스 보손Higgs boson의 존재가 공식화되는 순간이었다. 48년 전 그 존재를 처음 예견했던 피터 힉스Peter Higgs 교수는 감격에 겨워 눈물을 훔쳤다. 그리고 이 행사를 주최한 롤프 디터 호이어 소장이 선언했다. "이제 제가 평범한 사람 입장에서 말하겠습니다. 우리는 그것을 잡았습니다!"

2012년 7월 4일, 스위스 제네바의 유럽입자물리연구소Conseil Européen pour la Recherche Nucléaire, CERN는 그렇게 역사의 현장이 되었다. 이 발표는 과학계뿐만 아니라 전 세계의 이목을 사로잡았다. 7월 4일은 미국 최대의 국경일인 독립기념일이다. 그런데 2012년 그날만큼은 유럽 과학자들이 이뤄낸 '물리학 독립선언'의 날이 되어버렸다. 실제로 CERN이 일부러 미국 독립기념일에 맞춰서 발표한 것 아니냐는 농담도 나왔다. 이틀 전 미국의 페르미연구소가 힉스 보손의 징후를 포착했다는 결과(통계적 유의도 3시그마)를 발표했지만, CERN의 5시그마 발표 앞에서 체면을 구겨야 했다. 두 연구소의 경쟁이야 어찌 되었든, 이날의 주인공은 단연 과학이었고, 전 세계가 박수갈채를 보냈다. 이 발견을 《가디언》은 인류 최초의 달 착륙에 비유했고, 《이코노미스트》는 인류의 승리라 선언했으며, 《뉴욕 타임스》는 이제야말로 우주를 설명할 수 있게 되었다며 흥분했다.

이처럼 힉스 보손의 발견은 언론과 인터넷까지 뒤흔들었다. 발표 직후 CERN의 홈페이지는 접속이 폭주하며 마비되었고, 힉스 보손은 '신의 입자'라는 별명과 함께 대중문화의 화제로 떠올랐다. 이 별명은 미국 물리학자 리언 레더먼의 책 《신의 입자The God Particle》 때문에 유명해졌다. 과학자들은 종교적인 뉘앙스 때문에 이 별명을 싫어했으나, 바로 그 이유로 일반인의 흥미는 더 자극할 수 있었다. 전 세계 신문 1면에는 "우주 탄생의 비밀을 밝힐 신의 입자 발견!"과 같은 헤드라인으로 도배되었다. TV 뉴스에는 양성자 충돌 실험을 묘사한 화려한 그래픽과 함께 물리학자들의 인터뷰가 쏟아졌다. 인터넷과 소셜미디어에서는 힉스 보손을 쉽게 설명하려는 비유들이 넘쳐났다. 진지한 과학 토론부터 밈meme까지, 난해한 입자물리학이 모처럼 유행과 트렌드의 중심에 선 것이다. 그것은 과학자부터 대중에 이르는 모두에게 감동을 준, 현대과학의 결정적 장면이었다.

자연의 근원을 찾는 여정

인류는 과학을 발전시킨 이래 자연의 근본 법칙을 찾고자 노력해 왔다. 그 과정에서 무수히 많은 질문과 답이 명멸하였지만, 결코 변하지 않는 질문이 하나 있었다. "자연은 무엇으로 이루어 졌는가?" 이 질문의 기원은 고대 그리스의 4원자설로까지 거슬러 올라간다. 그 이래로 2000년을 훌쩍 넘는 도전과 탐구를 거듭하여, 20세기 후반 가장 그럴듯한 답에 도달했다. 그것이 현대 입자물리이론의 결정판인 표준모형Standard Model이다. 이에 따르면 자연계의 모든 물질은 쿼크와 렙톤이라는 12개의 기본 페르미온으로 구성된다. 여기에 중력을 제외*한 세 가지 기본 힘을 매개하는 기본 보손 입자들이 존재한다. 이는 1950~60년대 이론물리학자들에 의해 수학적 토대가 만들어졌고, 1970년대까지 실험물리학자들이 전자, 광자, 쿼크, 글루온 등을 발견하며 거의 완성 단계에 이르렀다.

그런데 마지막까지 채워지지 않는, 치명적인 빈틈이 있었다. 바로 '입자들이 질량을 갖는 이유'였다. 표준모형의 입자들은 최초에 질량이 없는 상태로 가정되었다. 그럴 수밖에 없는 사정이 있었다. 표준모형이란 기본적으로 게이지 이론이다. 게이지 이론은 자연의 힘(전자기력, 약력, 강력)을 잘 설명할 수 있는 훌륭한 수학적 틀이지만, 게이지 대칭을 유지하려면 몇 가지 까다로운 조건들이 필요했다. 그중 하나가 힘을 매개하는 입자는 질량이 없어야 한다는 점이다. 만약 질량을 그냥 도입해 버리면, 게이지 대칭이 깨지고 계산이 성립하지 않게 된다. 문제는 약한 상호작용의 매개 입자인 W 보손, Z 보손이 무겁다는 사실이 실험으로 확인되었다는 점이었다. 즉 실험 결과는 이 입자들에 질량이 있음을 보여주는데, 이론은 질량을 허용하지 않아야 성립하는 모순이 생겼다. 그래서 1960년대 중반까지 이론물리학자들은 대충 이렇게 설명했다. "게이지 대칭을 깨지 않으면서 입자에 질량을 부여

---

* 표준모형은 전자기력, 약력, 강력만 다루며, 중력은 포함하지 않는다. 그 이유는 중력이 아인슈타인의 일반상대성이론에 따라 시공간의 곡률로 이해되는 고전이론인 반면, 표준모형은 양자역학에 기초한 이론이기 때문이다. 즉, 중력에는 아직 완전한 양자이론이 없어서 다른 힘들과 같은 방식으로 통합하기 어렵다. 물리학자들은 이 문제를 해결하기 위해 중력을 포함한 궁극의 통합이론, 예컨대 양자중력이론이나 초끈이론을 연구 중이다.

할 수 있는, 우리가 아직 모르는 어떤 메커니즘이 존재할 것이다."

그러던 1964년, 피터 힉스를 비롯한 세 연구팀이 거의 동시에 게이지 대칭을 깨지 않고 입자에 질량을 부여할 수 있는 아이디어를 내놓았다. 이른바 힉스 메커니즘이다. "보이지 않는 장이 우주 전역에 퍼져 있고, 입자들이 이 장을 통과할 때 저항을 받으며 질량을 얻는다." 여기서 보이지 않는 장은 훗날 힉스 장이라고 불리게 된다. 힉스 메커니즘은 특히 전자기력과 약한 핵력을 통합한 전약력 이론이 모순 없이 성립하는 데 결정적인 공헌을 했다. 힉스 장의 도입으로 전약력의 매개 입자인 W 보손과 Z 보손이 왜 질량을 가지는지, 반면 광자는 왜 질량이 없는지가 설명될 수 있었다.

그렇다면 우주 전역에 퍼져 있다는 힉스 장의 존재는 어떻게 확인할 수 있나? 그것은 보이지 않고, 진공 상태에서도 작동하기 때문에, 직접 관측은 불가능하다. 양자장론에 의하면 여기서 필요한 것이 입자다. 만약 장이 실제로 존재한다면, 그 장의 진동이 입자의 형태로 나타나기 때문이다. 전자기장이 진동하여 에너지가 생기면 광자가 나타나는 것과 같은 맥락이다. 따라서 힉스 메커니즘이 맞다면, 힉스 장도 진동해야 하고, 그 진동이 힉스 보손이라는 입자로 나타나야 한다. 보이지 않는 장의 존재를 눈에 보이는 입자로 확인하자는 발상이다. 이걸 현악기에도 비유할 수 있다. 힉스 장은 우주에 가득한 보이지 않는 줄 같은 것이다. 우리는 이 줄을 실제로 볼 수 없다. 다만 누군가 튕겨서 소리가 난다면? 그러면 줄의 존재를 간접적으로 알 수 있다. 이렇듯 힉스 보손은 힉스 장, 나아가 힉스 메커니즘을 실제로 확인할 수 있는 유일한 단서가 된다.

표준모형의 마지막 퍼즐

따라서 힉스 보손이라는 마지막 퍼즐을 반드시 찾아야 했다. 그것이야말로 표준모형의 다른 모든 입자와 상호작용하면서 각각에 질량을 부여하는, 가장 핵심적인 열쇠였다. 이것을 찾는 여정은 엄청난 시간과 자원이 소모된 세기의 대탐험이었다. 탐험대의 최선두에는 실험물리학자들이 있었다. 이들은 1970년대 후반 미국과 유럽의 여러 입자가속기 실험을 주도하면서 전약력 이론의 구성 요소들을 검증했다. 특히 1983년에는 CERN이 전약력의 매개 입자인 W 보손과 Z 보손을 발견하는 쾌거를 이루었다. 이 성과로 카를로 루비아와 시몬 판 데르메이르가 1984년 노벨상을 받았고, 표준모형은 결정적 승리를 거둘 수 있었다.

그러나 힉스 보손은 끝내 모습을 드러내지 않았다. 다른 모든 입자는 속속 존재가 확인되었지만, 힉스 보손만큼은 귀신처럼 과학자들을 피해 다녔다. 1989년 가동된 CERN의 대형 전자-양전자 충돌기 The Large Electron-Positron Collider, LEP는 전자와 양전자를 충돌시켜 힉스 보손을 찾으려 했으나, 2000년 문을 닫을 때까지 적어

22 유럽 물리학의 역전

도 1144억 전자볼트(114.4 GeV)보다 무겁다는 하한선만 알 수 있었다. 1980년대 가동된 페르미연구소의 테바트론도 톱 쿼크 등 여러 발견을 이뤄냈지만, 힉스 보손은 끝내 못 찾고 2011년 퇴역했다.

만약 힉스 보손이 존재하지 않는다면? 그렇다면 완전히 원점으로 되돌아가야 했다. 즉 표준모형이 아닌 새로운 이론을 찾아야 했다. 실제로 1990년대에 여러 대안도 논의되었다. 하지만 물리학자들은 내심 힉스 보손이 없을 경우 벌어질 대혼란을 두려워했다. 20세기 입자물리학의 위대한 성과인 표준모형은 매우 정합적이고 아름다운 이론이었다. 거기에 딱 힉스 보손만 추가되면 화룡점정인데, 40년 넘게 오리무중이었으니 다들 조바심이 날 지경이었다. 다행히 21세기 들어 CERN의 새로운 대형 가속기인 거대 강입자 충돌기 Large Hadron Collider, LHC가 가동되면서 대단원이 보이기 시작했다. 결국 2012년 힉스 보손 발견이 선언되었을 때 수많은 물리학자가 환호와 함께 안도할 수 있었다. 한 실험물리학자의 회상이다. "정말이지 모두가 환호하면서 동시에 한숨을 쉬었어요. LHC가 드디어 우리를 살렸다는 안도감이었죠."

유럽의 재건과 CERN

유럽의 과학은 제2차 세계대전을 거치며 옛 영광을 잃어버렸다. 수천만 명이 죽었고, 도시들은 잿더미로 변했으며, 연구소 가동은 중지되었다. 알베르트 아인슈타인, 한스 베테, 엔리코 페르미 등은 미국으로 이주했다. 유럽에 남은 베르너 하이젠베르크, 오토 한 등은 군사연구에 동원되느라 기초과학은 뒷전이 되었다. 유럽인들이 노벨상을 휩쓸던 시절은 아득해졌고, "유럽의 과학은 라틴어처럼 사어死語가 되어버렸다."라는 자조까지 나왔다. 그 사이 미국이 유럽의 난민들을 적극적으로 받아들이며 과학의 중심으로 부상했다. 맨해튼 계획과 프린스턴 고등연구소의 성공은 그 상징과도 같았다.

그런 폐허 속에서 과학의 재건이 시작되었다. 재건의 동력은 유럽 외부와 내부에서 모두 주어졌다. 외부에서는 전후 유럽을 부흥시키려는 미국의 마셜 플랜이 시행되었다. 물론 정치적 의도에 따른 계획이었다. 미국은 냉전 시대에 서유럽이 공산주의를 막는 방파제 역할을 하기 바랐다. 마셜 플랜의 초점은 경제 원조였지만, 과학도 지원 대상에 포함되었다. ARPA와 NASA의 사례에서 보듯 당시 과학과 국방은 불가분이었기 때문이다. 이에 과학도 자유주의 진영의 결속을 다지는 매개로 여겨졌다. 내부에서는 유럽 통합이 모색되었다. 1950년 프랑스 외무장관 로베르 쉬망의 제안으로 결성된 유럽석탄철강공동체가 시발점이 되었다. 그 핵심은 서유럽 국가들끼리 석탄과 철강 자원을 공유하자는 것이었다. 이러한 쉬망 플랜이 촉발한 통합의 담론은 과학에도 영향을 미쳤다. 마침 과학계에서는 각국이 힘을 모아 거대 연구소를 만들자는 방안이 논의 중이었다. 프랑스의 루이 드 브로이Louis de Broglie가 그 중심에 있었다. 양자역학의 핵심인 입자-파동 이중성을 확립한 이 이론물리학자는 유럽 과학이 부활하려면 모두 뭉쳐야 한다는 신념을 피력했다. 여기에는 승전국과 패전국의 구분도 없어야 한다. 서로 총을 겨눈 과거를 잊고, 실험실의 동료로서 함께 연구해야 한다. 드 브로이의 제안은 유럽 통합과 맞물리며 상당한 지지를 모을 수 있었다.

국제사회도 호의적이었다. 1950년 6월, 피렌체에서 열린 유네스코 총회에서 미국의 물리학자 이지도어 라비Isidor Rabi가 제의했다. "개별 국가의 힘으로 버거운 연구에 대해 지역 단위의 국제연구소를 설립하자. 서유럽 몇몇 나라가 힘을 모은다면 미국만큼 훌륭한 가속기연구소를 만들 수 있다. 서유럽에 과학의 등불을 다시 밝히는 일이야말로 서구 문명을 구하는 길이다." 라비의 제안은 만장일치로 통과되었다. 그러자 미국 국무부도 지원에 나섰다. 다만 미국은 유럽의 자발적 재건을 후원하면서도, 은근하게 방향을 유도했다. 예컨대 이런 것들이다. 연구소의 분야는 군사적 응용 가능성을 배제한 기초 핵·입자물리학으로만 제한했다. 또 서독까지 포섭함으로써 뛰어난 과학자들을 자유주의 진영에 묶어두려 했다. 사회주의 국가였던 유고슬라비아도 끌어들였다. 요시프 티토 대통령이 소련과 결별한 후 서방과 협력했기 때문이었는데, 여기에는 다른 동구권 국가들의 이탈도 유도하려는 정치적 계산도 있었다.

결국 1951년 12월의 유네스코 총회에서 연구소 설립을 위한 평의회 구성안이 채택되었다. 두 달 후 11개국이 '핵 연구를 위한 유럽평의회', 프랑스어로 'Conseil Européen pour la Recherche Nucléaire'의 설립안에 서명했다. 그러니까 CERN*이라는 약자는 이 평의회에서 비롯된 것이다. 1954년 9월에는 '유럽 핵 연구 조직Organisation Européenne pour la Recherche Nucléaire'이라는 이름으로 정식 출범했다. 다만 CERN이란 명칭은 계속 남아서 통용되고 있다. 당시 물리학의 주제는 원자핵의 구조를 이해하는 데 집중되어 있었다. CERN은 이에 필요한 막대한 비용을 각국이 분담하기 위한 조직이었고, 그래서 이름에도 핵 연구라는 단어가 들어갔다. 이후 원자핵보다 근본적인 기본 입자들로 연구 대상이 옮겨가면서, 입자물리학이 중심 분야가 되었다. 그래서 오늘날에는 CERN을 보통 '유럽입자물리연구소'라고 번역한다.

미국과의 가속기 경쟁

CERN에 모인 과학자들은 유럽 각국에서 보내온 부품과 자재를 모아 가속기를 건설하기 시작했다. 연구소는 중립국 스위

---

* 유럽입자물리연구소의 발음은 두 가지다. 영어식인 '썬'과 프랑스어식인 '세른'이다. 공식적으로 두 발음 모두 허용되지만, 영어권에서는 '썬', 유럽 대륙에서는 '세른'이 더 흔하다.

22 유럽 물리학의 역전

스의 제네바에 지어져서 냉전의 감시와 긴장으로부터 비교적 자유로웠다. 그렇게 1957년 CERN 최초의 입자가속기인 싱크로사이클로트론 Synchro Cyclotron이 가동되었다. 이것은 에너지 600메가전자볼트 규모로 오늘날 기준으로는 소형이었다. 하지만 폐허에 쌓아 올린 CERN의 첫 빛이라는 기념비적 업적이 되었다. 1959년에는 에너지가 280억 전자볼트(28 GeV)에 달하는 양성자 싱크로트론이 완공되어 CERN은 세계 최대 에너지 입자가속기 연구소가 되었다. 이 양성자 싱크로트론은 현재까지도 가동 중인데, LHC에 입사할 빔을 예비 가속하는 등의 역할을 하고 있다. 1950년대만 해도 유럽 과학이 미국보다 한참 뒤처져 있었다. 하지만 CERN은 착실히 가속기를 확장하며 실력을 쌓았다. 그리고 1983년, 전약력 이론의 매개 입자인 W 보손과 Z 보손을 발견하면서 미국보다 먼저 신기원을 열었다. 당시 미국의 페르미연구소도 같은 입자를 찾고 있었으나 늦었다. 이 발견은 오랫동안 미국에 뒤처졌던 유럽 물리학의 화려한 부활을 상징했다.

1989년 CERN은 LEP를 건설해 전자와 양전자를 충돌시키는 실험에 나섰다. 1976년 최초 제안 후 약 13년이 걸려 가동된 이 가속기는 무엇보다 크기부터 압도적이었다. 우주선 cosmic rays의 방해를 최소화하고자 지하 100미터 깊이에 건설된 원형 터널의 둘레만 26.7킬로미터에 달했다. 이걸 지상에서 보면, 터널이 빙빙 돌면서 프랑스와 스위스의 국경을 네 번 통과하는 구조다. LEP의 터널 공사는 1983년부터 1988년까지 유럽 대륙에서 벌어진 모든 건설 공사를 통틀어 최대 규모였다. 이런 전무후무한 스펙 덕분에, LEP 실험을 거치며 표준모형은 더욱 높은 정확성을 확보할 수 있었다. W 보손과 Z 보손의 특성이 명확히 규명되었고, 힉스 메커니즘의 정량적 검증을 통해 힉스 보손의 질량 범위를 좁히는 데도 성공했다.

물론 라이벌 미국도 가만히 있지 않았다. 1980년대 미국은 초전도 초대형 충돌기Superconducting Super Collider, SSC라는 역대 최대 규모의 입자가속기 건설에 착수했다. 계획대로라면 터널 둘레 87킬로미터, 충돌 에너지 40조 전자볼트의 어마어마한 '괴물 가속기'가 탄생할 참이었다. 미국 과학자들 사이에서 "텍사스(SSC 건설 부지)에 두 번째 빅뱅을 만들 것"이라는 농담이 나올 정도였다. 반면 LEP의 후속 프로젝트로 계획된 CERN의 LHC는 27킬로미터 터널에서 양성자-양성자 충돌로 14조 전자볼트를 목표로 하고 있었다. LHC도 대단한 규모였지만, 미국이 작정하고 만들려는 SSC에 비해서는 초라(?)할 수밖에 없었다. 하지만 앞서 살펴봤듯 SSC는 시간이 지날수록 돈 먹는 하마가 되어버렸다. 결국 쌍둥이 적자 극복과 연방정부 효율화를 내세운 빌 클린턴 정부에 의해 1993년 최종 폐기되었다. 파다 만 지하 터널은 흉물로 남았고, 수많은 과학자와 기술자가 일자리를 잃었다. 1988년 노벨상 수상자이자 페르미연구소의 소장이었던 레더먼은 "미국 과학의 리더십이 끝났다."라며 좌절해야 했다.

다만 일부 미국 물리학자들은 방향을 틀어 CERN으로 향했다. "이왕 SSC가 무산된 이상, 유럽의 LHC에 참여해서라도 힉스 보손을 찾자." 실제로 1990년대 중반 이후 CERN의 LHC 프로젝트에는 미국, 일본 등 비회원국도 동참하며 대규모 국제공동연구로 발전했다. 미국 과학자들로서는 아이러니한 일이었다. 자국의 초거대 가속기는 예산 문제로 좌초하고, 대신 유럽의 가속기에 세 들어 연구하게 되었으니 말이다. 50여 년 전 나치가 집권하자 유럽의 과학자들이 미국으로 건너간 것과 반대되는 상황이 벌어졌다. 그때나 이때나, 과학이 정치라는 다이내믹스의 종속 변수였다는 점은 같았지만.

LHC의 성공

한편 CERN의 LHC는 미국 SSC의 실패를 교훈 삼아 더 영리한 전략을 취했다. 새로운 부지에 거대 터널을 뚫은 SSC와 달리, LHC는 기존 LEP의 27킬로미터 터널을 재활용하여 건설비를 크게 줄였다. 또한 양성자-양성자 충돌용으로 설계함으로써 풍부한 빔 공급과 높은 충돌 빈도를 확보했다. 이것도 양성자와 반양성자를 충돌시키려 했던 SSC와는 다른 전략이었다. 반양성자는 만드는 데 시간이 걸리지만, 양성자는 언제든 무한정 얻을 수 있기 때문이다. 기술적으로도 차근차근 단계를 밟았다. CERN은 1980년대 슈퍼 양성자 싱크로트론Super Proton Synchrotron,

SPS, 1990년대 LEP를 운영하며 초전도 자기장 기술과 빔 제어 기술을 축적했고, 이로써 1994년 LHC 건설을 승인받을 수 있었다. 예상 비용은 약 30억 스위스 프랑(약 20억 달러)으로 SSC보다 훨씬 적었다. 그럼에도 CERN 회원국만으로는 부담이 커서, 전 세계 연구소와 대학을 끌어들여 건설비와 검출기 제작비를 분담했다. 그 결과 미국, 일본, 러시아 등도 참여하며 LHC는 명실상부한 전 지구 프로젝트가 되었다. LHC는 2005년경 거대한 고리 모양으로 완공되었고, 2008년 9월 처음 빔을 주입하며 시험 가동에 성공했다. 이에 대한 물리학자 숀 캐럴의 코멘트가 걸작이다. "LHC가 SSC와 달랐던 단 한 가지 이점은, 진짜로 지어졌다는 사실이다."

물론 이 초대형 공사가 잘 풀리기만 한 것은 아니다. 시험 가동 며칠 뒤, 냉각 자석 연결 부위의 전기 결함으로 대형 헬륨 가스 누출 사고가 발생했다. 다행히 인명 피해는 없었다. 그러나 50여 개의 초전도 자석이 손상되어 전면 교체해야 했다. LHC는 이 여파로 1년 넘게 휴지기에 들어갔다가 2009년 말 재가동했다. 이런 배경에서 초기에는 설계치의 절반 수준인 7조 전자볼트로 에너지를 제한했다. 그럼에도 LHC는 예상보다 훨씬 빠르고 정확하게 양성자 빔을 충돌시켰다. 2010년부터 본격적인 실험 데이터를 축적했고, 2011년에는 충돌 에너지를 8조 전자볼트까지 끌어올렸다. 2012년 중반, ATLAS와 CMS의 두 거대 검출기가 모은 데이터는 수십 년간의 선행 실험 결과보다 방대해졌다.

CERN에 설치된 LHC와 검출기 전경
(Maximilien Brice/CERN)

축적의 시간은 생각보다 길지 않았다. 마침내 2012년 7월 4일 오전 10시 40분, 힉스 보손의 발견이 공식 발표되었다. 발표 현장인 CERN의 본관 강당은 물론, 지하 100미터 LHC 터널과 세계 각국 연구소의 모니터룸까지 환호성이 퍼져 나갔다. 미국이 지켜온 '인류의 과학 대표' 배턴을 유럽이 넘겨받아, 자연의 가장 근원에 존재하는 비밀을 밝힌 순간이었다. 영국 언론 《가디언》도 "이번 발견은 유럽 과학이 새로운 르네상스를 맞이했음을 보여준다."라고 논평하는 것을 잊지 않았다.

거대과학, 인류 지식의 오케스트라

CERN의 힉스 보손 발견은 과학사와 과학정책에서도 큰 의미를 지닌다. 거대과학을 국제협력 규모로 확장했다는 점에서 그렇다. 20세기 중반 이후 과학은 갈수록 거대화되었다. 그리고 CERN의 LHC 시대에 이르러 수천 명이 함께 일하는 시스템이 보편화했다. 역할별로 분류해 보면 대략 이렇다. 이론을 정립하고 예측하는 이론물리학자, 실험 설계와 분석 전반을 이끄는 실험물리학자, 가속기와 검출기 등을 구축하고 유지·보수하는 엔지니어, 실험 결과 분석 소프트웨어를 개발하는 컴퓨터 과학자, 충돌 데이터의 이상치를 탐색하고 유의성을 검증하는 통계학자, 수백 개 참여 기관의 협력을 조율하고 예산을 관리하는 프로젝트

매니저, 등등.

　이 특징은 논문의 저자 수에서 극명히 드러난다. 2015년 《피지컬 리뷰 레터스Physical Review Letters》에 실린, ATLAS와 CMS의 두 실험팀이 게재한 힉스 보손 발견에 대한 논문의 저자는 5154명에 달한다. 단일 논문으로는 물리학 역사상 가장 많은 저자 수다. 총 33페이지인 이 논문에서 연구 내용과 참고 문헌은 처음 9페이지에 불과하다. 나머지 24페이지에는 저자명이 빼곡히 나열되어 있다. 누가 어떤 부분을 썼는지 이것만으로는 알 길이 없다. 하지만 거대한 협업 체제에서 모든 이가 공로와 책임을 함께 나누는 연구 방식은 문화로 자리 잡았다. 물론 과거에도 대규모의 과학은 존재했다. 다만 냉전 시대에는 국가 간 경쟁과 안보라는 군사적 필요에 따라 이루어졌다. 오늘날의 거대과학은 그것을 뛰어넘어 인류 공동의 도전에 응답하는 형태로 진화하고 있다.

　CERN과 같은 거대과학 국제공동연구는 과학의 다른 분야들에서도 찾아볼 수 있다. 생명과학의 인간 유전체 프로젝트Human Genome Project, HGP가 대표적이다. 1990년대 미국, 영국, 일본, 프랑스 등의 연구팀이 인간 유전체의 염기서열 30억 개를 해독하기 위해 수행한 범지구적 협업이었다. 이 프로젝트 또한 한 국가나 연구소가 감당하기 힘든 방대한 작업을 여러 팀이 나눠서 했다는 점에서 CERN과 유사하다. 우주 개발 분야에서는 국제우주정거장이 있다. 미국, 러시아, 유럽, 일본 등이 공동 구축하여 20년 넘게 함께 운영 중인 우주 과학 플랫폼이다. 총 15개국 200여 명의 우주인이 거쳐 가면서 우주 탐사 임무를 수행했다. 지구과학 분야에서는 기후변화에 관한 정부 간 협의체Intergovernmental Panel on Climate Change, IPCC가 결성되었다. 전 세계 수천 명의 과학자가 이 조직에 참여해 지구온난화의 해결 방안을 모색하고 보고서를 작성하고 있다. 과거라면 각국이 따로 연구했을 문제를, 이제는 지구적 네트워크를 통해 함께 해결 방안을 모색하는 것이다.

이렇듯 과학은 빠르게 거대화, 국제화되었다. 과학은 더 이상 한 명의 천재나 단일 기관이 모든 성과를 내지 않는다. 이제는 다양한 과학자 집단, 심지어 비과학 분야 전문가들까지 어우러져 공동의 목표를 향해 나아가고 있다. 과학자들은 이러한 연구 방식을 오케스트라에 비유하기도 한다. 여러 이해관계자와 기관이 오케스트라처럼 각자 음을 내며 하나의 교향곡을 완성해 나간다는 의미에서다. CERN 역시 힉스 보손이라는 '우주의 교향곡'을 완성하기 위해 수많은 인력이 각자의 악기를 연주한 거대한 오케스트라였다.

CERN의 국제공동연구는 의외의 성과도 인류에 선물했다. 오늘날 우리가 인터넷을 쓰는 방식 자체인 월드와이드웹www 기술이 생뚱맞게도 거대 가속기 실험에서 나왔다. 그 배경은 이렇다. 1989년 LEP가 본격 가동되자 다뤄야 할 데이터도 폭증했다. 웬만한 실험의 데이터는 테라바이트 수준을 넘겼다. 요즘에야 외장하드 몇 개로 담을 양이지만, 당시에는 하드드라이브 용량이 몇십 메가바이트에 불과했다. 이 거대한 데이터를 어떻게 다루고,

전 세계의 실험 참여자들과 공유할지는 실험의 성패를 좌우할 문제였다. 이 난제를 해결한 이가 CERN에서 계산과학을 연구하던 팀 버너스리였다. 버너스리는 컴퓨터, 네트워크, 하이퍼텍스트라는 세 가지 기술을 접목해 새로운 시스템을 창안했다. "모든 컴퓨터를 한데 연결해 문서와 정보를 주고받을 수 있는 분산형 네트워크" 이를 구현하는 수단으로 HTML, URL, HTTP 등이 만들어졌다. 바로 오늘날 수십억 명이 쓰고 있는 인터넷의 기본 규격이다. 1990년 버너스리는 월드와이드웹 기술을 시연하고자 CERN의 소개 페이지를 만들었다. 세계 최초의 웹사이트였다. 이 혁신적 기술이 CERN 밖으로 퍼져 나가는 데는 오랜 시간이 걸리지 않았다. 더 놀라운 점은 1993년 버너스리와 CERN 경영진이 이를 특허 없이 무료로 공개했다는 것이다. 개방, 공유, 협력에 기초한 거대과학의 정신에 따른 결과였다. 버너스리는 지금도 강조한다. "웹의 개방성은 CERN 정신에서 비롯되었다. CERN이 아니었다면 인터넷이 지금과 같은 자유로운 공유 플랫폼이 되지 못했을 것이다."

힉스 보손 발견이 입자물리학의 끝은 아니다. 늘 그렇듯 새로운 발견 뒤에도 과학은 계속될 수밖에 없다. CERN은 2013년부터 2년간 LHC를 업그레이드하여 충돌 에너지를 13~14테라전자볼트까지 높였다. 2015년부터 재가동한 LHC는 힉스 보손의 성질을 정밀 측정하고 표준모형 너머의 새로운 현상을 찾고 있다. 아직 표준모형을 넘어서는 명확한 새 입자는 발견되지 않았다. 그러나 물리학자들은 힉스 보손이 새로운 시대의 문을 열어주리라 기대하고 있다. CERN은 2030년대까지로 예정된 LHC 시대 이후의 차세대 충돌기 구상을 이미 시작했다. 둘레가 100킬로미터에 달하는 거대 원형 가속기나 선형 전자-양전자 충돌기 등이 후보로 논의 중이다. 이들 역시 세계 여러 나라가 함께 참여하는 프로젝트가 될 예정이다. 새로운 과학강대국으로 떠오른 중국도 거대 가속기 건설을 추진하며 미국과 유럽이 양분해 온 입자물리학 주도권 경쟁에 뛰어들려 하고 있다. 미국도 오랜 침체기를 벗어나 중성미자 실험이나 소형 충돌기 기술 등에서 활로를 모색 중이다. 이렇듯 머지않아 CERN을 뛰어넘는 거대과학 계획이 또 등장할지 모른다.

하지만 CERN이 보여준 가장 중요한 교훈, 과학의 승리는 협력과 공유에서 나온다는 사실만큼은 변하지 않을 것이다. CERN의 ATLAS 실험팀이 쓴 힉스 보손 발견 논문은 이렇게 마무리된다. "우리는 이 위대한 발견을 가능케 한 전 세계 수많은 기술자와 자원 제공자들에게 감사한다."

두 여성과 유전자가위

2020년 미국 로런스버클리국립연구소, 독일 막스플랑크협회

2020년 노벨화학상은 여러모로 신선한 충격을 주었다. 수상자는 크리스퍼 캐스9 CRISPR-Cas9 유전자가위의 개발 주역인 제니퍼 다우드나 Jennifer Doudna와 에마뉘엘 샤르팡티에 Emmanuelle Charpentier. 이 획기적인 유전자 편집 기술은 등장부터 거대한 혁명을 예고했다. 유전 현상의 이해를 넘어서, 인간이 그것에 개입할 수 있는 길을 열었다는 의미에서 그렇다. 그것도 아주 쉽고 간편한 방법으로. 노벨상은 이 어마어마한 가능성에 대한 학계의 공인이었다. 그런데 이러한 학술적 의의 말고도, 다른 맥락에서도 특이한 점들이 있었다.

우선 최초로 여성들만의 노벨과학상 수상이었다. 1901년부터 2019년까지 노벨과학상(물리학, 화학, 생리의학) 수상자 631명 중

여성은 26명에 불과했다. 그마저도 다 남성과의 공동 수상이었다. 과학의 역사에서 여성 과학자들의 발견은 종종 정당한 평가를 받지 못했다. 일례로 리제 마이트너의 물리학적 해석은 핵분열 발견에 결정적이었으나, 오토 한이 모든 공로를 차지했다. 또 로절린드 프랭클린은 DNA의 엑스선 사진으로 구조 규명에 핵심 근거를 제시했지만, 제임스 왓슨, 프랜시스 크릭, 모리스 윌킨스의 공로*만 인정되었다. 그래서 더욱 2020년 노벨화학상의 의미는 남달랐다. 샤르팡티에의 소감이다. "이 수상이 과학 분야의 어린 소녀들에게 강력한 메시지를 줄 수 있기를 바란다."

연구의 성격도 기존 흐름과 달랐다. 크리스퍼 캐스9은 기초연구와 응용연구의 경계를 허문 발견이었다. "우리는 노벨상을 받기 위해서가 아니라, 단지 흥미롭다고 생각한 기초연구를 하기로 한 것"이라는 다우드나의 말처럼, 그것은 전형적인 호기심 기반의 기초연구로 시작되었다. 하지만 곧바로 의학과 농업에 활용되면서 큰 파급력을 낳았다. 당시 전 세계 많은 병원과 기업이 막 등장한 크리스퍼 캐스9을 표준 도구로 채택했다. 예컨대 겸상 적혈구 빈혈증이나 특정 실명 질환 등에서 크리스퍼 기반 유전자

---

* 로절린드 프랭클린은 1958년 암으로 사망해서 1962년 노벨생리의학상 수상자 명단에 포함될 수 없었다. 노벨상은 생전에만 수여한다는 원칙 때문이다. 그러나 논란은 이러한 시기 문제를 넘어선다. 제임스 왓슨은 프랭클린의 엑스선 사진이 발견에 기여한 공로를 인정하지 않았다. 심지어 1968년 출간한 회고록《이중나선》에서 프랭클린을 경멸적인 시선으로 묘사해서 비판을 받기도 했다. 이후 과학계에서는 프랭클린의 기여를 재조명하는 시도가 이어졌으며, 오늘날 그녀는 DNA 구조 규명의 공동 주역으로 평가받는다.

치료의 임상시험이 이미 진행 중이었다. 실험실의 기초연구가 현장의 치료법으로 확장되는 전례 없는 속도였다.

그래서 노벨상을 받기까지 걸린 시간은 불과 8년이었다. 노벨상은 최초 발견 이후 충분한 검증 결과가 쌓여야 수상할 수 있다. 수십 년이 걸리는 경우도 많다. 2009년 노벨물리학상을 받은 광섬유 통신은 최초 개념 제시에서 수상까지 43년이 걸렸다. 1964년 예측되었으나 2013년에 노벨물리학상을 받은 힉스 보손도 비슷하다. 반면 크리스퍼 캐스9은 거의 눈 깜짝할 만한 속도였다. 두 수상자가 비교적 젊은 여성이라는 점, 연구의 파급효과가 동시대적이었다는 점에서, 이 수상은 유난히 '신선한' 느낌을 주었다.

이 두 가지 외에 중요하게 조명되어야 할 점이 또 있다. 다우드나와 샤르팡티에의 성공은 개인의 역량을 넘어, 소속된 연구소들의 제도적 지원 덕분에 가능했다. 로런스버클리국립연구소Lawrence Berkeley National Laboratory, LBNL는 다우드나에게 대학과 연구소의 이중 소속으로서 충분한 연구비와 첨단 장비를 지원했다. 막스플랑크협회는 샤르팡티에를 위한 새로운 조직까지 만들어 최고 수준의 연구 환경을 제공했다. 따라서 2020년 노벨화학상은 단순한 과학적 발견에 대한 보상이 아니다. 그것은 현대과학이 협력, 제도, 장기적 지원을 통해 어떻게 진보하는지를 보여준다.

크리스퍼 캐스9의 혁신

크리스퍼 캐스9은 과학자들이 DNA를 마치 워드프로세서로 오탈자를 고치듯 편집하게 해주는 분자적 도구다. 이건 상징적 비유가 아닌, 실제 작동 방식과 유사하다. 다우드나와 샤르팡티에는 RNA 분자가 특정 DNA 위치로 효소(캐스9)를 안내해, DNA를 정확히 절단하게 할 수 있음을 보였다. 이전에는 유전체의 변경이 매우 느리고 번거롭고 비용도 많이 드는 일이었다. 그래서 가위로 책 속의 한 글자를 찾아내 오리려는 시도에 비유되곤 했다. 그럼 크리스퍼 캐스9은? 키보드 단축키 Ctrl+F를 눌러 해당 유전자 서열을 바로 찾아내 고치는 행위와 비슷하다. 과거 몇 달, 혹은 몇 년 걸렸을 작업이 이제는 며칠 내로 가능해졌다.

크리스퍼CRISPR는 '규칙적으로 간격을 둔 짧은 회문 반복 서열Clustered Regularly Interspaced Short Palindromic Repeats'의 약자다. 이는 1980년대 박테리아에서 처음 관찰되었는데, 그 기능은 오랫동안 수수께끼였다. 그러다 2000년대 후반 샤르팡티에를 비롯한 과학자들이 박테리아 면역체계의 일부임을 밝혀냈다. 바이러스 침입을 받으면 박테리아는 그것의 DNA 조각을 크리스퍼 영역에 보관하고, 이 정보를 RNA 형태로 전사한다. 이렇게 생성된 크리스퍼 RNA(crRNA)는 다른 RNA 분자인 tracrRNA와 만나 짝을 이루고, 이 RNA 복합체는 캐스 계열 단백질(보통 캐스9)을 바이러스 DNA로 안내한다. RNA 서열과 일치하는 외부 DNA가 발견되면, 캐스9이 분자 가위 역할을 하여 그것을 절단해 바이러스를 무력화시킨다. 요컨대 박테리아는 적의 DNA를 인식하고 절단하는 유전자 기반 방어 시스템을 진화시켜온 것이다.

다우드나와 샤르팡티에의 결정적 기여는 이 고대 미생물 시스템을 유전자 편집 도구로 재설계한 데 있다. 샤르팡티에가 2011년 tracrRNA를 발견한 후, RNA 구조 전문가였던 다우드나와 협업하여 이 시스템을 단순화했다. 2012년 그들은 crRNA와 tracrRNA를 하나의 '가이드 RNA'로 융합할 수 있음을 증명하고, 이를 이용해 연구자가 원하는 유전 서열을 정확히 표적으로 삼게 할 수 있었다. 즉 캐스9이 자를 위치를 마음대로 지정할 수 있게 된 것이다.

본래 캐스9은 박테리아가 과거에 접한 적 있는 바이러스의 DNA와 정확히 일치하는 경우에만 작동했다. 그러나 다우드나와 샤르팡티에에 의해 가이드 RNA를 원하는 대로 설계하여 이 분자 가위를 어떤 DNA에도 적용할 수 있게 되었다. 절단 위치에서는 세포의 자체 복구 메커니즘을 이용해 유전자 정보를 삭제하거나 수정할 수 있다. 그래서 노벨위원회는 다우드나와 샤르팡티에의 2012년 논문을 이렇게 평했다. "크리스퍼 캐스9 복합체가 특정 DNA를 정밀하게 절단할 수 있음을 증명하여, 생명의 코드를 다시 쓰는 일이 간편해졌다."

과거의 유전자 편집 기술은 유전자마다 새로운 단백질을 디자인해야 해서 매우 복잡했다. 하지만 크리스퍼 캐스9은 RNA 서열만 바꾸면 되기에 훨씬 단순하고 적용 범위가 넓다. 다우드나도 "크리스퍼의 특별한 점은 손쉬운 활용성"이라며, 이 기술이 얼마나 유연한지 강조했다. 실제로 그 응용 가능성은 경이롭다. 의학에서는 크리스퍼 캐스9을 활용해 특정 유전자를 제거하거나, 질병을 유발하는 돌연변이를 교정할 수 있다. 노벨화학상 수상 시점인 2020년에 이 기술은 이미 암 면역세포나 겸상 적혈구 빈혈증의 유전자 교정 치료 등에 적용되었다. 또한 유전성 실명, HIV 감염 등을 대상으로 임상시험도 진행 중이었다. 농업에서는 가뭄과 병충해에 강하고 영양가 높은 작물의 개발에 적용되었다. 생명공학에서도 바이오 연료를 생산하는 미생물 개량이나 질병을 매개하는 해충의 통제 등 다양한 실험이 진행되었다.

크리스퍼 캐스9은 유전자 조작의 민주화도 이끌었다. 기술의 범용성과 간편성으로 인해, 대학의 소규모 실험실에서도 대형 연구소에서나 가능했던 유전자 조작 실험을 할 수 있게 되었다. 질병 세포 모델 구축, 유전자 기능 분석, 유전자 변형 동물 개발 등이 일상이 되었다. 기초연구의 발견이 이처럼 빠르게 임상으로 이어지는 경우는 극히 드물었다. 크리스퍼 캐스9은 박테리아의 방어 메커니즘이라는 미생물학적 호기심에서 출발해, 불과 몇 년 만에 인체와 생명에 대한 패러다임을 바꾼 기술로 자리매김했다.

다우드나와 로런스버클리국립연구소

다우드나의 성공 배경에는 로런스버클리국립연구소라는 제도적 환경이 있었다. 약칭 버클리연구소 Berkeley Lab라고 불리는 이곳은 서부의 명문대인 UC 버클리와 긴밀한 협력관계에 있다. 그래서 다우드나도 UC 버클리 교수이면서 버클리연구소의 교수 과학자 faculty scientist라는 이중 소속을 가질 수 있었다. 이 독특한 직위는 대학과 연구소의 장점을 동시에 누릴 수 있음을 의미한다. 즉 다우드나는 UC 버클리의 자유롭고 창의적인 기초연구 환경에서 근무하면서, 버클리연구소의 막강한 인프라와 자원을 모두 쓸 수 있었다.

버클리연구소의 본래 명칭은 방사선연구소였다. 최초의 입자 가속기인 사이클로트론을 운영한 이곳은 제2차 세계대전을 거치며 급성장했다. 맨해튼 계획에 투입된 방사선연구소의 과학자와 엔지니어들은 원자폭탄의 재료인 우라늄과 플루토늄을 생산하는 역할을 맡았다. 이 과정을 통해 팀 기반의 거대과학 연구, 즉 다양한 전공의 과학자와 엔지니어들이 협력하는 모델이 완성되었다. 이러한 팀 과학은 오늘날 페르미연구소, 유럽입자물리연구소 같은 거대 가속기 실험 연구소로 전파된다. 전쟁이 끝난 이후 방사선연구소는 가속기를 이용한 핵물리학 및 원자력 연구의 세계적 중심으로 부상했다.

하지만 시간이 흐르면서 세상도 변했다. 전쟁과 냉전이 끝나자, 무기보다는 건강과 삶의 질이 더 중요한 연구주제가 되었다. 방사선연구소는 1971년에 창립자 어니스트 로런스를 기리며 로런스버클리연구소로 이름을 바꿨고, 1995년 로런스버클리국립연구소로 명칭을 확정했다. 연구분야도 점점 물리학 외부로 확장했다. 이들의 전매특허인 팀 과학은 새로운 분야에도 적용되었다. 그 결과 생명과학, 재료과학, 지구과학 등을 포괄하는 다학제 조직으로 변모했다. 특히 1990년대 생명과학의 거대과학 프로젝트였던 인간 유전체 계획의 핵심 연구소이기도 했다. 에너지부는 1940년대 원자폭탄 개발 이래 방사선의 인체 유전적 영향을 연구해 왔고, 방사선으로 생긴 돌연변이를 이해하기 위해 인간 유전자 지도가 필요했다. 이에 1986년 에너지부의 공식적 제안으로 인간 유전체 계획이 추진되었다. 그리고 에너지부를 대표하는 연구소인 버클리연구소가 주도적 역할을 맡았다.

이러한 과정을 거치며 버클리연구소는 생명과학, 방사선생물학, 생화학 등의 기초연구 인프라를 확립할 수 있었다. 특히 버클리연구소의 생명과학부는 자동화된 유전체 분석 시스템, 고속 DNA 시퀀싱, 생물정보분석 등에서 최고 수준의 전문성을 갖고 있었다. 이 때문에 인간 유전체 계획이라는 거대 국제공동연구를 주도할 수 있었음은 물론이다.

다우드나가 2002년 예일대학에서 UC 버클리로 이직을 결심한 이유 중 하나도 버클리연구소의 첨단 인프라였다. 이직 후 다우드나는 버클리연구소의 분자생물물리 및 통합 바이오이미징

부서에 합류했고, UC 버클리 캠퍼스 바로 옆의 ALS Advanced Light Source를 자유롭게 이용할 수 있게 되었다. ALS는 입자가속기 형태의 싱크로트론이다. 매우 밝은 엑스선 빔을 생성해 분자 구조를 원자 수준에서 관찰할 수 있게 해준다. 본래는 물리학을 위한 장비였지만, 1990년대 이후 구조생물학으로도 확장되었다. 여기에는 연구소장 찰스 섕크와 생물물리학자 그레이엄 플레밍의 선견지명이 있었다. ALS에 초전도 편향 자석을 장착해 생체분자의 엑스선 결정구조 분석에도 활용할 수 있게 한 것이다. 그 결과 2001년경 버클리연구소의 ALS는 생체거대분자 결정학을 위한 최고 수준의 빔 라인을 갖추게 되었다.

다우드나는 ALS를 활용해 10여 년간 RNA 및 단백질 복합체의 3차원 구조를 수십 건 분석했다. 그 결과는 30여 편의 논문으로 이어졌다. 버클리연구소의 생명과학부장 폴 애덤스의 평이다. "다우드나의 크리스퍼 캐스9 구조 연구는 거의 전적으로 ALS의 구조생물학 빔라인으로 수행되었다." 이 실험은 다우드나가 교수 과학자라는 신분이어서 가능했다. UC 버클리와 버클리연구소가 공동 운영하는 이 융합형 직위는 대학의 학문 자율성과 국립연구소의 자원 동원을 동시에 보장한다. 덕분에 다우드나는 교수직을 유지하면서도 버클리연구소의 다학제 연구에 참여했고, 고정된 팀이 아니라 프로젝트 중심의 유동적 연구를 할 수 있었다. 학교 안에서 고립된 교수 연구실 환경과는 전혀 달랐다.

버클리연구소는 재정과 조직에서도 큰 도움이 되었다. 2008년

에너지부가 아직 실험 단계였던 다우드나의 크리스퍼 연구를 지원한 것이 대표적이다. 당시 크리스퍼의 기능은 완전히 밝혀지지 않은 상태였다. 하지만 에너지부는 유망한 고위험·고수익 연구를 발굴한다는 취지로 다우드나의 크리스퍼 연구를 지원했다. 다우드나로서는 이것이 시드머니가 되어 연구를 지속 및 확장할 수 있었다. 거기서 끝이 아니다. 버클리연구소는 팀 과학의 원조답게 연구부서 간 협력이 활발했고, 다우드나도 그 혜택을 톡톡히 보았다. 실제로 버클리연구소에는 생물분자역학, 계산생물학, 구조생물학, 재료과학의 전문가들이 즐비했다. 그들의 통합적 연구는 크리스퍼 캐스9처럼 생명현상에 대한 분자 수준의 이해가 필요한 주제에 특히 적합했다.

샤르팡티에와의 공동연구도 이러한 환경 덕분에 탄력을 받을 수 있었다. 2011년 푸에르토리코의 학회에서 의기투합한 두 사람은 곧바로 RNA 기반 유전자가위 시스템의 실현 가능성을 탐색했다. 이 작업은 매우 빠르게 진행되었다. 여기에는 단백질 정제, 구조 분석, 가속기 실험 등이 모두 가능했던 버클리연구소의 인력과 인프라 지원이 컸다. 그래서 두 사람은 연구 착수 후 1년이라는 짧은 시간에 논문을 발표할 수 있었다. 바로 이 논문이 전 세계 유전체 편집 분야의 판도를 바꾸는 기폭제가 되었다.

샤르팡티에와 막스플랑크협회

　샤르팡티에는 파리 파스퇴르연구소에서 미생물학 박사학위를 받았다. 그리고 오랜 박사후연구원 생활을 지속했다. 미국의 록펠러대학, 뉴욕대학, 세인트주드아동병원 등에서 항생제 내성과 병원균의 분자작용 메커니즘을 연구했다. 이후 유럽으로 돌아와 오스트리아의 막스페루츠연구소, 스웨덴의 우메오대학 등에서도 일했다. 특히 우메오대학에서는 병원성 박테리아를 연구하던 중 2011년 tracrRNA를 발견했다. 이는 후일 크리스퍼 캐스9의 메커니즘 이해에 핵심적인 단서가 된다.

　이렇듯 샤르팡티에는 대부분 계약직 또는 임시직으로 이곳저곳을 떠돌아야 했다. 우메오대학에서도 한시적 부교수였고, 이후 독일 헬름홀츠감염연구소와 하노버의과대학에서 연구했지만, 역시 임시직이었다. 이러한 유랑 경력은 경쟁이 치열한 분자세포생물학 분야에서 정규직 일자리를 갖기가 얼마나 어려운지 보여준다. 아마 평범한 과학자였다면 불안정한 경력에 지칠 수 있었을 것이다. 다만 샤르팡티에는 새로운 환경에 적응하고 홀로 탐험하는 삶을 오히려 즐겼다고 한다. 그래서 붙은 별명이 '박사후 순례자 postdoc pilgrim'였다.

　그런데 2013년 이후 크리스퍼 연구가 세계적으로 주목받으면서 상황이 바뀌었다. 순례자를 자처했던 샤르팡티에에게도 안정적인 연구 기반이 필요해진 것이다. 임시직의 신분으로 감당하기에는 크리스퍼 캐스9의 가능성은 엄청났다. 그것을 구현하려면 대규모 자금과 장기 연구가 필요했다. 바로 그 기회를 독일의 막스플랑크협회가 제공했다. 2015년 막스플랑크협회가 샤르팡티에를 베를린의 감염생물학연구소 디렉터로 영입한 것이다. 이로써 샤르팡티에는 오랜 떠돌이 생활을 청산하고, 크리스퍼라는 과학적 도전에 집중할 수 있게 되었다. 그녀 연구 인생의 결정적 전환점이었던 셈이다. 샤르팡티에도 성명에서 "막스플랑크협회와 함께하게 되어 매우 기쁘다. 독일에서 연구를 이어갈 수 있는 최상의 조건을 제공받았다."라고 했다. 또한 "막스플랑크협회 내 미생물학 분야를 강화하는 계기로 삼겠다."라고 덧붙이며, 좋은 지원을 해준 연구소에 자신도 기여하겠다는 의지를 피력했다.

막스플랑크협회의 디렉터는 이름 그대로 연구를 지휘하는 총책임자다. 풍부한 지원, 선진적 시스템, 장기 연구, 높은 명예를 보장받는다는 점에서 기초과학자의 최고위직이다. 막스플랑크협회의 '최고 과학자에 대한 집중 투자'라는 연구 철학을 체현하는 주체이기도 하다. 막스플랑크협회의 디렉터는 대학으로 치면 정년이 보장된 정교수다. 그런데 연구의 유연성을 중시하는 막스플랑크협회의 정년 보장 비율은 매우 낮아서 전체 연구자의 5퍼센트 내외에 불과하다. 이렇게 소수인 디렉터가 연구소 운영에 미치는 영향력은 엄청나다. 연구·인사·예산 등에 절대적 권한을 행사한다. 즉 무엇을 연구할지, 누구를 뽑을지, 얼마나 자원을 투입할지를 모두 결정한다. 또한 막스플랑크협회의 과학 회원

scientific member 자격도 갖는다. 과학 회원은 막스플랑크협회의 운영 방향을 정하는 중요한 의사결정 단위다. 대부분 전·현직 디렉터로 구성된다.

사실 샤르팡티에와 독일의 인연은 2013년부터 시작되었다. 이미 독일 정부로부터 500만 유로에 달하는 알렉산더 폰 훔볼트 교수연구자금Alexander von Humboldt Professorship을 지원받았기 때문이다. 이는 세계적 연구자를 유치하기 위한 독일 최고 수준의 지원 제도였다. 샤르팡티에는 이 자금으로 2014~15년 헬름홀츠감염연구소와 하노버의과대학에서 연구실을 꾸릴 수 있었다. 그리고 이어진 막스플랑크협회의 디렉터 제안은 그녀를 독일 과학 시스템에 장기적으로 안착시켰다. 막스플랑크협회보다 먼저 그녀를 스카우트했던 헬름홀츠협회의 회장도 이 결정에 대해 "샤르팡티에가 독일 과학계에 계속 남게 되어 매우 기쁘다."라고 밝혔다. 독일 내 다양한 연구기관들이 경쟁이 아니라 협력적으로 그녀를 지원했음을 보여주는 장면이다.

막스플랑크협회는 2018년 아예 샤르팡티에 중심의 새로운 연구기관을 창설했다. 바로 막스플랑크병원균과학유닛Max Planck Unit for the Science of Pathogens이다. 유닛은 연구소가 중추를 이루는 막스플랑크협회에서 처음 시도되는 조직이었다. 연구소 규모에는 못 미치지만, 엄연히 독립된 연구집단으로 운영된다. 이 유닛은 샤르팡티에의 주특기인 감염병, 박테리아 면역체계, 크리스퍼 생물학 간 경계 지대에 집중할 수 있도록 설계되었다. 즉 과학자를 제도에 맞추기보다 제도를 과학자에 맞춘 결과다. 2020년 노벨화학상 발표 당시 샤르팡티에의 소속도 이 유닛으로 소개되었다. 막스플랑크협회는 노벨상 발표 직후 그녀의 소속 기관으로서 강한 자부심을 드러냈다. "이 수상이 박테리아 기초연구뿐 아니라 독일 과학 전체에 큰 힘이 될 것이다." 이처럼 막스플랑크협회는 인재를 데려온 것을 넘어서, 그의 아이디어에 맞춘 조직과 시스템까지 제공했다. 샤르팡티에의 탁월한 능력은 이러한 안정적 기반 위에서 만개할 수 있었다.

과학적 돌파를 가능케 하는 협력과 제도

"두 명의 천재 여성 과학자가 과학의 판도를 바꿨다." 크리스퍼 캐스9과 2020년 노벨화학상의 서사는 종종 이렇게 요약된다. 물론 이것은 사실이다. 하지만 앞서 살펴본 바와 같이, 이는 개인의 천재성을 발현시킨 제도와 협력의 서사이기도 하다. 다우드나와 샤르팡티에의 업적은 버클리연구소와 막스플랑크협회라는 독특한 제도적 환경, 그리고 개방적인 지식 공유 속에서 만들어졌기 때문이다. 실제로 오늘날의 과학적 돌파는 더 이상 고립된 천재의 성취로만 이루어지지 않는다. 그것은 아이디어, 장비, 자금, 동료라는 여러 요소가 맞물려 작동하는 '풍요로운 생태계'에서 발생한다.

크리스퍼 캐스9은 그 전형적 성공 사례였다. 이 발견의 핵심에 있는 협업은 대륙과 학문의 경계를 넘어섰다. 샤르팡티에의 미생물학 기초지식과 다우드나의 구조생물학 실험이 결합했고, 이들은 1년여의 짧지만 강렬한 협업을 통해 2012년 결정적 논문을 발표했다. 그것은 학문적 개방성과 신뢰 위에서 가능했다. 두 사람은 학회에서 처음 만나, 미공개 아이디어를 공유하며 토론했고, 즉석에서 공동연구를 결정했다. 이를 발전시키는 과정에서 두 사람 주위의 대학원생과 박사후연구원 등 여러 동료도 참여했다. 샤르팡티에는 노벨상 발표 후 "크리스퍼 생물학 분야의 동료들과 우리 팀원들 모두의 기여"라고 강조했고, 다우드나 역시 "이 기술을 함께 구현해 낸 협업의 성공"이라고 말했다. 이러한 언급은 단순한 겸양이 아니다. 오늘날의 과학이 구조적으로 집단화되었다는 현실의 반영이다.

제도적 관점에서 보면, 버클리연구소와 막스플랑크협회 같은 연구소들이 이 발견을 뒷받침했다. 버클리연구소는 다우드나에게 첨단 실험 장비와 팀 과학 문화를 제공했다. 성공을 장담하기 어려웠던 실험 초기에 연구비도 꾸준히 지원했다. 막스플랑크협회는 안정된 연구비, 자유로운 장기 연구, 교육과 행정 부담이 없는 환경을 통해 샤르팡티에가 연구에 집중할 수 있게 했다. 또한 그녀를 위한 조직을 새로 만들어줄 만큼 개인의 비전과 역량을 존중했다. 미국과 독일의 두 제도는 각자 고유한 방식으로 강력한 기초연구 생태계를 구축했던 셈이다.

따라서 2020년 노벨화학상은 성과와 수상자로만 기억되지 않는다. 그것은 협업의 승리이자, 제도가 창의성을 자극한다는 사실을 증명한 사례로 남을 것이다. 기초연구 생태계를 만들고 지원해야 한다는 교훈과 함께 말이다. "우리가 올바른 제도와 환경을 조성한다면 — 적절한 도구, 신뢰, 시간을 제공한다면 — 과학자의 창의성은 상상을 뛰어넘는 혁신을 만들어낼 수 있다."

초고속작전이 만든 백신

2022년 미국 국립알레르기·감염병연구소

어느덧 기억에서 사라지고 있지만, 돌이켜 보면 무섭고 엄청난 일이었다. 2019년 12월 중국 우한에서 발견된 원인 미상의 바이러스. 그것은 불과 몇 주 만에 세계 곳곳으로 번져나갔다. 그리고 인류는 이제껏 경험해 본 적 없는 공포에 휩싸였다. 1918년 인플루엔자, 1980년대 HIV/AIDS 유행 이후 처음으로 인류 전체가 생존의 위협 앞에 놓인 것이다. 정체를 알 수 없는 병원체에 대한 두려움에는 사회적 혼란이 뒤따랐다. 새로운 바이러스는 불과 몇 달 만에 전 세계를 뒤흔들며 '코로나19'라는 팬데믹을 촉발했다.

모든 것이 불확실했다. 바이러스가 어디서 기원했는지, 왜 이렇게 빠르게 퍼지는지, 어떻게 하면 확산을 막을 수 있는지. 유일하게 분명한 것은 지구상 누구나 이 보이지 않는 적의 희생자가 될 수 있다는 것뿐이었다. 그래서 초기 대응 수단은 매우 제한적이었다. 각국은 감염자 이동 제한과 격리, 도시 봉쇄와 같은 극단적 조치를 동원했다. 그러나 이는 시간을 벌기 위한 미봉책에 불과했다. 사람들은 마스크 쓰기와 손 씻기 같은 기본 위생수칙에 의존해서 일상을 견뎌야 했다. 인류는 그야말로 지름 100나노미터도 되지 않는 초미세 바이러스에 인질로 잡힌 셈이었다. 실제로 이 나노미터 크기의 적이 발휘한 위력은 무시무시했다. 2021년 여름까지 전 세계에서 2억 명 이상의 확진자와 450만 명 이상의 사망자를 발생시키며 인류를 압박했다.

백신을 만들기 어려운 이유

이 절체절명의 위기에서 모두가 바란 해결책은 단연 백신이었다. 그러나 새로운 바이러스에 대한 백신을 단기간에 개발한다는 것은 결코 쉬운 일이 아니다. 백신 개발에는 짧게는 수년, 길게는 수십 년의 시간이 소요되기 마련이다. 1960년대 만들어진 볼거리 백신이 인류 역사상 가장 신속히 개발된 경우다. 하지만 이마저도 4년이나 걸렸다. 일반적으로는 새로운 백신 하나를 시장에 내놓기까지 평균 10년 이상의 연구가 필요하다.

특히 바이러스 백신 개발에는 기술적 난제가 많다. 우선 바이러스의 구조와 생활사에 대한 기초과학적 이해가 있어야 한다. 그리고 유효한 면역반응을 이끌 항원의 디자인, 동물실험, 1상·2상·3상에 이르는 임상시험 등 거쳐야 할 과정들이 엄격하다. 이러한 단계마다 안전성 검증이 필수여서 시간을 단축하기 어렵다. 따라서 막대한 비용 투입에도 불구하고 성공을 장담할 수 없는 모험이 백신 개발이다. 일례로 인간면역결핍 바이러스HIV 백신이 그랬다. 1984년 원인 규명 이후 지금까지 수십 년의 투자와 연구에도 불구하고, 끝내 개발되지 못했다. 다변하는 HIV의 특성상 백신 후보들이 번번이 실패를 거듭한 탓이다.

코로나19 팬데믹 초기에도 백신의 조기 개발은 불투명했다. 세계보건기구World Health Organization, WHO, 미국 질병통제예방센터Centers for Disease Control and Prevention, CDC, 영국 의약품규제청Medicines & Healthcare products Regulatory Agency, MHRA 등의 전문가들은 백신 개발까지 최소 1~2년, 어쩌면 그 이상 걸릴 것이라고 전망했다. 언론의 예상도 비슷했다. 《뉴욕 타임스》는 2020년 4월 "백신 개발에 최소 12개월 이상이 걸릴 것"이라는 전문가들의 의견을 보도했다. 그들은 임상시험과 안전성 검증, 그리고 생산에 필요한 시간까지 고려하면, 1년 이내에 백신을 개발하는 것은 과학적으로 불가능에 가깝다고 주장했다. 이는 당시 전 세계가 공유했던 백신 개발에 대한 비관적 시각을 반영한다.

국립알레르기·감염병연구소, 축적된 기초연구 역량

그런데 이 불가능해 보이는 일에 대비해 온 연구소가 있었다. 바로 미국의 국립알레르기·감염병연구소National Institute of Allergy and Infectious Diseases, NIAID다. 국립알레르기·감염병연구소는 미국 보건복지부 산하 국립보건원National Institutes of Health, NIH을 구성하는 27개 연구소 중 하나다. 그 기원은 1887년 만들어진 작은 위생연구실이며, 1955년 현재 이름으로 공식 발족했다. 국립알레르기·감염병연구소는 이름이 시사하듯 알레르기 질환과 각종 감염병의 원인 규명, 예방과 치료를 위한 연구를 수행한다. 연구소 본원은 메릴랜드주 베데스다에 두고 미생물, 면역 등 자체 연구실을 운영하고 있다. 이와 더불어 전 세계 대학과 기업에 연구과제를 지원하며 광범위한 협력 네트워크를 구축해 왔다.

이런 기초연구 인프라 확충이 수십 년 동안 착실히 이뤄져 왔다. 연구소의 위상을 크게 높인 리더는 의사이자 면역학자인 앤서니 파우치Anthony Fauci였다. 파우치는 1984년부터 2022년까지 무려 38년간 국립알레르기·감염병연구소의 소장으로 재직했다. 이 기간에 7명의 대통령을 자문하며 국가 감염병 대응 총책임자로 일했다. 1980년대 에이즈 유행 당시 치료법 개발에 기여했고, 이후 사스, 신종플루, 에볼라, 지카 등 신종 감염병이 등장할 때마다 방역 전략과 연구개발을 진두지휘했다. 그의 주도로 국립알레르기·감염병연구소는 1997년 백신연구센터를 설립하여 HIV를 비롯한 각종 백신 연구를 강화했다. 또한 면역학 및 바이러스학 연구에 정부 지원금을 집중함으로써 감염병 대비 기초연구 역량을 축적해 왔다.

이러한 국립알레르기·감염병연구소의 역량은 코로나19 팬데믹 직전 빛을 발했다. 파우치는 연구소의 경계를 넘어 민간 기업과의 협력에도 적극적이었다. 특히 매사추세츠주 케임브리지의 작은 기업 모더나Moderna의 mRNA 기술에 주목했다. 2010년 설립된 모더나가 초기 단계에 개발하던 mRNA 기반 치료기술을 일찍부터 눈여겨본 그는, 2017년 지카 바이러스가 유행하자 함께 백신 개발에 착수했다. 지카 바이러스 유행이 진정되면서 연구의 긴급성은 줄어들었다. 그럼에도 파우치는 모더나와 협력 관계를 유지하며 mRNA 백신 플랫폼의 가능성을 꾸준히 탐색했다.

2019년 국립알레르기·감염병연구소와 모더나는 가상의 신종 질병을 대비한 '초고속 백신 개발' 모의 훈련까지 계획했다. 이들은 당시 인류에게 잠재적 위협이 될 수 있는 병원체로 니파 바이러스를 지목했다. 이에 "만약 니파가 세계적 유행병이 된다면, 얼마나 빨리 백신을 만들 수 있는가?"를 시험하는 백신 개발 시간 측정 훈련을 준비했다. 국립알레르기·감염병연구소의 연구진이 백신 설계를 도와주고, 모더나가 시제품을 만들어, 임상시험용 백신을 인도하기까지 걸리는 시간을 실제로 재보려 한 것이다.

그런데 그 와중에 코로나19 팬데믹이 터졌다. 국립연구소와 벤처기업이 손발을 맞춰 팬데믹 대비 시나리오 훈련까지 진행하던 중에, 공교롭게도 진짜 '질병 X'가 출현한 것이다. 국립알레르기·감염병연구소의 연구자들은 즉각 코로나19 바이러스 대응에 돌입했다. 특히 백신연구센터의 바니 그레이엄 연구팀은 이전부터 사스와 메르스 등 코로나바이러스 연구의 세계적 소수 정예로 꼽혀왔다. 이들은 코로나바이러스의 스파이크 단백질 구조를 꾸준히 탐구하며 백신 항원으로서 최적 형태를 유지하는 방법을 모색해 왔다. 그리고 2010년대 후반, 마침내 스파이크 단백질을 감염 이전의 안정된 구조로 고정하는 기술을 개발했다. 이는 단백질의 아미노산 서열 중 두 군데에 변이를 주는 방식(일명 2P 변이)으로, 인간 세포와 결합하기 전의 형태를 유지하게 만든 것이다. 이로써 백신 항원의 면역원성이 크게 향상되었다.

이 기술은 코로나19 사태에서 결정적 위력을 발휘했다. 2020년 1월 신종 바이러스의 유전자 정보가 공개되자, 과학자들은 곧장 이 2P 안정화 기술을 코로나19 바이러스의 스파이크 단백질에 적용했다. 이를 바탕으로 백신 설계 도면을 불과 며칠 만에 완성할 수 있었다.

모더나, 준비된 mRNA 혁신 기술

한편, 국립알레르기·감염병연구소와 협력한 모더나는 백신 개발의 민간 쪽 엔진 역할을 했다. 모더나는 2010년 창업할 때부터 mRNA를 활용한 혁신적인 의약품을 개발하겠다는 대담한 목표를 내걸었다. 회사 이름인 'Moderna'부터 'Modified RNA'에서 유래한 것이다.

RNA는 리보핵산ribonucleic acid의 약자다. 인체에서 DNA와 함께 유전자 정보를 전달하는 핵심 물질이다. DNA가 유전자를 저장하는 역할을 한다면, RNA는 이를 실제 세포에서 사용할 수 있는 형태로 변환하게 한다. 그중에서도 메신저 RNAmessenger RNA, mRNA는 DNA에서 복제된 유전자 정보를 세포에 전달하는 역할을 한다. 흔히 말하는 단백질 합성은 이 mRNA가 세포 내에서 유전자 정보를 단백질로 번역하면서 이루어진다.

모더나는 일찍부터 이 mRNA를 이용한 백신의 가능성을 탐색해 왔다. 전통적인 백신은 바이러스의 일부를 약화시키거나 죽여서 인체에 주입하는 방식이었다. 하지만 mRNA 백신은 바이러스에 대한 정보를 mRNA 형태로 주입하여, 몸의 세포가 그것을 바탕으로 바이러스 단백질을 생성하게 한다는 점에서 다르다. 이렇게 생성된 단백질은 우리 면역체계에 의해 이물질로 인식되고, 이에 대한 면역반응이 일어나면서 항체가 만들어진다.

이렇듯 mRNA 백신은 바이러스의 '설계도'라 할 수 있는 mRNA 조각을 주입해 우리 몸의 세포를 백신 공장으로 활용하는 전략이다. 따라서 안전하고, 빠른 생산이 가능하다. 기존 백신은 바이러스 배양에 시간이 걸릴 수밖에 없다. 하지만 mRNA 백신은 유전자 서열만 알면 바로 RNA를 합성할 수 있다. 설사 변이가 발생하더라도 mRNA를 수정하여 신속히 대응할 수 있다. 무엇보다 바이러스를 직접 사용하지 않기 때문에 안전하다.

모더나가 자리 잡은 매사추세츠주 케임브리지의 켄달스퀘어는 이러한 첨단 바이오 혁신이 꽃피울 수 있는 이상적 환경이었다. 본래 이곳은 낡고 낙후한 공장 지대였다. 그러나 21세기 들어 MIT, 하버드대학 등 명문대와 여러 제약회사와 스타트업 기업이 입주한, '세계에서 가장 밀집된 혁신 클러스터'로 변모했다. 여의도보다도 작은 면적의 공간에 수백 개의 생명공학 스타트업, 연구소, 벤처 투자자들이 모여 있다. 이를 매개로 우수한 인재들이 자유롭게 교류함으로써 혁신의 시너지가 극대화된다.

이러한 혁신 생태계를 배경으로 모더나는 급성장할 수 있었다. 설립 초기부터 막대한 벤처자금을 유치했고, 자체 연구시설과 생산 인프라에 과감히 투자하여 mRNA 연구의 선구자로 부상했다. 물론 도전이 순탄하지만은 않았다. mRNA라는 생소한 플랫폼에 회의적인 시각도 많았다. 2018년 나스닥에 상장되었을 때만 해도 모더나는 상용화한 제품이 단 하나도 없는 상태였다. 2019년 말에도 모더나의 주가는 공모가 대비 15퍼센트가량 떨어져 있었고, 일부 투자자는 모더나가 치료제 대신 백신에 집중하는 전략을 우려했다. 백신은 시장 규모에 비해 수익성이 낮고 개발 실패 확률이 높다는 이유에서였다. 연구개발에 필요한 비용이 빠르게 소진되면서 한때 회사는 허리띠를 졸라매야 하는 상황

24 초고속작전이 만든 백신

에도 직면했다.

그러나 재정적 압박 속에서도 모더나는 도전을 멈추지 않았다. 특히 CEO인 스테판 방셀Stéphane Bancel은 탁월한 추진력으로 투자금을 끌어모아 연구개발에 쏟아부었다. 그는 모더나가 상징하는 과학적 혁신보다는, 수단과 방법을 가리지 않는 자금 조달 능력으로 더 유명하다. 실제로 필요한 자금을 얻기 위해 세계 곳곳을 전방위로 뛰어다녔다. 그러면서 직원들에게는 "1년 내 절반은 살아남지 못할 것"이라 경고하며 혹독하게 몰아붙였다. 이러한 강력한 드라이브 속에 모더나는 수많은 동물실험과 초기 임상시험을 통해 mRNA 플랫폼 기술을 확립해 나갔다. 2020년 초까지 모더나는 9종의 감염병 mRNA 백신 후보를 임상 단계에서 시험한 바 있었다. 생산에 필요한 시설 역시 대량 확보해 놓은 상태였다.

그래서 모더나에게 코로나19 팬데믹은 위기이면서 기회였다. 지난 몇 년간 착실히 쌓아온 실력을 단숨에 발휘할 수 있었기 때문이다. 2020년 1월 11일, 중국 연구진이 인터넷에 신종 코로나바이러스의 유전자 서열을 공개했다. 모더나의 과학자들은 즉시 국립알레르기·감염병연구소 백신연구센터와 함께 백신 mRNA 서열 디자인에 착수했다. 바이러스 항원 유전자의 합성 및 백신 설계가 완료된 것은 불과 48시간 만이었다. 1월 13일에는 백신 후보물질에 대한 초기 설계를 확정했다. 곧이어 임상시험용 백신 생산에 돌입했다. 2월 7일 첫 제조 배치를 완성했고, 품질시험을 거쳐, 2월 24일 NIH에 임상용 백신을 전달했다. 마침내 2020년 3월 16일, 시애틀에서 한 임상시험 참가자에게 모더나의 mRNA 백신(mRNA-1273)이 처음 투여되었다. 이는 바이러스 유전자 서열이 공개된 지 불과 63일 만의 일이다. 인류 역사상 유례없는 기록이었다.

당시에는 백신 개발에 몇 년이 걸리는 게 상식이었다. 그런데 단 두 달 남짓 만에 인간에게 투여할 만한 백신을 만들어냈다는 소식은 세계를 놀라게 했다. 여기에는 앞서 언급한 국립알레르기·감염병연구소와의 협력이 결정적인 역할을 했다. 모더나 연구진은 국립알레르기·감염병연구소로부터 제공받은 안정화된 스파이크 단백질 유전자(2P 변이 포함) 정보를 즉각 활용할 수 있었다. 또한 NIH 산하 시설에서 1상 임상시험이 신속히 진행되는 등 전폭적인 인프라 지원을 받았다.

그 결과 모더나의 mRNA-1273 백신은 7월 시작된 대규모 3상 임상에서 94.1퍼센트에 달하는 예방효과를 입증했다. 2020년 12월 18일에는 미국 식품의약국(U.S. Food and Drug Administration, FDA)으로부터 긴급 사용승인을 받았다. 창업 후 10년 동안 제대로 된 제품을 내지 못했던 모더나는 일약 세계에서 가장 주목받는 백신 기업으로 부상했다. 불확실하지만 혁신적인 기술에 대한 집념, 그리고 정부·학계와의 개방적 협력이 만들어낸 놀라운 결실이었다.

미국 연방정부, 과감한 집중 지원

연구소와 기업이 쌍두마차로 이끈 백신 개발의 화룡점정은 정부가 찍었다. 미국 대통령의 결단과 백악관의 집중적인 정책 지원이 없었다면, 백신이 그처럼 빠르게 실물로 등장하지는 못했을 것이다. 2020년 5월, 미국 연방정부는 사상 초유의 대규모 백신 개발 지원 프로그램인 '초고속작전Operation Warp Speed'을 가동했다. 이 작전은 보건복지부와 국방부가 공동으로 이끄는 범부처 파트너십으로, 안전하고 효과적인 코로나19 백신을 개발하여 2021년 초까지 3억 회분을 공급하는 것을 목표로 삼았다.

이에 미국 연방정부는 관련 부처를 총동원해 제약·바이오 업계와 협력하는 공격적인 전략을 펼쳤다. 평소 같으면 칸막이로 쪼개졌을 보건 당국, 군 조직, 규제 기관, 민간 기업이 모두 한 팀으로 움직이게 한 것이다. 가장 큰 지원은 단연 막대한 자금이었다. 정부는 여러 유망 백신 개발 프로젝트를 병행 지원하기 위해 2020년에만 약 180억 달러(약 24조 원)의 예산을 투입했다. 국제 기구의 지원까지 합치면 모더나, 화이자-바이오엔텍, 존슨앤드존슨, 아스트라제네카-옥스퍼드대학, 노바백스 등 최소 6개의 백신 개발 기업이 미국 연방정부로부터 수억 달러에서 10억 달러 이상의 자금을 지원받았다. 모더나만 해도 2020년 초 두 차례에 걸쳐 총 9억 5천만 달러의 연구비 지원을 받았고, 8월에는 15억 3천만 달러 규모의 백신 선구매 계약을 체결했다. 그러니까 미국 연방정부가 모더나에 투자한 금액은 약 24억 8천만 달러에 달한다. 이처럼 과감한 재정 지원으로 기업들은 실패 위험을 걱정하지 않고 동시에 여러 백신 후보를 개발할 수 있었다.

임상시험 과정도 이전과 완전히 달라졌다. 전통적으로는 동물실험 → 1상 → 2상 → 3상 순으로 직렬 진행되어야 했다. 그러나 초고속작전 하에서는 이 과정이 과감히 병렬화되었다. 예컨대 동물실험과 초기 인체실험을 동시에 진행하고, 1상 안전성 데이터가 확보되자마자 2상·3상 대규모 시험에 착수하는 식이었다. 심지어 임상 3상이 진행되는 도중에도 백신 대량 생산 준비에 착수하도록 했다. 시험이 성공하는 즉시 보급이 가능하도록 한 것이다.

이러한 초고속작전에도 과학의 원칙은 지켜졌다. 초기 소규모 임상에서 안전성과 항체반응 데이터를 확인한 후에야 대규모 3상으로 넘어간 점 등은 기존과 동일했다. 다만 여러 단계를 압축적으로 수행함으로써 시간을 비약적으로 줄였을 뿐이다. 그 결과 초고속작전 돌입 7개월 만인 2020년 12월, 모더나와 화이자의 백신이 95퍼센트 안팎의 높은 효능을 입증하며 FDA의 긴급사용승인을 받았다. 통상 수년은 걸렸을 임상시험과 승인 과정을 불과 몇 달로 단축한 것이다.

당연히 이는 규제 당국의 협조 없이는 불가능했다. FDA는 '백신 효능 50퍼센트 이상 입증'이라는 완화된 가이드라인을 제시하고, 임상 데이터 접수 즉시 심사하는 식으로 속도를 높였다. 그야말로 전시와 같은 총력전 체제가 적용된 셈이다. 물류와 유통 측면에서도 혁신적이었다. 국방부가 주도하여 백신 원료 조달부터 제조·유통까지 전 과정을 관리했다. 또한 국방물자생산법을 발동해서 백신에 필요한 자재 조달을 최우선으로 지원했고, 육군 공병단이 나서서 생산시설 증설을 도왔다. 여기에 백신 유통을 위한 민관 협력망을 전국에 구축하여, 생산된 백신을 지역별 접종센터까지 즉각 배분하게 했다. 육군의 첨단 물류 추적 기술을 활용해 모든 백신을 실시간 추적하면서 온도 유지와 재고 관리를 한 점도 특징적이다.

그 결과 2021년 3월까지 초고속작전에 참여한 제약사들이 미국에 공급한 백신 물량은 총 2억 회분을 넘어섰다. 덕분에 이듬해까지 미국 성인의 대부분이 백신을 접종받을 수 있었다. 이처럼 초고속작전은 정부가 자금, 행정, 규제, 물류 등을 아우르는 전방위 지원을 수행했다. 그럼으로써 백신 개발의 시간을 획기적으로 줄일 수 있었다.

팬데믹이 남긴 교훈

코로나19 팬데믹을 겪으면서 인류는 값비싼 교훈을 얻었다. 가장 큰 깨달음은 위기의 극복 방안이 하루아침에 생겨나지 않는다는 점이다. 코로나19 백신의 눈부신 성공은 결코 단기간의 산물이 아니었다. 겉으로는 몇 달 만에 뚝딱 완성된 것처럼 보였지만, 그 이면에는 수십 년간의 기초연구 성과가 쌓여 있었다. mRNA에 대해 오랜 시간 축적한 분자세포생물학, 구조면역학, 바이러스학 등의 지식이 없었다면, 인류는 그토록 빠르게 이 신종 질병에 맞설 무기를 만들어내지 못했을 것이다. 위기의 한복판에서 기초연구의 가치가 빛을 발한 셈이다.

또 한 가지 교훈은 협력의 중요성이다. 코로나19 백신 개발은 전 세계 과학자, 기업, 정부가 하나의 팀으로서 성공시킨 거대한 프로젝트였다. 이전까지는 서로 경쟁하던 과학자와 기관들이 팬데믹 상황에서는 하나의 목표를 향해 연대했다. 미국의 경우 국립연구소, 벤처기업, 대형 제약사, 대학, 규제 기관, 군대까지 모두 각자의 임무를 맡아 협력했다. 이렇게 분야를 넘어서는 전방위적 팀워크가 있었기에 백신을 유례없이 빠르게 완성할 수 있었다. 수천 명이 인류를 구원하자는 대의에 따라 연구에 동참했고, 그중에는 오랜 세월 빛을 보지 못했던 무명의 과학자들도 많았다. 그들 모두가 백신 개발의 주역이었다.

코로나19 팬데믹은 이제 역사의 한 페이지가 되었다. 하지만 과학자들은 또 다른 '질병 X'가 언제든 찾아올 수 있다고 경고한다. 불확실한 미래에 대한 대비는 과거의 교훈을 되새기는 일에서 시작해야 한다. 그래서 코로나19 팬데믹으로 얻은 성과를 지켜나가는 것이 중요하다. 지속적인 기초연구 투자, 연구성과를 공유하는 협력 네트워크 구축, 민관의 위기 대응 공조 체제가 새로운 생물학적 위협에 가장 확실한 대비책이 될 것이다. 2020년 초고속작전은 평소 잘 갖춘 과학과 협력이 인류를 지킬 수 있음을 증명했다. 동양의 고전《손자병법》에서도 비슷한 가르침이 나온다. "백 번 싸워 백 번 이기는 것은 최선이 아니다. 싸우지 않고 적을 굴복시키는 것이야말로 최상의 전략이다."

25

지구방위대의 결성

2022년 미국 항공우주국

영화에서나 볼 법한 일이 현실에서 일어났다. 머나먼 우주에서 소행성과 우주선이 충돌한 것이다. 물론 우주에서 대형 교통사고가 일어났을 리는 없다. 그것을 엄밀히 표현하면 '충돌'보다는 '저격'에 가까웠다. 우주선은 지구에서 처음부터 소행성을 조준하여 발사한 것이었기 때문이다. 즉 이 충돌은 기술적으로 철저히 계획된 결과였다.

그것은 인류 멸종을 막기 위한 '지구방위 실험'이었다. NASA와 존스홉킨스대학 응용물리연구소Johns Hopkins University Applied Physics Laboratory, APL가 추진한, 이른바 이중 소행성 궤도 변경 시험Double Asteroid Redirection Test, DART, 이하 '다트'이다. 즉 지구를 위협하는 소행성의 궤도를 인위적으로 바꿀 수 있는지를 실험해 본 것이다. 소행성과 지구의 충돌은 매우 낮은 확률의 재난이다. 하지만 일단 일어나기만 하면 그 피해는 어마어마하다. 약 6600만 년 전 공룡의 멸종 역시 소행성 충돌 때문이라는 것이 정설이다. 2013년 러시아 첼랴빈스크 상공에서 폭발한 소형 운석은 직경 20미터였음에도 수천 채의 건물을 파괴했다.

이런 우주적 재난에 대비하기 위해 다트가 기획되었다. 다만 취지에 비해 실제 실험은 상대적으로 소박한 면이 있었다. 다트 우주선의 본체는 약 1.2~1.3미터로 냉장고와 비슷했다. 목표물이 된 소행성 디모포스Dimorphos의 지름은 170미터로 로마의 콜로세움에 들어갈 크기였다. 우주선은 10개월간 1100만 킬로미터를 날아가 2022년 9월 26일 디모포스와 충돌했다. 당시 디모포스는 더 큰 모母소행성인 디디모스Didymos 주위를 11시간 55분 주기로 공전하고 있었다. 다트 우주선은 마치 당구공이 부딪히듯 디모포스와 충돌해 진행 경로에 변화를 주었다. 초속 6.6킬로미터에 달하는 거센 충돌 치고는 운동의 변화가 아주 미세했다. 디디모스를 공전하는 속도가 초속 0.0027미터(1초에 약 2.7밀리미터) 줄어드는 효과가 관측되었다. 소행성의 궤도를 1초에 약 2.7밀리미터, 그러니까 달팽이가 기어가는 속도만큼 수정한 셈이다. 겨우 그 정도 효과를 보려고 우주선까지 발사했다고? 하지만 우주적 스케일에서는 이 작은 변화가 중대한 의미를 지닌다. 충돌 이후 디모포스의 공전 주기는 약 32분 줄어들었다. 그 결과 디디모스에 한층 더 가깝고 짧은 궤도로 재편성되었다. 이러한 미세한 변화도 1년이면 궤도상 수십 킬로미터의 누적 편차를 만들어 낸다.

다트는 언뜻 영화 〈아마겟돈〉이나 〈딥 임팩트〉를 떠올리게 한다. 영화에서는 주인공들이 지구로 다가오는 소행성을 핵폭탄으로 폭파한다. 그러나 다트는 영화보다 훨씬 효율적이고 평화적이었다. 모든 실험은 지구 충돌 위험이 전혀 없는 먼 소행성에서 안전하게 이뤄졌다. 특히 디모포스-디디모스 같은 쌍성계는 주기 변화를 지상 망원경으로 정밀 추적하기 쉬워 실험용 표적으로 최적이었다. 냉장고만 한 우주선을 콜로세움만 한 소행성에 충돌시켜, 달팽이가 기어가는 거리만큼 밀어냈다. 이렇게 수집한 데이터는 정말로 지구를 위협하는 소행성이 나타났을 때 유용하게 쓰일 것이다. NASA의 지구방위본부장인 린들리 존슨의 평가다. "우리는 더 이상 무시무시한 우주 재해 앞에서 무기력하지 않다. 이번 성과를 바탕으로 위험 천체를 찾는 차기 임무에 더욱 박차를 가할 것이다."

그런데 다트에는 과학적 의미만 있지 않다. 이것을 제도사와 정책사의 관점에서 보면 흥미로운 사실이 드러난다. 바로 NASA의 정체성 변화다. 그간 NASA는 인류를 대표하는 우주 진출의 전진기지였다. 그런데 최근에는 우주로부터 지구를 수호하는 임무에도 상당한 노력을 기울이고 있다. 이러한 변화는 하루아침에 일어나지 않았다. 그 기원은 역설적으로 NASA가 우주 진출의 시금석을 놓은 아폴로 11호의 달착륙으로 거슬러 올라간다.

아폴로 이후의 NASA

아폴로 계획이 진행된 1960년대 내내 NASA는 집중 지원을 받았다. 당시 미국 연방정부가 달 탐사를 국력과 기술 우위를 과시하는 전략 사업으로 활용했기 때문이다. 의회 역시 아폴로 계획에 천문학적인 예산을 배정했다. NASA에 대한 지원은 1966년 연방정부 총예산의 4.4퍼센트를 점하면서 정점을 찍었다. 이러한 압도적 자원 투입의 결과 1969년 아폴로 11호가 달 착륙에 성공했다. 버즈 올드린이 달에 성조기를 꽂는 순간, 소련을 상대로 벌인 오랜 체제 경쟁도 끝났다. NASA와 미국은 우주 개발사의 최종 승자로 기록되었다.

하지만 영광의 순간은 짧았다. 1970년대 들어 NASA는 새로운 위기에 직면했다. 그것은 미국의 급변하는 국내외 정세와 직결되었다. 베트남 전쟁의 장기화, 경제 위기 등 국내 문제 앞에서 우주 개발은 점차 우선순위에서 밀려났다. 리처드 닉슨 대통령의 1970년 연설이다. "지금 우주 프로그램이 정체되어서는 안 되지만, 그렇다고 한 번에 모든 것을 다 하려 해서도 안 된다. 우주 지출은 엄격한 국가적 우선순위 내에서 자기 자리를 찾아야 한다." 한 마디로 NASA가 특별대우를 받던 시대는 끝났음을 의미했다. 실제로 닉슨 정부에서 NASA의 예산은 매년 삭감되었다. 1969년 44억 달러에 이르던 예산이 1974년에는 30억 달러 수준으로 급감했다. 한때 미국의 자존심으로 떠받들어지던 NASA는 교육, 복지 등의 사업들과 예산을 두고 경쟁하는 처지가 되었다.

아폴로 계획도 1972년 17호를 끝으로 조기 종료되었다. 원래는 달의 지질 탐사를 수행하기 위한 20호까지 예정되어 있었다. 그러나 예산 부담과 정치 환경의 변화가 결정타가 되었다. 그 무렵 NASA 관계자를 괴롭힌 질문은 이것이었다. "아폴로 이후에 우리는 대체 뭘 해야 하는가?" 소련을 제치고 달에 먼저 성조기를 꽂는 것, 그것이야말로 NASA의 존재 이유였기 때문이다. 이에 NASA 국장 토머스 페인은 화성 유인 탐사, 우주 정거장 건설, 우주 왕복선 개발 등 새로운 거대 프로그램을 기획했다. 그러나 닉슨이 이제 우주 프로그램에 그 정도 돈을 주기는 어렵다며 제동을 걸었다. 그 결과 NASA의 예산은 1970년대 내내 연방정부 총예산의 1퍼센트 미만에 머무르게 되었다.

아폴로 계획의 총책임자였던 베르너 폰 브라운의 퇴진도 이러한 분위기를 잘 보여준다. 미국은 냉전의 긴박한 경쟁 속에서 나치 독일의 로켓과학자였던 그를 중용할 수밖에 없었다. 폰 브라운은 달 착륙은 물론 이후의 화성 탐사까지 내다보고 새턴 V 로켓을 개발했다. 그의 천재성이 고스란히 집약된 이 로켓이야말로 아폴로 계획의 일등 공신이었다. 그러나 정치적 동력이 떨어지면서 폰 브라운은 결국 NASA에서 물러나야 했다. 한 마디로 토사구팽이었던 셈이다. 1977년 사망한 후에도 NASA는 그의 이름을 딴 시설이나 프로젝트 — 케네디우주센터, 글렌연구소, 제임스웹우주망원경처럼 — 를 만들지 않았다. 이 또한 NASA가 냉전기

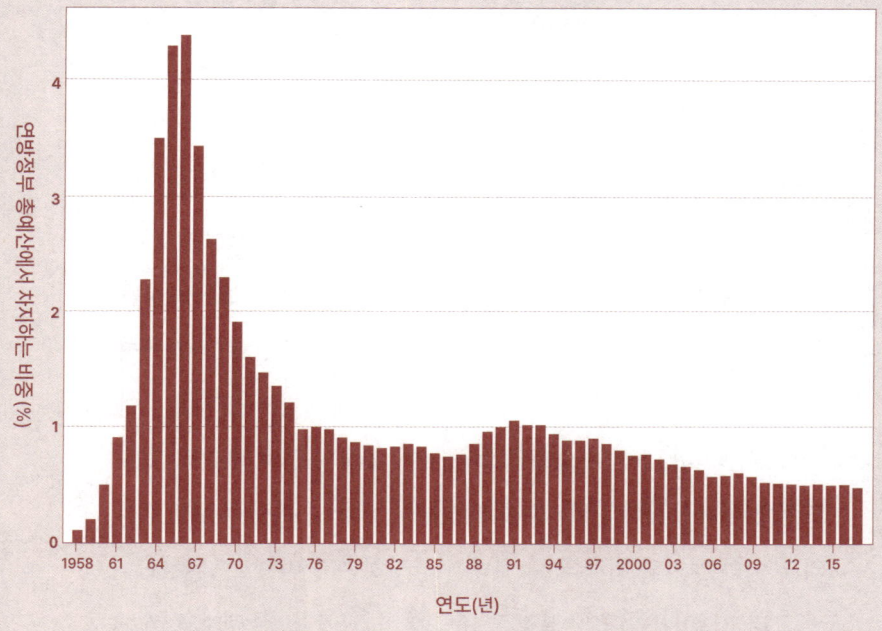

1958~2017년까지 미국 연방정부 예산 대비 NASA의 예산 비중 추이
(https://en.wikipedia.org/wiki/Budget_of_NASA)

'우주 무기 기술자'에서 벗어나려는 상징적 사건이라 할 수 있다.

냉전에서 협력으로

결국 NASA는 살아남기 위해서라도 변해야 했다. 그 가능성을 보여준 일이 1975년에 있었다. 미국과 소련의 데탕트 국면에서 이루어진 아폴로-소유즈 테스트다. 이 프로젝트에서는 미국의 아폴로 우주선과 소련의 소유즈 우주선이 지상의 관제에 따라 궤도 도킹을 성공시켰다. 미션 성공 뒤에 나눈 미국과 소련 우주비행사의 악수는 평화와 협력의 새 시대를 상징하는 장면으로 남았다.

그리고 1980년대가 결정적 분수령이 되었다. 본래 NASA는 1981년부터 운용한 우주 왕복선 프로그램을 군과 함께 추진하려 했다. 그러니까 우주 왕복선을 군사 임무(정찰위성 등)에 투입하면서 국방부의 예산 지원을 얻으려는 복안이었다. 여기에 다음 단계로 계획된 우주 정거장도 같은 논리로 패키지화하려 했다. 하지만 1986년 챌린저 우주 왕복선 폭발 사고로 사업의 신뢰성에 큰 타격을 입자, 국방부는 발을 빼서 자체 로켓 개발로 선회해 버렸다. 그러니 NASA 역시 프로그램을 원점에서 재검토해야 했다.

이때 NASA가 대안으로 도입한 전략이 국제협력이었다. 즉 군과 결별하는 대신, 다른 국가들을 파트너로 동참시킨다는 것이다. 이 전략에는 두 가지 장점이 있었다. 자금 조달의 부담을 줄이는 한편, 인류 공동의 문제를 해결한다는 긍정적 이미지를 만들 수 있다는 점에서 그랬다. 이에 NASA는 1980년대 말 프리덤 우주 정거장 계획을 수립하면서 일본, 유럽, 캐나다 등을 끌어들였다. 특히 일본의 역할이 결정적이었다. 일본은 평화헌법상 우주 개발에 제약이 있어서, 군을 배제한 민간 협력을 조건으로 내걸었기 때문이다. NASA도 이에 동의하면서 순수 민간 협력으로 완전히 방향을 틀었다.

또 하나 흥미로운 사실이 있다. 우주정거장 국제협력 프로그램이 미국 내에서는 다른 과학자들과 경쟁 관계였다는 점이다. 바로 미국 입자물리학계의 숙원이었던 초전도 초대형 충돌기 Superconducting Super Collider, SSC 구축 사업이다. 두 계획은 비슷한 시기에 정치권에 제출되었다. 다만 예산을 심의하는 의회는 경제 상황과 투입 예산 규모를 고려하면 둘 다 할 수 없다고 판단했다. 그래서 예산 확보 경쟁이 벌어졌다. SSC는 지하 깊은 터널에서 원자 속 입자들을 충돌시켜 힉스 보손을 찾으려는 순수 물리학 연구였다. 그러니까 눈에 보이지도 않고, 평범한 사람들은 무엇을 위한 연구인지 알기조차 어려웠다. 반면 우주정거장은 지구 관측, 국제협력, 기술 개발이라는 실용적 명분을 내세웠다. TV를 통해 우주 탐사의 역동적인 모습을 연출한 것은 덤이다. 이렇듯 정치권과 대중에 적절히 호소한 덕분에 NASA가 예산 경쟁에서 승리를 거두었다. 1993년 빌 클린턴 대통령은 SSC 계획을 중단하는 한편, 우주정거장 계획을 러시아까지 포함하는 국제공동사업으로 재승인했다. 현재 세계가 공동 운영 중인 국제우주정거장은 이러한 과정을 거쳐서 탄생했다.

이후에도 NASA는 과학과 인류를 키워드로 한 다양한 사업을 추진했다. 1990년 발사한 허블우주망원경이 대표적 성과다. NASA가 유럽우주국과 함께 가동한 이 거대 망원경 덕분에 인류는 우주 팽창과 은하에 관한 혁신적인 자료들을 획득할 수 있었다. 1976년 바이킹 탐사 이후 뜸하다가 부활한 화성 탐사 프로젝트도 주목할 만하다. NASA는 1997년 소형 로버 소저너를 보내 화성의 토양을 직접 주행했다. 2004년에는 스피릿과 오퍼튜니티 쌍둥이 로버를 투입해 화성에 물이 있었음을 확인했다. 이들 무인 탐사선은 인류의 과학 지평을 넓히는 도전으로 홍보되었다. 국제사회도 NASA의 탐사 활동에 지지를 보낸 것은 물론이다. 1990년대 초 NASA는 기존의 행성 탐사에서 벗어나, 지구환경 변화 관측에 주목하기 시작했다. 이에 1992년 지구관측위성 네트워크 구축 계획을 수립했는데, 이는 기후변화 연구의 전환점이 되었다. 한편 금성 대기를 연구하던 NASA 산하 고다드연구소의 제임스 한센은 이후 지구 온실효과로 연구주제를 바꿨다. 그는 1988년 상원 청문회에서 처음으로 지구온난화의 심각성을 경고하며, 전 세계에 기후문제를 환기시켰다.

세계와 함께 지키는 지구

다트 역시 이제껏 살펴본 NASA의 정체성 변화의 연장선에 있다. 과거 우주 개발은 국가 간 군비경쟁의 주무대였다. 하지만 오늘날에는 지구의 생존과 안전을 위한 협력 과제로 인식된다. NASA가 2016년 지구방위본부 Planetary Defense Coordination Office를 신설하여 지구 접근 천체에 대한 감시와 대비를 공식화한 것도 그 일환이다. 지구방위의 과업은 단일 국가를 넘어 범세계적 성격을 지닐 수밖에 없다. 실제로 UN은 2013년 국제 소행성 경보망과 우주임무기획 자문그룹을 출범시켰다. 이로써 전 세계가 소행성 충돌 위협을 모니터링하고 대응 전략을 수립하도록 지원하고 있다.

NASA는 이 국제협력 네트워크에서 가장 핵심을 맡는다. 소행성 충돌과 같은 우주 재난에 대비하는 지구 대표 기관이라 해도 과언이 아니다. 한편 미국 의회도 2005년 NASA에 지름 140미터 이상 지구 근접 천체의 90퍼센트를 2020년까지 목록으로 만들라고 요구했다. 이러한 정책 지원에 따라 NASA는 지상과 우주의 망원경을 총동원해 잠재적 위험 천체를 찾아냈다. 그 결과 2022년까지 1400개 이상의 지구위협 소행성을 확인했다. 다행히 지금까지 발견된 그 어떤 소행성도 수 세기 이내에 지구와 충돌할 가능성은 작다. 하지만 과학자들은 더 작은 소행성이 여전히 존재하며, 언제라도 새로운 위협으로 부상할 수 있음을 우려한다. 이에 대비하려고 NASA와 파트너들은 근近지구 천체 관측 위성을 개발 중이다. 그리고 매년 국제회의를 열어 시나리오별 대응 훈련을 하고 있다.

다트도 NASA를 중심으로 한 협력의 산물이었다. 이 실험은 NASA가 기획했지만, 실제 운영은 존스홉킨스대학 응용물리연구소가 맡았다. 뉴호라이즌스 명왕성 탐사선, 파커 태양 탐사선 등에서 보듯, NASA가 외부 기관과 우주 임무를 수행하는 것은 흔한 일이 되었다. 다트의 경우 APL이 우주선을 설계·제작·운영했고, NASA가 탐지 및 추적 기술을 지원했다. 여기에 민간 기업 스페이스X가 팰컨 9 로켓을 제공하여 다트를 발사했다. NASA가 직접 발사체를 개발했던 과거와는 사뭇 달라진 풍경이다.

국제협력 역시 빠질 수 없다. 이탈리아 우주국은 다트를 위해 소형 위성 리치아큐브를 제공했다. 리치아큐브는 우주선 본체에서 분리되어 충돌 장면을 근거리 촬영함으로써, 지구의 망원경으로는 볼 수 없었던 현장 영상을 전송해 주었다. 여기에 전 세계에 분포한 수십 개의 우주 망원경까지 총동원되어 충돌의 결과를 관측했다. 즉 전 지구의 우주과학 커뮤니티가 한 팀이 되어 실시간으로 지구방위 실험을 수행한 셈이다. 다트의 여파를 조사하는 후속 임무도 국제협력으로 진행 중이다. 유럽우주국은 2024년 10월 우주선 헤라Hera를 발사했다. 헤라는 2026년 디모포스에 도착하여 충돌로 생긴 크레이터의 크기와 소행성 내부 변화를 측정할 예정이다. 요컨대 다트는 미국이 주도하고 유럽이 검증하는,

'우주 충돌 실험 듀엣'이었던 셈이다.

  다트의 성공은 인류에게 소행성 충돌을 예방할 수 있다는 안도감을 심어주었다. 또한 실험을 기획한 NASA에 대한 신뢰와 호감도 크게 높였다. NASA 국장 빌 넬슨도 다트의 성과를 발표하며 이렇게 자평했다. "우리는 지구의 수호자로서 새로운 장을 열었다." 한때 냉전의 군사기지였던 NASA는 이렇게 환골탈태에 성공했다. 물론 그 과정은 쉽지 않았다. NASA는 오랜 시간 예산 삭감, 대형 사고, 사회적 무관심, 다른 과학과의 경쟁 등으로 위기를 겪었다. 하지만 끊임없는 성찰과 모색으로 마침내 새로운 시대에 부합하는 역할을 확립했다. NASA 자체는 달라진 것이 크게 없지만, 그것을 둘러싼 제도적 환경이 정체성을 변화시킨 것이다. 그 결과 오늘날 NASA는 우주를 탐구하고 지구를 수호하는 국제협력 연구소로 기능하고 있다. NASA가 내세우는 비전이 이를 잘 대변하고 있다. "새로운 고지를 향해 나아가고, 인류의 이익을 위해 미지의 세계를 밝힌다."

감사의 글

 첫 번째 책 이후 거의 2년 만에 두 번째 책을 내게 되었다. 첫 번째 책이 뭘 몰라서 힘들었다면, 두 번째 책은 뭘 알아서 힘들었던 것 같다. 이미 한번 독자들의 사랑을 받은 만큼, 새로운 책의 기준과 목표는 높게 설정할 수밖에 없었다. 게다가 책의 주제인 세계 연구소의 제도사는 국내에 선행 작업이 부족하기도 했다. 그래서 첫 번째 책보다 훨씬 많은 양의 조사와 준비가 필요했다.
 많은 분의 도움으로 이러한 문제를 해결할 수 있었다. 우선 책을 제안한 계단 출판사에 감사드린다. 집필 기간이 예상보다 길어졌음에도, 저자를 믿고 기다려주셔서 온전한 결과를 낼 수 있었다. 브런치스토리에서 함께 글을 쓰는 동료 작가들에게도 감사하다. 초고를 읽고 비평을 해준 작가들 - 김예은, 김정현, 김하진, 라이진, 류제욱, 박상진, 박정옥, 신정애, 이소희, 윤이창, 장주희, 전윤희, 최경미, 최재운, 태지원 - 덕분에 끝까지 긴장감을 잃지 않고 책을 마무리할 수 있었다. 과학과 연구소를 다룬 책인 만큼 과학자들의 도움도 컸다. 특히 한국 과학기술사에 대해 많은 조언을 해준 KIST의 하성도 박사, 과학의 지식을 정확히 표현하도록 감수 의견을 준 IBS의 한인식, 장상현, 이재현 박사께 감사의 인사를 전한다.

늘 그렇듯 글을 쓰는 원초적 힘은 가족에게서 나온다. 유난히 길고 힘들었던 이번 책의 집필 역시 가족들의 사랑 덕분에 해낼 수 있었다. 글 쓴다는 이유로 자주 찾아뵙지 못하는 자식을 항상 따뜻하게 품어주시는 부모님과 장인·장모님께 감사드린다. 회사원으로 살다가 갑자기 시작한 작가 일에 한결같은 지지를 보내준 아내에게도 사랑과 존경의 인사를 건넨다. 아직 어리지만 언젠가는 아빠 책을 읽을 딸에게는 더욱 감사한다. 연구소 직원인 엄마와 아빠가 있고, 연구소 어린이집에서 뛰어노는 딸로서도 이 책의 의미는 남다를 것이다. 훗날 딸이 이 책을 읽으며 연구소라는 멋진 공간에서 성장했음을 자랑스럽게 여기기를 바란다.

참고한 책과 글

제1부
과학의 국가화 : 연구소의 탄생과 근대 과학의 체계 구축

— Cahan, David. *An Institute for an Empire: The Physikalisch-Technische Reichsanstalt, 1871–1918*. Cambridge: Cambridge University Press, 1989.
— Cantelon, Philip L., Richard G. Hewlett, Robert C. Williams, and Roger M. Anders, eds. *The American Atom: A Documentary History of Nuclear Policies from the Discovery of Fission to the Present*. Philadelphia: University of Pennsylvania Press, 1991.
— Friedrich, Bretislav, Dieter Hoffmann, Jürgen Renn, Florian Schmaltz, and Martin Wolf, eds. *One Hundred Years of Chemical Warfare: Research, Deployment, Consequences*. Cham, Switzerland: Springer, 2017.
— Galison, Peter, and Bruce Hevly, eds. *Big Science: The Growth of Large-Scale Research*. Stanford: Stanford University Press, 1992.
— Gläser, Erhard. The PTB: *The German National Metrology Institute*. Braunschweig: Physikalisch-Technische Bundesanstalt, 1996.
— Hafner, Katie, and Matthew Lyon. *Where Wizards Stay Up Late: The Origins of the Internet*. New York: Simon & Schuster, 1996.
— Heilbron, J. L., and Robert W. Seidel. *Lawrence and His Laboratory: A History of the Lawrence Berkeley Laboratory*. Berkeley: University of California Press, 1989.
— Heim, Susanne, Carola Sachse, and Mark Walker, eds. *The Kaiser Wilhelm Society under National Socialism*. Cambridge: Cambridge University Press, 2009.
— Hewlett, Richard G., and Jack M. Holl. *Atoms for Peace and War, 1953–1961: Eisenhower and the Atomic Energy Commission*. Berkeley: University of California Press, 1989.
— Hewlett, Richard G., and Oscar E. Anderson Jr. *The New World, 1939–1946*. Vol. 1 of *A History of the United States Atomic Energy Commission*. University Park: Pennsylvania State University Press, 1962.
— Hoddeson, Lillian, Paul W. Henriksen, Roger A. Meade, and Catherine L. Westfall. *Critical Assembly: A Technical History of Los Alamos during the Oppenheimer Years, 1943–1945*. Cambridge: Cambridge University Press, 1993.

— Hoffmann, Dieter. "Between Autonomy and Relevance: The Kaiser Wilhelm/Max Planck Society and Its Role in the German Research System." *Historical Studies in the Physical and Biological Sciences* 30, no. 1 (1999): 211–233.
— Klein, Martin J. "Max Planck and the Beginnings of the Quantum Theory." *Archive for History of Exact Sciences* 1, no. 6 (1961): 459–479.
— Kragh, Helge. *Quantum Generations: A History of Physics in the Twentieth Century.* Princeton: Princeton University Press, 1999.
— König, Wolfgang. "Science-Based Industry: The Role of the Physikalisch-Technische Reichsanstalt in German Electrical Engineering." *History and Technology* 13, no. 2 (1997): 103–118.
— Launius, Roger D. *NASA: A History of the U.S. Civil Space Program.* Malabar, FL: Krieger Publishing Company, 1994.
— Maier, Matthias. *Institutionen der außeruniversitären Grundlagenforschung: Eine Analyse der Kaiser-Wilhelm-Gesellschaft und der Max-Planck-Gesellschaft.* Wiesbaden: Deutscher Universitäts-Verlag / Gabler, 1997.
— Max Planck Society. *History of the Kaiser Wilhelm Society.* Munich: Max-Planck-Gesellschaft, n.d.
— McDougall, Walter A. *The Heavens and the Earth: A Political History of the Space Age.* New York: Basic Books, 1985.
— Neufeld, Michael J. *The Rocket and the Reich: Peenemünde and the Coming of the Ballistic Missile Era.* New York: Free Press, 1995.
— Neufeld, Michael J. *Von Braun: Dreamer of Space, Engineer of War.* New York: Alfred A. Knopf, 2007.
— Norberg, Arthur L. "High-Technology Calculation in the United States: The Early Years of the Information Processing Techniques Office of the Advanced Research Projects Agency." *IEEE Annals of the History of Computing* 18, no. 2 (1996): 42–48.
— Norberg, Arthur L., and Judy E. O'Neill. *Transforming Computer Technology: Information Processing for the Pentagon, 1962–1986.* Baltimore: Johns Hopkins University Press, 1996.
— Schauz, Désirée. "What Is Basic Research? Insights from Historical Semantics." *Minerva* 52 (2014): 273–328.
— Seidel, Robert W. *Los Alamos and the Development of the Atomic Bomb.* Los Alamos, NM: Los Alamos Historical Society, 1995.
— vom Brocke, Bernhard, and Hubert Laitko, eds. *Die Kaiser-Wilhelm-/Max-Planck-Gesellschaft und ihre Institute: Studien zu ihrer Geschichte. Das Harnack-Prinzip.* Berlin: Walter de Gruyter, 1996.

— Waldrop, M. Mitchell. *The Dream Machine: J.C.R. Licklider and the Revolution That Made Computing Personal*. New York: Viking Penguin, 2001.
— Walker, Mark, ed. *Science and Ideology: A Comparative History*. London and New York: Routledge, 2003.
— Westwick, Peter J. *The National Labs: Science in an American System, 1947–1974*. Cambridge, MA: Harvard University Press, 2003.
— Wolfe, Audra J. "Cold War Science and the Making of the Apollo Program." *Historical Studies in the Natural Sciences* 50, no. 4 (2020): 431–461.
— 나카지마 히데토.《사회 속의 과학》. 김성근 옮김. 서울: 오래, 2013.
— 남영.《휘어진 시대: 혁신과 잡종의 과학사》. 서울: 궁리, 2023.
— 리처드 로즈.《원자폭탄 만들기》. 문신행 옮김. 서울: 사이언스북스, 2003.
— 송충기.〈나치의 과학정책과 기업가 1933~1945:〈카이저-빌헬름-연구원〉을 중심으로〉.《역사학보》제196집 (2007): 225–251.
— 신유정, 우태민, 박범순.〈과학 제도의 수입: 기초과학연구원 설립에서 벤치마킹의 정치성〉.《한국과학사학회지》42권 1호 (2020): 275–306.
— 애니 제이콥슨.《다르파 웨이: 펜타곤의 브레인, 미래 기술의 설계자 다르파의 비밀연구 기록》. 이재학 옮김. 서울: 지식노마드, 2024.
— 애니 제이콥슨.《오퍼레이션 페이퍼클립》. 이동훈 옮김. 서울: 인벤션, 2016.
— 에른스트 페터 피셔.《막스 플랑크 평전: 근대인의 세상을 종식시키고 양자도약의 시대를 연 천재 물리학자》. 이미선 옮김. 서울: 김영사, 2010.
— 에릭 홉스봄.《극단의 시대: 20세기 역사》. 이용우 옮김. 서울: 까치, 1997.
— 월터 아이작슨.《아인슈타인: 삶과 우주》. 이덕환 옮김. 서울: 까치, 2007.
— 이상욱,〈1900년 베를린, 플랑크의 '양자 혁명'〉고등과학원 호라이즌, 2019년 4월 25일, https://horizon.kias.re.kr/9572/.
— 임경순.《과학사의 이해》. 서울: 다산출판사, 2014.
— 정동욱.〈과학의 제도적 기반〉. Zolaist 위키. http://zolaist.org/wiki/index.php/과학의_제도적_기반.
— 존 록스돈.《NASA 탄생과 우주탐사의 비밀》. 황진영 옮김. 서울: 한울, 2022.
— 존 에이거.《20세기 그 너머의 과학사: 실행세계 모델을 통해 들여다본 20세기 과학의 조감도》. 김명진, 김동광 옮김. 서울: 뿌리와이파리, 2023.
— 카이 버드, 마틴 셔윈.《아메리칸 프로메테우스: 로버트 오펜하이머 평전》. 최형섭 옮김. 서울: 사이언스북스, 2023.
— 토비아스 휘터.《불확실성의 시대: 찬란하고 어두웠던 물리학의 시대 1900~1945》. 배명자 옮김. 서울: 흐름출판, 2023.

제2부
기술이 만든 도약의 힘 : 추격의 기술과 과학 강국의 부활

- Argonne National Laboratory. *Argonne Heritage Timeline.* Lemont, IL: U.S. Department of Energy, 2024.
- Dees, Bowen C. *The Allied Occupation and Japan's Economic Miracle: Building the Foundations of Japanese Science and Technology*, 1945-52. London: Routledge, 1997.
- Ecklund, Elaine Howard. "The Origins and Structure of a 'Scholars' Paradise': The Institute for Advanced Study." *Minerva* 44, no. 1 (2006): 25-45.
- Hall, Peter A. "Policy Paradigms, Social Learning, and the State: The Case of Economic Policymaking in Britain." *Comparative Politics* 25, no. 3 (1993): 275-296.
- Hoffmann, Klaus. *Otto Hahn: Achievement and Responsibility.* Translated by J. Michael Cole. New York: Springer, 2001.
- Kevles, Daniel J. *The Physicists: The History of a Scientific Community in Modern America.* Cambridge, MA: Harvard University Press, 1995.
- Kocka, Jürgen, Rüdiger Hachtmann, Carsten Reinhardt, and Jürgen Renn, eds. *Die Max-Planck-Gesellschaft zur Förderung der Wissenschaften: Eine Geschichte.* Göttingen: Vandenhoeck & Ruprecht, 2024.
- Low, Morris. "RIKEN and the Making of Big Science in Japan." In *Big Science in Twentieth-Century Japan*, edited by Morris Low, 79-104. London: Routledge, 1999.
- Low, Morris. "RIKEN from 1945 to 1948: The Reorganization of Japan's Physical and Chemical Research Institute under the American Occupation." *Historical Studies in the Physical and Biological Sciences* 26, no. 1 (1995): 139-163.
- Macrae, Norman. *John von Neumann: The Scientific Genius Who Pioneered the Modern Computer, Game Theory, Nuclear Deterrence, and Much More.* New York: Pantheon Books, 1992.
- Max-Planck-Gesellschaft. *History of the Max Planck Society.* München: Max-Planck-Gesellschaft, n.d.
- Nakayama, Shigeru. *Science, Technology, Society in Postwar Japan.* London: Routledge, 1991.
- Onai, Takayuki. "Feature Article on Scientific Advice: Between Science and Administration - The Politics of Scientific Advice." *Discuss Japan: Japan Foreign Policy Forum*, Science section, December 18, 2014.
- Reingold, Nathan. "Veblen, Flexner, and the Origins of the Institute for Advanced Study." *Historical Studies in the Physical Sciences* 2 (1970): 291-303.
- U.S. Department of Energy. *Atoms for Peace: International Policy Review.* Washington,

D.C.: U.S. Government Printing Office, 1957.
— Yano, Yasushige, and Tohru Motobayashi. "Radioactive Isotope Beam Factory at RIKEN (RIBF)." *Nuclear Physics News* 17, no. 4 (October 2007): 5-10.
— Yano, Yasushige, Tohru Motobayashi, et al. "RIKEN RI Beam Factory Project – Present Status and Perspectives." *ETDE Energy Database*, OSTI, 2001.
— 理化学研究所編.《リケン百年史 (1) 歴史と精神》. 東京: 丸善出版, 2017.
— 理化学研究所編.《リケン百年史 (2) 研究と成果》. 東京: 丸善出版, 2017.
— 山崎正勝.《日本の核開発: 1939-1955: 原爆から原子力へ》. 東京: 績文堂出版, 2011.
— 고토 히데키.《천재와 괴짜들의 일본 과학사: 개국에서 노벨상까지 150년의 발자취》. 허태성 옮김. 서울: 부키, 2016.
— 문만용. 〈한국의 '두뇌유출' 변화와 한국과학기술연구소(KIST)의 역할〉.《한국문화》 제37집 (2006): 229-261.
— 문만용. 〈Technology Gap, Research Institutes, and the Contract Research System: The Role of Government-funded Research Institutes in Korea〉.《한국과학사학회지》 33권 2호 (2011): 301-316.
— 서정익. 〈1930년대 일본의 중화학공업화와 재벌간 경쟁〉.《연세경제연구》 3권 2호 (1996): 315-347.
— 오동훈.《니시나 요시오(仁科芳雄)와 일본 현대물리학》. 서울대학교 대학원 박사학위논문, 1999.
— 유카와 히데키.《보이지 않는 것의 발견: 일본 최초의 노벨물리학상 수상자 유카와 히데키의 학문과 인생 이야기》. 김성근 옮김. 서울: 김영사, 2012.
— 에드 레지스.《누가 아인슈타인의 연구실을 차지했을까?: 프린스턴 고등학술연구소의 천재 과학자들》. 김동광, 박진희 옮김. 서울: 지호, 2005.
— 에이브러햄 플렉스너, 로버트 데이크흐라프.《쓸모없는 지식의 쓸모: 세상을 바꾼 과학자들의 순수학문 예찬》. 김아림 옮김. 서울: 책세상, 2020.
— 최형섭.《최형섭 회고록: 불이 꺼지지 않는 연구소》. 서울: 한국과학기술연구원, 2011.
— 한국과학기술기획평가원.《한국과학기술이 걸어온 길》. 서울: 교육과학기술부, 2010.
— 한국과학기술연구원.《KIST 50년사 1966-2016》. 서울: 한국과학기술연구원, 2016.
— 한국원자력연구원.《원자력 50년의 전개 과정 고찰》. 서울: 과학기술부, 2007.
— 한국원자력연구원.《한국원자력연구원 60년사 1959-2019》. 대전: 한국원자력연구원, 2019.

제3부
지구가 하나의 연구소가 되다 : 경계를 넘는 협력과 연결된 세계의 과학

— Aaserud, Finn. *Niels Bohr as Fund Raiser*. Niels Bohr Archive, Copenhagen, 1985.

— Aaserud, Finn. "Science and Philanthropy: Niels Bohr and the Carlsberg Foundation." *Centaurus* 28, no. 1 (1985): 87–106.
— AAUP-Wisconsin. "Golden Fleece Awards (1975–1988)." https://www.aaupwi.org/golden-fleece-awards
— Barry, John M. *The Great Influenza: The Story of the Deadliest Pandemic in History.* New York: Penguin Books, 2005.
— Bush, Vannevar. *Science - The Endless Frontier: A Report to the President on a Program for Postwar Scientific Research.* Washington, D.C.: United States Government Printing Office, 1945.
— Carroll, Sean. *The Particle at the End of the Universe: The Hunt for the Higgs Boson and the Discovery of a New World.* London: Oneworld Publications, 2012.
— Close, Frank. *The Infinity Puzzle: Quantum Field Theory and the Hunt for an Orderly Universe.* New York: Basic Books, 2011.
— Committee to Review Near-Earth Object Surveys and Hazard Mitigation Strategies. *Defending Planet Earth: Near-Earth Object Surveys and Hazard Mitigation Strategies.* Washington, DC: National Academies Press, 2010.
— Eckart, Wolfgang U. "Hubert (Jim) Markl 1938–2015." *Berichte zur Wissenschaftsgeschichte* 39, no. 2 (2016): 137–144.
— Gibbons, Michael, Helga Nowotny, and Peter Scott. *Re-Thinking Science: Knowledge and the Public in an Age of Uncertainty.* Cambridge: Polity Press, 2001.
— Greenberg, Daniel S. *Science, Money, and Politics: Political Triumph and Ethical Erosion.* Chicago: University of Chicago Press, 2003.
— Hafner, Katie, and Matthew Lyon. *Where Wizards Stay Up Late: The Origins of the Internet.* New York: Simon & Schuster, 1998.
— Hiltzik, Michael A. *Big Science: Ernest Lawrence and the Invention That Launched the Military-Industrial Complex.* New York: Simon & Schuster, 2015.
— Hoddeson, Lillian, Adrienne W. Kolb, and Catherine Westfall. *Fermilab: Physics, the Frontier, and Megascience.* Chicago: University of Chicago Press, 2008.
— Hoddeson, Lillian, Adrienne W. Kolb, and Catherine Westfall. *The Rise and Fall of the Superconducting Super Collider: Science, Politics, and Megascience in America.* Chicago: University of Chicago Press, 1997.
— Honigsbaum, Mark. *The Pandemic Century: One Hundred Years of Panic, Hysteria, and Hubris.* New York: W. W. Norton & Company, 2019.
— Johns Hopkins University Applied Physics Laboratory. "DART Mission Overview." https://dart.jhuapl.edu/.
— Kocka, Jürgen. "Max-Planck-Gesellschaft und Deutsche Einheit." In *Die Max-Planck-*

Gesellschaft: Geschichte einer Institution, 1948–2002, edited by Rüdiger Hachtmann et al., 397–415. Göttingen: Vandenhoeck & Ruprecht, 2024.
— Kojevnikov, Alexei. *The Copenhagen Network: The Birth of Quantum Mechanics from a Postdoctoral Perspective.* Cham: Springer, 2020.
— Kragh, Helge. *Niels Bohr and the Quantum Atom: The Bohr Model of Atomic Structure, 1913–1925.* Oxford: Oxford University Press, 2012.
— Krause, Michael. *CERN: How We Found the Higgs Boson.* Singapore: World Scientific Publishing, 2014.
— Krige, John. *American Hegemony and the Postwar Reconstruction of Science in Europe.* Cambridge, MA: MIT Press, 2006.
— Krige, John. *Sharing Knowledge, Shaping Europe: US Technological Collaboration and Nonproliferation.* Cambridge, MA: MIT Press, 2016.
— Krige, John, and Naomi Oreskes, eds. *Science and Technology in the Global Cold War.* Cambridge, MA: MIT Press, 2014.
— Launius, Roger D. *Exploring the Solar System: The History and Science of Planetary Exploration.* New York: Palgrave Macmillan, 2013.
— Lincoln, Don. *The Quantum Frontier: The Large Hadron Collider.* Baltimore: Johns Hopkins University Press, 2009.
— Loftus, Peter. *The Messenger: Moderna, the Vaccine, and the Business Gamble That Changed the World.* Boston: Harvard Business Review Press, 2022.
— Max Planck Society. *Reports on the Max Planck Unit for the Science of Pathogens.* Berlin: Max-Planck-Gesellschaft, 2020.
— Max-Planck-Gesellschaft. "Max-Planck-Institute in den neuen Bundesländern." *MaxPlanckJahrbuch*, 1999.
— NASA. "DART: Double Asteroid Redirection Test." National Aeronautics and Space Administration, 2022. https://www.nasa.gov/planetarydefense/dart.
— NASA. *NASA Budget Estimates: Fiscal Year 1974.* Washington, DC: U.S. Government Printing Office, 1973.
— National Science Foundation. "NSF and the Birth of the Internet." https://www.nsf.gov/impacts/internet
— National Science Foundation. "Narrative History of NSF." https://www.nsf.gov/about/history/narrative
— Nixon, Richard M. "Statement About the Future of the United States Space Program." March 7, 1970. The American Presidency Project. https://www.presidency.ucsb.edu/documents/statement-about-the-future-the-united-states-space-program.
— Norberg, Arthur L., Judy E. O'Neill, and Kerry J. Freedman. *Transforming Computer*

Technology: Information Processing for the Pentagon, 1962–1986. Baltimore: Johns Hopkins University Press, 1996.
— Pais, Abraham. Niels Bohr's Times: In Physics, Philosophy, and Polity. Oxford: Oxford University Press, 1994.
— Renn, Jürgen, and Carsten Reinhardt. "The Max Planck Gesellschaft and German Unification." In Science and the Reunification of Germany, edited by Mark Walker and Dieter Hoffmann, 109–135. Cambridge: Cambridge University Press, 2006.
— Ridley, Matt, and Alina Chan. Viral: The Search for the Origin of COVID-19. New York: HarperCollins, 2021.
— Riordan, Michael, Lillian Hoddeson, and Adrienne W. Kolb. Tunnel Visions: The Rise and Fall of the Superconducting Super Collider. Chicago: University of Chicago Press, 2015.
— Schmidt, Nikola, ed. Planetary Defense: Global Collaboration for Defending Earth from Asteroids and Comets. Cham: Springer International Publishing, 2019.
— Schröder, Gerald. "Aufbau Ost: Max Planck's East German Experiment." MaxPlanckForschung (Winter 2000): 54–59.
— U.S. Department of Energy. The State of the DOE National Laboratories: 2020 Edition. Washington, DC: U.S. Department of Energy, 2020.
— United States Government Accountability Office. Operation Warp Speed: Accelerated COVID-19 Vaccine Development Status and Efforts to Address Manufacturing Challenges. Report No.GAO-21-319. Washington, DC: U.S. Government Accountability Office, February 2021.
— Wilson, Robert R. "Starting Fermilab." Fermilab Golden Book Series. Fermi National Accelerator Laboratory. https://history.fnal.gov/goldenbooks/gb_wilson2.html.
— 그레고리 주커만.《과학은 어떻게 세상을 구했는가: 세상을 구한 백신 그리고 그 뒷이야기》. 제효영 옮김. 서울: 로크미디어, 2022.
— 리언 레더먼, 딕 테레시.《신의 입자: 우주가 답이라면, 질문은 무엇인가》. 박병철 옮김. 서울: 휴머니스트, 2017.
— 수지 시히.《세상 모든 것의 물질: 보이지 않는 세계를 발견하다》. 노승영 옮김. 서울: 까치, 2024.
— 월터 아이작슨.《코드 브레이커: 제니퍼 다우드나, 유전자 혁명 그리고 인류의 미래》. 조은영 옮김. 서울: 웅진지식하우스, 2022.
— 이강영.《LHC, 현대물리학의 최전선》. 서울: 사이언스북스, 2009.
— 이은경. 〈하이젠베르크와 새로운 세계관의 등장〉.《과학사상》제31호(1999): 69–86.
— 제니퍼 다우드나, 새뮤얼 스턴버그.《크리스퍼가 온다: 진화를 지배하는 놀라운 힘, 크리스퍼 유전자가위》. 김보은 옮김. 서울: 프시케의숲, 2018.

찾아보기

기타
11월 혁명 263, 266~267
5.14 단전 사태 203, 207, 214
68운동 184, 187, 260

ㄱ
거대 강입자 충돌기 → LHC
거대과학 16, 64, 67~68, 269~270, 272, 275~276, 280, , 318~321, 329~330
고등과학연구소 (프랑스) 175
고등연구계획국 (미국) → ARPA
과학연구개발국 (미국) 96, 280
괴팅겐 79~80, 180, 251, 254, 259
국가항공자문위원회 (미국) → NACA
국립과학재단 (미국) 135, 279, 280~281, 282, 285~287, 288~289
국립물리연구소 (영국) 29~30
국립보건원 → NIH
국립알레르기·감염병연구소 245~246, 342~343, 344, 347~348 국립표준국 (미국) 30
국제우주정거장 272, 319, 361~362
그로브스, 레슬리 97~98, 99~100, 103~104, 107
글레넌, 키스 113
기적의 해 59, 73,
기초과학연구원 (한국) → IBS
기쿠치 다이로쿠 150, 151~152
기후변화에 관한 정부 간 협의체 → IPCC
김재관 227

ㄴ
나가오카 한타로 149~150, 153, 156, 193, 194, 201
나치 72, 76~77, 79~81, 84, 87~90, 91~92, 100, 117~118, 119~123, 161, 169, 179, 180, 199, 296~297, 315
네트워크 이중화 133
뉴턴, 아이작 33, 34, 49, 59, 67, 73, 74, 248
니시나 요시오 16, 91~92, 154, 194~195, 196~200, 201~202, 233~235, 252
니파바이러스 343
니호늄 229, 236, 238~240

ㄷ
다우드나, 제니퍼 323~325, 326~328, 329~332, 337
다카미네 조키치 140, 143~144, 147~148, 149
다트 245, 354, 355~356, 363~365

도모나가 신이치로 190~191, 195, 200, 201~202
독가스 53, 55~56, 57, 78, 91, 181
독일 통일 11~12, 291, 292~294, 295, 297~300
독일물리학 75~76, 87
동독 12, 142, 292~295, 297~300
　— 라이프치히 → 라이프치히
　— 드레스덴 → 드레스덴
　— 포츠담 → 포츠담
동복강선 226
드 브로이, 루이 310~311
드레스덴 297~298
디랙, 폴 100, 195, 201, 202, 252,
디아스포라 80~81

ㄹ

라비, 이지도어 100, 311
라우에, 막스 폰 38, 179, 181, 183
라이들러, 알로이스 42
라이프치히 298~299
랑주뱅, 폴 162
러더퍼드, 어니스트 60~61, 78, 83, 150
레나르트, 필리프 74~75, 87
레더먼, 리언 265, 270, 271, 276, 304, 314
로런스, 어니스트 61~62, 63~69, 92, 99, 102, 196, 244, 261, 330
로런스, 존 67

로런스리버모어국립연구소 69
로런스버클리국립연구소 69, 109, 325, 329~332
로스앨러모스연구소 23, 94~95, 98~100, 104~105, 107, 109, 174, 244,
록펠러의학연구소 40, 146, 163
록펠러재단 69, 167, 256~257
루비아, 카를로 308
루스벨트, 프랭클린 96, 120
루이나, 잭 132
리넨, 페오도르 184
리켄 11~13, 91, 140, 150, 151~156, 159~160, 189, 191, 193~195, 198, 200, 201~202, 229, 232~235, 236~238, 240, 258
리켄 콘체른 159~160, 233
리켄비타민 158
리클라이더, 조지프 131~133, 135

ㅁ

마르클, 후베르트 294~297
마셜 플랜 207, 310
마이트너, 리제 84, 86~87, 324
막스플랑크협회 11~12, 45, 78~79, 141, 180~185, 186~188, 292~294, 295~297, 298~299, 300~302, 325, 334~336, 337
　— 국제대학원 프로그램 296

— 막스플랑크센터 296
매카시즘 175
맥마흔법 108
맥스웰, 제임스 클러크 25, 34, 248
맨해튼 계획 13, 23, 66, 69, 81, 96~99,
    101, 104, 107, 108~109, 124, 172, 174,
    198~199, 206, 208, 212, 230, 261, 275,
    280, 310, 329
맬서스, 토머스 50, 53, 58
머튼, 로버트 136
모더나 343, 345~348, 349~350
모드 위원회 92, 96
모차네, 레옹 175
밀넷 135, 285

ㅂ
바텔기념연구소 218~219
박정희 정부 212, 215~216, 217, 223~224,
    268
방셀, 스테판 347
뱀버거 남매 163~165, 167
버너스리, 팀 287, 321
버클리 대학 → UC 버클리
버클리 방사선연구소 63~65, 67~70,
    102, 109, 230, 329~330
버클리연구소 329~332, 336~337
베를린 28, 31~32, 35, 42, 43, 74, 79, 88,
    118, 185, 251, 291, 296, 299, 334

베바트론 67
베블런, 오즈월드 168, 176
베테, 한스 100, 105, 117, 310
벨연구소 218
보른, 막스 33, 75, 79~80, 251
보슈, 카를 52, 88~89
보어 축제 251
보어, 닐스 16, 84, 92, 95, 104, 150, 169,
    194~195, 200, 201~202, 245, 248,
    249~252, 253~254, 255~257,
    258~259
보테, 발터 182~183
부시, 버니바 96~97, 280~281, 288
부테난트, 아돌프 179, 183, 185~187
브로벡, 윌리엄 66~67, 68
브룩헤이븐국립연구소 109, 263
블라운트, 버티 179
블로흐, 펠릭스 66
비숍, 존 마이클 17
비어만, 루트비히 182
비타민 156~158
빌슈테터, 리하르트 46, 55
빌헬름 2세 35~36, 40, 43~45, 48, 54,
    56, 57

ㅅ
사강사 37~38
사이클로트론 61~63, 64~65, 66~67,

68~69, 92, 102, 196~197, 235, 329
새턴 V 116, 121~122, 131, 244, 358
샤르팡티에, 에마뉘엘 323, 324~325, 326~327, 332, 333~335, 336~337
서덜랜드, 아이번 113
서프, 빈트 134~135
세계대전, 제1차 53~54, 56, 57~58, 72, 76, 77, 91, 111, 145, 247
세계대전, 제2차 11, 12, 40, 58, 69, 89, 90, 96, 108, 116, 117, 140~141, 160, 172, 174, 178, 187, 196, 206, 207, 232, 234, 244, 260, 280, 298, 309, 329
소행성 245, 354~356, 363~365
솔베이 회의 (5차) 169~170, 249~250
쉬망 플랜 310
슈타르크, 요하네스 74~75, 87~88
슈트라스만, 프리츠 82~83, 84, 86, 87
스즈키 우메타로 156~158
스푸트니크 쇼크 110~111, 112, 115, 120, 125, 127, 234
시보그, 글렌 66, 102
시부사와 에이이치 148
시슬러, 워커 207, 208, 213
시카고 파일 101~102
식품의약국 (미국) → FDA
신의 입자 245, 304~305
신인문주의 37, 39, 43, 45
실라르드, 레오 75, 81, 95

ㅇ

아드솔 155
아르곤국립연구소 109, 208
아이젠하워, 드와이트 112~113, 115, 117, 129, 206
아인슈타인, 알베르트 45~46, 48, 59, 71~72, 73~75, 79~81, 141, 161~162, 167, 169~171, 173~174, 176, 181, 194, 201, 202, 248~250, 258, 310
아파넷 13, 131, 133~135, 285~286
아폴로 계획 13, 116, 120, 123~124, 125, 234, 261, 275, 357~358
아폴로-소유즈 테스트 360
알트호프, 프리드리히 39
애드킨스, 호머 버튼 290
야금연구소 (시카고대학) 101, 109
야마자키 마사카츠 199~200
야마카와 겐지로 149, 153, 192~193, 194, 201
양자역학 16, 34, 74, 75, 79~80, 87, 91, 149, 152, 169~170, 172, 183, 191, 193, 194~195, 245, 248, 249~250, 251, 254, 255, 257, 301, 311
엔에스에프넷 → NSFNET
오코치 마사토시 153~155, 158, 159, 232
오크리지, 테니시주 98, 102, 103, 104,
오크리지국립연구소 109
오펜하이머, 줄리우스 로버트 13, 16, 79,

98~100, 105, 107, 169, 174~175, 176, 198
우라늄 69, 82~84, 85~86, 90~91, 92, 95, 101~103, 105~106, 196~199, 230, 329
우란프로젝트 91, 179, 181, 187
원자력위원회 (미국) 108~109, 173, 175
원자폭탄 58, 60, 66, 69, 81, 90~92, 95~97, 99~100, 102, 103, 104, 105~107, 140, 160, 178, 196~200, 232, 244, 329, 330
— 팻맨 106~107
— 리틀보이 106
월드와이드웹 277, 287, 320~321
웹, 제임스 115, 358
위즈너, 제롬 114~115
윌슨, 로버트 66, 261~262, 266, 268~270, 276~277
유대인 48, 72, 75, 76~78, 80, 84, 88, 117, 163~164, 169, 176, 199
— 반유대주의 72, 75, 76
유럽입자물리연구소 → CERN
유리, 해럴드 99, 101
유카와 히데키 150, 154, 189~190, 191, 195, 200~202, 234
윤세원 209, 212
의도하지 않은 결과 → 머튼, 로버트
이게파르벤 88~89

이론물리연구소, 코펜하겐 202, 245, 251~252, 256, 258~259
이승만 정부 205~207, 208, 210, 212~213
이케다 기쿠나에 152, 155
이화학연구소 → 리켄
이화학흥업 155, 159
이휘소 221, 223, 266~268
인간 유전체 프로젝트 319, 330
입자가속기 61, 70, 230, 231~232, 236, 244, 261~262, 263, 265, 268~269, 270, 271~272, 277, 308~309, 312~315, 322, 329, 331,

ㅈ ─────────────

자허, 한스 292~294
전약력 266, 307, 308
제국물리기술연구소 (독일) 15, 22, 28~30, 31~32, 34, 42~43, 88, 109, 146,
제미나르 37
졸리오퀴리 부부 (이렌느, 프레데리크) 85
주임연구원 제도 (리켄) 154~155, 189, 195, 235
지구방위본부 (NASA) 356, 363
지멘스, 베르너 폰 25~26, 27~29, 43
지식인 93인 성명 54, 72
지질조사국 (영국) 26
직업공무원재건법 72, 77
질소 비료 (인공) 49~50, 51~52

ㅊ

채드윅, 제임스 83
채플린, 찰리 71~72
초고속작전 349~351, 353
초우라늄 원소 85, 230
초전도 초대형 충돌기 →SSC
최규남 210
최형섭 215~216, 218~219, 220~221, 222, 223~224
추격형 연구개발 227

ㅋ

카네기연구소 40, 163
카를스루에공과대학 41, 49
카이저빌헬름협회 11, 43~46, 48, 53~54, 63, 77~78, 83, 86, 87~90, 109, 141, 146, 178~179, 180, 251, 296, 299
카켄 (科硏) 233
칸, 로버트 134~135
칼루트론 102~103
칼루트론 걸스 103
칼스버그 맥주 255~256
케네디, 존 F 113~116, 122
케인스, 존 메이너드 76~77
켄달스퀘어 346
켈리, 해리 233
코로나19 245, 339, 341, 343~344, 347, 349, 351~352

코제브니코프, 알렉세이 254
코펜하겐 네트워크 254
코펜하겐 정신 202, 245, 253~254, 255, 258
코펠, 레오폴드 48~49, 53
콤프턴, 아서 99, 101
쿡시, 도널드 68
퀀텀점프 257~258
크룩스, 윌리엄 49, 51
크리스퍼 캐스9 323, 324~325, 326~328, 331~332, 333~334, 337
키르히호프, 구스타프 31

ㅌ

테바트론 264, 269, 271~272, 309
테일러, 로버트 113
텔러, 에드워드 79, 81
텔쇼, 에른스트 89, 179
트리니티 107

ㅍ

파우치, 앤서니 342~343
파이얼스, 루돌프 92
파인먼, 리처드 15, 105, 191
패스트 팔로워 → 추격형 연구개발
퍼시픽노스웨스트국립연구소 109
페니실린 183, 234
페르미, 엔리코 79, 81, 85~86, 101~102,

105, 261
페르미국립가속기연구소 → 페르미연구소
페르미연구소 66, 261, 262~265, 266~
268, 270, 275~277, 304, 309, 313~314,
329
페보, 스반테 299
페어슈어, 오트마르 폰 90
페어차일드반도체 124
페이퍼클립 작전 119
포츠담 294, 299~300
포항제철소 226~227
폰 노이만, 존 79, 81, 141, 169, 171~174,
176
폰 브라운, 베르너 116~119, 120~122,
358
푀글러, 알베르트 178
표준모형 221, 263, 265, 266, 269,
305~306, 308~309, 314, 321
프라운호퍼연구소 300
프랭클린, 로절린드 324
프록스마이어, 윌리엄 278~279, 281~283,
284, 288
프리슈, 오토 84, 92
프린스턴 고등연구소 79~80, 141, 162,
163, 165, 166~168, 169, 171~173,
174~176, 250, 258, 266, 310
플랑크, 막스 16, 30, 32~34, 54, 57, 63,
73~75, 77~78, 84, 87~89, 179~181,

187, 250~251
플렉스너, 에이브러햄 163~165, 166~167,
175~177
플루토늄 66, 69, 102, 103~104, 105, 106,
109, 172, 196, 198~199, 329

ㅎ ─────────

하르나크 원칙 45~46, 185, 187, 301
하르나크, 아돌프 폰 22, 35~36, 39~40,
42, 43~45, 57, 63, 88
하버-보슈법 52, 57, 88
하버, 프리츠 44, 49, 51~53, 54~58, 77~
78, 80, 88, 91, 181
하버마스, 위르겐 184~185
하이젠베르크, 베르너 91, 172, 179, 181~
182, 195, 198, 200, 201, 202, 251, 252,
254, 258, 310
한, 오토 82~83, 84~87, 179~180, 185~187,
310, 324
한국과학기술연구소 → KIST
한국원자력연구소 141, 210~212, 213,
215, 217~218
한센, 제임스 362
항공우주국 (미국) → NASA
핵분열 46, 69, 84~86, 90~92, 95~96,
101, 105, 196, 199, 208, 230
핸포드, 워싱턴주 103~104, 109
헤르츠펠드, 찰스 133

헬름홀츠, 헤르만 폰 28
홀, 피터 224
홉스봄, 에릭 58
황금양털상 278~279, 281~283, 284, 288~289
후루이치 코이 152
후쿠자와 유키치 192
훔볼트, 빌헬름 폰 27, 36
흑체복사 30~31, 32~34, 73
힉스 보손 245, 271~272, 274, 303~305, 307~309, 314~315, 318, 319, 320, 321~322, 325, 361

a ─────────────
ARPA 126, 127~128, 129~130, 131~134, 136, 244, 285, 310
CERN 66, 287, 304, 308~309, 312, 313~314, 315~318, 319~322
DARPA → ARPA
DART → 다트
FDA 348, 350
GPS 125, 127~128, 129~130, 240
IBS 9, 11, 301
IPCC 320
KIST 141, 218~219, 220~224, 225~227
LEP 308, 313~314, 320
LHC 269, 274, 309, 313~314, 315~318, 321~322

mRNA백신 246, 343, 345~348, 352
NACA 111~112
NASA 112~113, 115~116, 120~122, 123~124, 125, 131, 234, 244~245, 261, 272, 283, 311, 354, 356, 357~362, 363~365
NIH 318, 342
NSF → 국립과학재단 (미국)
NSFNET 285~287, 289
RIBF 236~237
SSC 271~274, 275~277, 314, 315~316, 361
UC 버클리 62, 63~64, 68, 329~331
V-2 로켓 117~119
W 보손 / Z 보손 306~307, 308, 313, 314,

연구소의 승리

연구소는 어떻게 과학을 발전시키고, 산업을 키우며, 사회를 바꾸었는가

1판 1쇄 발행 2025년 11월 17일

지은이 배대웅

펴낸곳 계단
출판등록 제25100-2011-283호
주소 (04085) 서울시 마포구 토정로4길 40-10, 2층
전화 070-4533-7064
팩스 02-6280-7342
이메일 paper.stairs1@gmail.com
소셜미디어 @gyedanbooks

값은 뒤표지에 있습니다.

ISBN 978-89-98243-44-9 03400